U0315461

热轧钢材高温氧化控制技术与应用

孙 彬　何永全　著

彩图二维码

北　京
冶 金 工 业 出 版 社
2021

内 容 简 介

本书详细地论述了热轧钢材典型的表面缺陷，氧化铁皮对热轧钢材耐大气腐蚀行为的影响；提出了一种可降低热镀锌板生产成本，并减少环境污染的热轧带钢免酸洗短流程制备技术；同时列举了大量热轧钢材氧化铁皮控制技术的应用实例。

本书可供从事钢材生产的技术开发和科研人员阅读，也可供相关专业的大专院校师生参考。

图书在版编目(CIP)数据

热轧钢材高温氧化控制技术与应用/孙彬，何永全著．—北京：冶金工业出版社，2021.6

ISBN 978-7-5024-8896-3

Ⅰ.①热… Ⅱ.①孙… ②何… Ⅲ.①热轧—钢—氧化—研究 Ⅳ.①TG178.1

中国版本图书馆 CIP 数据核字（2021）第 167990 号

出 版 人　苏长永
地　　址　北京市东城区嵩祝院北巷 39 号　邮编　100009　电话　(010)64027926
网　　址　www.cnmip.com.cn　电子信箱　yjcbs@cnmip.com.cn
责任编辑　卢　敏　姜恺宁　美术编辑　吕欣童　版式设计　禹　蕊
责任校对　李　娜　责任印制　禹　蕊

ISBN 978-7-5024-8896-3

冶金工业出版社出版发行；各地新华书店经销；三河市双峰印刷装订有限公司印刷
2021 年 6 月第 1 版，2021 年 6 月第 1 次印刷
710mm×1000mm　1/16；11.5 印张；222 千字；172 页

78.00 元

冶金工业出版社　投稿电话　(010)64027932　投稿信箱　tougao@cnmip.com.cn
冶金工业出版社营销中心　电话　(010)64044283　传真　(010)64027893
冶金工业出版社天猫旗舰店　yjgycbs.tmall.com

（本书如有印装质量问题，本社营销中心负责退换）

前　言

长期以来对热轧钢材表面质量缺乏系统研究，加之一些节能技术的不当使用，造成一些热轧带钢表面质量问题，这些问题严重阻碍了产品档次的提升。本书的目的在于向读者介绍钢铁材料在热轧过程中氧化铁皮的形成机理和相关的控制机制；同时本书提供了大量现场应用实例，具有很强的实用性和针对性。

钢在轧制过程中的高温行为主要受动力学因素控制，而氧化动力学主要受氧化温度、氧化时间等因素的影响。在氧化铁皮的研究领域，氧化铁皮的厚度控制非常重要。虽然热轧过程中氧化铁皮厚度对最终产品的红色铁皮覆盖率有重要影响，但是铁皮厚度的演变过程不能够直接监测或精确模拟。本书通过氧化动力学实验和模型估算的方法，建立了复杂变温条件下氧化动力学模型，为改进工艺、降低氧化铁皮厚度找到可行的方向。

控制 FeO 的先共析和共析转变程度是控制氧化铁皮结构的关键技术，但是如何调整轧制和冷却工艺达到控制氧化铁皮结构的目的，成为目前亟待研究的问题。本书系统分析了热轧工艺参数对氧化铁皮结构的影响；尤其是精轧开轧温度、终轧温度、卷取温度和冷却速度对三次氧化铁皮结构的影响；同时研究了在退火炉升温过程中，氧化铁皮结构逆转变规律，分析了氧化铁皮内不同氧化物之间的转变机制，根据不同的工业生产需求，可以有目的地控制氧化铁皮的生成。

热轧中厚板约占我国钢材总产量的12%~15%，中厚板的表面质量成为近几年工厂普遍关注的问题。钢板表面氧化缺陷不仅影响产品的外观，而且影响其表面性能，其中热轧产品的氧化铁皮缺陷已构成影响钢板表面质量的主要问题之一。本书对氧化缺陷进行了科学分类，明确了各种缺陷的检测手段，分析了各种缺陷的特征、形成原因、影响因素和改进措施。这对于钢板表面质量的分析、判定和消除缺陷、提高钢板的表面质量提供了重要的参考价值。

钢铁腐蚀与防护是一个困扰钢铁工业的难题。全世界每年因腐蚀而报废的钢铁材料和设备的量约为金属年产量的1/4~1/3。钢材轧制成型以后，在放置过程中表面往往会产生不同程度的锈蚀，造成材料的损耗，也大大降低了热轧钢材的产品质量。钢材在轧制过程中以及在之后的控冷过程中，表面会自然形成一层薄的氧化铁皮。这层氧化铁皮在后续钢材的保存、转运过程中能起到极好防护作用。本书从氧化铁皮组织结构与基体耐蚀性的电化学腐蚀机理研究出发，系统全面地研究不同结构氧化铁皮的耐蚀性及耐蚀机理的研究，为氧化铁皮结构控制指明方向，同时也为提高钢材的耐蚀性提供了一种新思路。

镀层板具备优良的表面质量和耐蚀性，广泛应用于建筑、家电和汽车等行业。在常规的热镀锌板生产流程中，“酸洗”工序污染环境、增加成本，而对于含锰、硅等合金元素的高强钢，由于在退火时合金元素容易发生选择性氧化，这些合金元素的氧化物会降低基板的润湿性，导致镀锌板出现露镀等缺陷。为解决这一问题，通常需要增加预氧化工序，不仅增加了成本，还降低了生产效率。热镀锌板的生产工艺需要降低能耗和减少污染排放，实现短流程生产。本书提出热轧带钢免酸洗还原热镀锌工艺，新工艺省略了酸洗和预氧化工序，能够极大地提高生产效率、降低成本，同时可以很好地消除由于合金元素选择性氧化造成的缺陷。本书从热轧氧化铁皮控制入手，开展了免酸洗冷轧工艺、氧化铁皮在升温过程中组织转变、氧化铁皮在低浓度氢气中的还原反应和免酸洗还原热镀锌工艺几个方面的研究。该技术的开发，不仅可以大大降低热镀锌板生产成本，提高产品竞争力，为企业创造巨大的经济效益；同时降低能耗，减少对于环境的污染，并填补我国在该技术方面的空白，极大地促进我国热镀锌短流程工艺的革新。

此外，本书结合热轧钢材氧化铁皮的相关控制技术及与各个钢厂合作的课题，加入了热轧钢材氧化铁皮控制技术应用，介绍了薄规格（厚度≤6mm）的免酸洗钢试制、厚规格（厚度≥8mm）的免酸洗钢试制、高强钢氧化铁皮试制、消除中厚板表面缺陷的试制、免酸洗还原热镀锌工业试制等工艺，意在为广大读者提供具有针对性的参考。

作　者

2021年4月

目 录

1 金属高温氧化理论

1.1 金属高温氧化

1.1.1 狭义高温氧化

狭义高温氧化是指在高温下金属与氧气反应生成金属氧化物的过程；反之，自金属氧化物中夺走氧为还原，可以用式（1-1）表达：

$$xM + \frac{y}{2}O_2 \underset{还原}{\overset{氧化}{\rightleftharpoons}} M_xO_y \tag{1-1}$$

式中 M——金属，可以是纯金属、合金、金属间化合物基合金等；

O_2——纯氧或是含氧的干燥气体，如空气等。

这种狭义高温氧化是最简单也是最基础的氧化过程。

1.1.2 广义高温氧化

广义高温氧化指高温下组成材料的原子、原子团或离子丢失电子的过程；反之，获得电子为还原。可以用式（1-2）表达：

$$M^{n+} + ne \underset{氧化}{\overset{还原}{\rightleftharpoons}} M \tag{1-2}$$

换言之，即 M 的价态提高为氧化，反之为还原，如式（1-3）所示：

$$M + X \rightleftharpoons M^{n+}X^{n-} \tag{1-3}$$

式中 M——金属原子、原子团、离子；

X——反应性气体，可以是卤族元素、硫、碳、氮等，假设 M 与 X 化合价均为 n，符号相反。

据此，可将广义氧化反应生成的产物膜统称为氧化膜。许多工业生产领域中常遇到的是广义高温氧化现象，如图 1-1 所示。

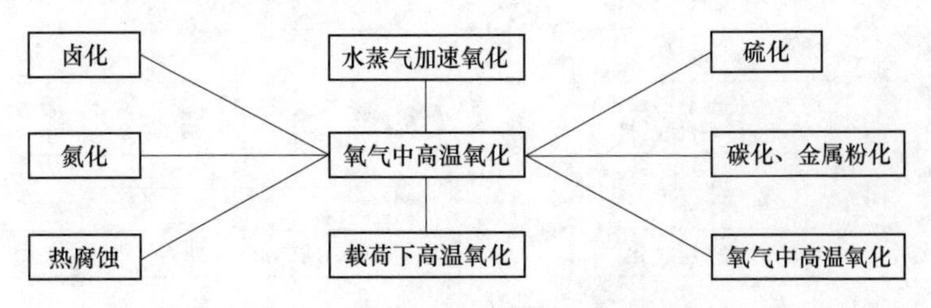

图 1-1 各工业领域常见的高温氧化

1.2　金属高温氧化的基本过程

材料高温氧化实际上是一个十分复杂的过程，整个过程可分为5个阶段，如图1-2所示[1]。由图可知，前三个阶段是共同的，为气-固反应阶段，从气相氧分子碰撞金属材料表面和氧分子以范德华力与金属形成物理吸附，到氧分子分解为氧原子并与基体金属的自由电子相互作用形成化学吸附，这是一个复杂过程，需要用化学吸附的实验方法进行测定与研究，已有若干机理对此进行了阐述。第四阶段为氧化膜形成初始阶段。由于材料组织结构与特性的不同以及环境温度与氧分压的差异，金属与氧的相互作用各异。有些金属因化学吸附而形成均匀外氧化膜；有些金属，如钛，由于氧在其中溶解度大，氧首先溶解于金属基体中，过饱和后生成氧化物；有些条件下，开始是发生氧原子与金属原子位置交换，直到

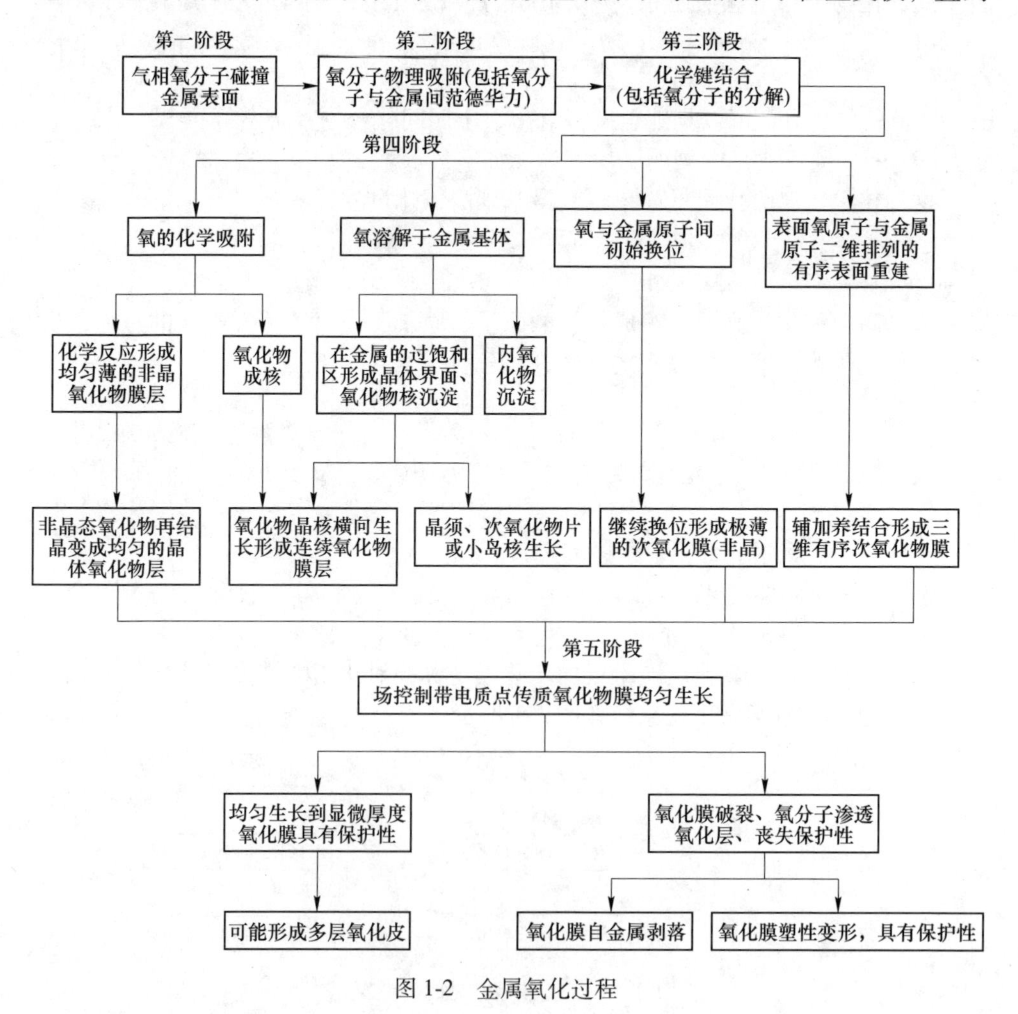

图1-2　金属氧化过程

形成极薄氧化膜；在另外一些情况下，金属表面上氧原子与金属原子二维结构进行有序重整，形成三维有序氧化物薄膜。

氧化物薄膜形成之后，将金属基体与气相氧隔离开。反应物质（氧离子与金属离子）只有经过氧化膜扩散传质才能对金属本身进一步氧化。最终形成保护性和非保护性两类氧化膜。保护性氧化膜的热力学稳定性和动力学生长速度等基本属性决定了材料抗高温氧化性能的优劣。

1.3 金属高温氧化的热力学

1.3.1 金属氧化的自由能判据

任意化学反应，包括多组分金属合金与多种氧化剂的混合气体之间的氧化反应，可以用式（1-4）表达：

$$aA + bB \rightleftharpoons cC + dD \tag{1-4}$$

给定温度（T）时的反应自由能（ΔG）与独立组分活度（a）之间的关系为

$$\Delta G_T = \Delta G^{\ominus} + RT\ln\left(\frac{a_C^c \times a_D^d}{a_A^a \times a_B^b}\right) \tag{1-5}$$

令

$$K_a = \frac{a_C^c \times a_D^d}{a_A^a \times a_B^b} \tag{1-6}$$

代入式（1-5），有

$$\Delta G_T = \Delta G^{\ominus} + RT\ln K_a \tag{1-7}$$

式中 $\Delta G^{\ominus}$——标准状态（$T=298.15\text{K}$，$p=1\text{atm}=101.3\text{kPa}$）下，所有参加反应物质的自由能变化；

a——化学热力学活度，用来描述偏离理想标准状态的程度，如物质 i 的活度表示为：

$$a_i = \frac{p_i}{p_i^{\ominus}} \tag{1-8}$$

p_i——i 物质的凝聚态的蒸气压或气态的分压；

$p_i^{\ominus}$——该物质标准状态的相应量值。

上述化学反应在恒温与恒压条件下，按热力学第二定律，自由能变化 ΔG 与焓变化 ΔH 和熵变化 ΔS 之间关系如下：

$$\Delta G = \Delta H + T\Delta S \tag{1-9}$$

ΔG 值为式（1-4）是否自发进行的判据：

当 $\Delta G=0$，即反应达到平衡状态，反应可逆向进行；

当 $\Delta G<0$，即为负值，反应可以自发进行；

当 $\Delta G>0$，为正值，反应不能发生。

1.3.2　反应物化学热力学稳定性

反应物质的化学稳定性，可以由化学反应平衡常数来判断。平衡常数很小时，表明反应只需要生成极少量产物就达到可逆平衡状态，即反应物质接近于原始量，可以认为反应物是稳定的。

平衡常数（K）可由反应标准自由能变化求得。

化学反应标准自由能变化（$\Delta G^{\ominus}$）为参与反应物质生成标准自由能与反应产物标准生成自由能的代数和：

$$\Delta G^{\ominus} = \sum \Delta G^{\ominus}_{产物} - \sum \Delta G^{\ominus}_{反应物} \tag{1-10}$$

对式（1-4），有

$$\Delta G^{\ominus} = c\Delta G^{\ominus}_{C} + d\Delta G^{\ominus}_{D} - a\Delta G^{\ominus}_{A} - b\Delta G^{\ominus}_{B} \tag{1-11}$$

当式（1-4）达到平衡时，$\Delta G=0$，由式（1-5）有

$$\Delta G^{\ominus} = -RT\ln\left(\frac{a^{c}_{C} \times a^{d}_{D}}{a^{a}_{A} \times a^{b}_{B}}\right)_{平衡} \tag{1-12}$$

$$K = \left(\frac{a^{c}_{C} \times a^{d}_{D}}{a^{a}_{A} \times a^{b}_{B}}\right)_{平衡} \tag{1-13}$$

$$\Delta G^{\ominus} = -RT\ln K \tag{1-14}$$

如果化学反应中有气态物质参与，例如两价金属与双原子气体（X_2）反应：

$$2M + X_2 \rightleftharpoons 2MX \tag{1-15}$$

则反应平衡时有：

$$\Delta G^{\ominus} = -RT\ln\left(\frac{a^{2}_{MX}}{a^{2}_{M} \times a_{X_2}}\right)_{平衡} \tag{1-16}$$

金属 M 与反应产物 MX 为固体，其活度 $a_{M} = a_{MX} = 1$，则式（1-16）可写为

$$\Delta G^{\ominus} = -RT\ln\left(\frac{1}{p^{\ominus}_{X_2}}\right) \tag{1-17}$$

$$\Delta G_{T} = \Delta G^{\ominus} + RT\ln K_{a} = RT\ln\left(\frac{p^{\ominus}_{X_2}}{p_{X_2}}\right) \tag{1-18}$$

反应平衡时，环境中气体（X_2）分压 $p_{X_2}>p^{\ominus}_{X_2}$，即 $\Delta G_{T}<0$，反应可以自发进行；当 $p_{X_2}<p^{\ominus}_{X_2}$，$\Delta G_{T}>0$，反应产物 MX_2 分解为 M 与 X_2。

1.3.3　金属氧化的 $\Delta G^{\ominus}$-T 图

标准自由能变化（$\Delta G^{\ominus}$）与温度的关系可以从热容公式积分得到：

$$\Delta G^{\ominus}_{T} = \Delta H_{0} - \Delta aT\ln T - \frac{\Delta b}{2}T^{2} - \frac{\Delta c}{2}T^{-1} - \frac{\Delta d}{2}T^{3} + T \tag{1-19}$$

如果温度范围较窄，可采用简化式：

$$\Delta G^{\ominus} = A + BT \tag{1-20}$$

或者

$$\Delta G^{\ominus} = A + B\lg T + CT \tag{1-21}$$

许多热力学数据书中给出了各种物质在一定温度范围的 A、B 与 C 值。

应注意，物质的生成自由能标志生成该物质的各元素之间化学亲和力的大小，但由于构成各种物质分子的原子数不同，故不能以生成自由能作简单的对比。

埃林厄姆（Ellingham）为了方便，提出直接将 $\Delta G^{\ominus}$ 与温度的关系绘制成 $\Delta G^{\ominus}$-T 图，称为 Ellingham 图，如图 1-3 所示。图中每一金属氧化的标准自由能变化与

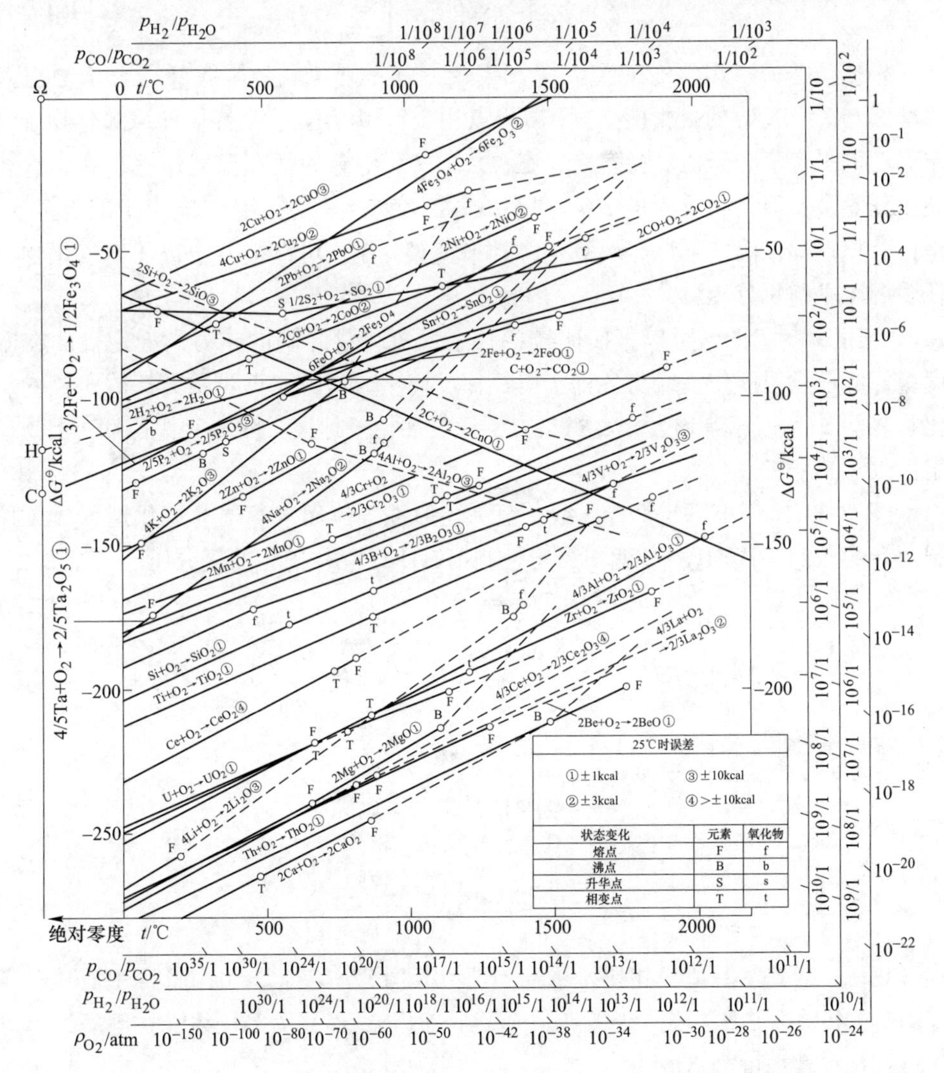

图 1-3 金属氧化反应的 $\Delta G^{\ominus}$-T 图（Ellingham 图）[1]

（1kcal = 4.1868J，1atm = 0.1MPa）

温度曲线近似于一直线，在氧化物发生相变、熔化、沸腾、升华处曲线出现转折，由于金属氧化一般为放热反应，故随温度升高氧化物稳定性降低。

（1）$\Delta G^{\ominus}$-T 图中 p_{O_2} 坐标及等 p_{O_2} 线。

$$2M + O_2 = 2MO \tag{1-22}$$

$$\Delta G = \Delta G^{\ominus} - RT\ln p_{O_2}$$

平衡时

$$\Delta G^{\ominus} = RT\ln p_{O_2}$$

$$p_{O_2} = \exp\left(\frac{\Delta G^{\ominus}}{RT}\right) \tag{1-23}$$

根据这一关系式，可在 $\Delta G^{\ominus}$-T 图上绘制一系列等氧分压线（图上未画出）。这些线与 T=0K 时的自由能坐标“0”点相交，相应的 p_{O_2} 坐标值即该氧化物于给定温度的平衡氧分压值。换言之，在温度（T）坐标的任意温度作垂直线，它相交于任意金属氧化的反应的 $\Delta G^{\ominus}$-T 直线，自交点与“0”点作连线，延长至 p_{O_2} 坐标，交点即该温度下该金属氧化物的平衡氧分压。可以很方便查任何氧化物的任意温度平衡氧分压。

利用 $\Delta G^{\ominus}$-T 图，可以直接比较各种金属氧化物之间的热力学稳定性。在温度坐标的任意温度作垂线与各种金属氧化反应生成自由能直线相交，欲比较的氧化物之间 $\Delta G^{\ominus}$ 值相差越大，表明热力学稳定性相差越大。图 1-3 中下部氧化物稳定性大于其上者。

（2）H_2/H_2O 坐标与其等压线。氢为还原性气体而水蒸气为氧化性气体，控制两者的比例（H_2/H_2O）就相当于控制 H_2+H_2O 混合气相的氧分压。

$$2H_2O = 2H_2 + O_2 \tag{1-24}$$

$$\Delta G = \Delta G^{\ominus} - RT\ln\left(\frac{p_{H_2}^2 \times p_{O_2}}{p_{H_2O}^2}\right) = \Delta G^{\ominus} - 2RT\ln\left(\frac{p_{H_2}}{p_{H_2O}}\right) - RT\ln p_{O_2}$$

反应平衡时，ΔG=0，故

$$\Delta G^{\ominus} = -2RT\ln\left(\frac{p_{H_2}}{p_{H_2O}}\right) - RT\ln p_{O_2}$$

$$p_{O_2} = \left(\frac{p_{H_2O}}{p_{H_2}}\right)^2 \exp\left(\frac{-\Delta G^{\ominus}}{RT}\right) \tag{1-25}$$

式（1-23）与式（1-25）相比，可知当 T=0K 时，$\Delta G^{\ominus}_{H_2/H_2O} \neq 0$，而为 A 值，对应于图 1-3 纵坐标“H”点，任意 p_{H_2}/p_{H_2O} 与“H”点连线为等压线，在等压线上可直接获得任意温度的 $\Delta G^{\ominus}$ 值。

（3）CO/CO_2 坐标及等压线。CO/CO_2 混合气体类似于 H_2/H_2O 混合气体。

CO 为还原性气体，CO_2 为氧化性气体，同样控制两者比例可实现控制氧分压。

$$2CO_2 = 2CO + O_2 \tag{1-26}$$

$$\Delta G^{\ominus} = -RT\ln\left(\frac{p_{CO}}{p_{CO_2}}\right)^2 p_{O_2}$$

$$p_{O_2} = \left(\frac{p_{CO_2}}{p_{CO}}\right)^2 \exp\left(\frac{-\Delta G^{\ominus}}{RT}\right) \tag{1-27}$$

同样，在纵坐标 $T=0K$ 时对应“C”点，任意 p_{CO}/p_{CO_2} 与“C”连线，即 CO/CO_2 等压线。

1.4　金属高温氧化动力学

热力学仅确定金属氧化能否自发进行和氧化产物的相对稳定性。要了解金属氧化速度与氧化机制，则需依靠动力学。金属的氧化机制十分复杂，可分两大类型：一是金属氧化物膜不能完全覆盖金属表面，金属氧化动力学的控制环节为金属与气体的界面反应；二是金属氧化物膜具有将金属与气体介质隔离的阻挡层作用，氧化膜长大需要反应物质经由氧化膜扩散传质来实现。

1.4.1　氧化膜的完整性

Pilling 与 Bedworth（1923 年）最先注意到氧化膜的完整性和致密性，并提出金属原子与其氧化物分子的体积比（习惯上称为 PBR）可作为氧化膜致密性判据。1mol 金属的体积为 V_M，生成的氧化物体积为 V_{OX}，则：

$$V_M = A/d_M \tag{1-28}$$

式中　A——金属原子量；

d_M——金属密度。

$$V_{OX} = M/(nd_{OX}) \tag{1-29}$$

式中　M——氧化物分子量；

n——氧化物分子中金属原子数目；

d_{OX}——氧化物密度。

金属体积与其氧化物体积之比（PBR）为：

$$PBR = \frac{V_{OX}}{V_M} = (Md_O)/(nd_{OX}A) \tag{1-30}$$

表 1-1 列出了一系列金属的 PBR 值。表中右侧的第一组金属 PBR<1，主要是碱金属与碱土金属，氧化物不能完全覆盖金属表面，称为开豁性金属，氧化膜不具保护性。

表 1-1 金属与其氧化物体积比（PBR）

PBR<1		PBR≥1						PBR≫1	
氧化物	PBR	氧化物	PBR	氧化物	PBR	氧化物	PBR	氧化物	PBR
K_2O	0.45	α-Fe_2O_3	1.02	α-Al_2O_3	1.28	Cu_2O	1.67	Cr_2O_3	2.02
Cs_2O	0.47	La_2O_3	1.10	PbO	1.28	NiO	1.70	Fe_3O_4	2.10
Cs_2O_3	0.50	Y_2O_3	1.13	SnO_2	1.31	BeO	1.70	α-Mn_3O_4	2.14
Rb_2O_3	0.56	Nd_2O_3	1.13	γ-Al_2O_3	1.31	SiO_2	1.72	α-Fe_2O_3	2.15
Li_2O	0.57	Ce_2O_3	1.15	ThO_2	1.35	CuO	1.72	SiO_2	2.15
Na_2O	0.57	CeO_2	1.17	Ca_2O_3	1.35	CoO	1.74	ReO_2	2.16
CaO	0.64	Er_2O_3	1.20	Pb_3O_4	1.37	TiO	1.76	γ-Fe_2O_3	2.22
SrO	0.65	Fe_3O_4	1.20	Ti_2O_3	1.47	MnO	1.77	IrO_2	2.23
BaO	0.69	TiO	1.22	PtO	1.56	FeO	1.78	Co_2O_3	2.40
MgO	0.80	In_2O_3	1.23	ZrO_2	1.57	V_2O_3	1.85	Mn_2O_3	2.40
BaO_2	0.87	Dy_2O_3	1.26	ZnO	1.58	WO_2	1.87	Ta_2O_5	2.47
CaO_2	0.95			PdO	1.59	Rh_2O_3	1.87	Nb_2O_3	2.74
						UO_2	1.97	V_2O_5	3.25
						Co_3O_4	1.98	MoO_3	3.27
								β-WO_3	3.39
								OsO_2	3.42

第二组金属 PBR≥1，可形成完整致密的和具有保护性氧化膜。

第三组金属 PBR≫1，由于体积比过大，氧化膜中内应力大。当应力超过了氧化膜的结合强度，氧化膜开裂与剥落，剥落处露出金属表面，因此，这类金属不具有保护性，特别是在循环氧化条件下。

1.4.2 金属高温氧化速率方程

氧化反应通常为：

$$\frac{x}{y}\mathrm{M} + \frac{1}{2}\mathrm{O}_2 = \frac{1}{y}\mathrm{M}_x\mathrm{O}_y \tag{1-31}$$

氧化反应的速率方程为：

$$\frac{\mathrm{d}\xi}{\mathrm{d}t} = f(t) \tag{1-32}$$

式中 ξ——t 时间内的氧化反应进度，因此：

$$\mathrm{d}\xi = \mathrm{d}n_{\mathrm{M}_x\mathrm{O}_y} = -\frac{1}{x}\mathrm{d}n_{\mathrm{M}} = -\frac{1}{y}\mathrm{d}n_{\mathrm{O}_2} \tag{1-33}$$

n_i——各物质的摩尔数，氧化增重与各物质摩尔数变化的关系为：

$$\frac{1}{16}\frac{\Delta W}{A}=-\frac{2\mathrm{d}n_{\mathrm{O}_2}}{A}=-\frac{y}{x}\frac{\mathrm{d}n_{\mathrm{M}}}{A}=\frac{y\mathrm{d}n_{\mathrm{M}_x\mathrm{O}_y}}{A} \tag{1-34}$$

ΔW——氧化增重；

A——试样表面积。

如果试样表面形成单相均匀的氧化铁皮，则其厚度 X 为：

$$X=\frac{M_{\mathrm{OX}}}{16\rho_{\mathrm{OX}}y}\frac{\Delta W}{A} \tag{1-35}$$

式中 M_{OX}——氧化物的摩尔质量；

ρ_{OX}——氧化物的密度。

因为 ΔW 为 t 的函数，所以

$$\frac{\mathrm{d}X}{\mathrm{d}t}=f(t) \tag{1-36}$$

氧化铁皮厚度可以通过其横截面微观形貌测定，式（1-36）的函数形式能够反映氧化过程中氧化速率的控制机制。

常见的氧化速率方程有线性速率方程、氧化铁皮扩散控制的抛物线速率方程、混合速率方程、含有挥发性氧化物的速率方程和薄膜氧化铁皮的速率方程。

1.4.2.1 线性速率方程

线性速率方程的表达式为：

$$\frac{\mathrm{d}X}{\mathrm{d}t}=k_1 \tag{1-37}$$

式中 k_1——线性速率常数，积分得：

$$X=k_1t \tag{1-38}$$

在高温稀薄氧浓度条件下，氧分子扩散至金属表面速率较慢，控制着氧化反应的速率，此时速率方程为线性速率方程；如果金属表面氧气浓度达到恒定，则氧分子解离为吸附氧的过程控制氧化反应速率，氧化速率同样遵守线性速率方程；对于多孔的氧化铁皮结构，当孔洞足够大时，式（1-37）同样有效，如果氧化物的摩尔体积小于所消耗金属的摩尔体积，就有可能形成多孔的氧化铁皮结构。

1.4.2.2 抛物线速率方程

抛物线速率方程的表达式为：

$$\frac{dX}{dt} = \frac{k_p}{X} \tag{1-39}$$

式中 k_p——抛物线速率常数，积分得：

$$X^2 = 2k_p t \tag{1-40}$$

一维扩散速率可以用 Fick 第一定律描述为：

$$J = -D\frac{\partial C}{\partial X} = -D\frac{\Delta C}{X} = -D\frac{C_1 - C_2}{X} \tag{1-41}$$

式中 J——扩散物质的扩散通量；

D——扩散物质的扩散系数；

C_1，C_2——扩散物质在氧化铁皮与气氛界面处和氧化铁皮与金属基体界面处的体积摩尔浓度。

由式（1-40）和式（1-41）可得：

$$k_p = \Omega D(C_1 - C_2) \tag{1-42}$$

式中 Ω——摩尔扩散物质对应的氧化物体积。

式（1-41）建立了 k_p 与氧化铁皮物理性质的关系。

金属腐蚀厚度与氧化铁皮厚度的关系为：

$$X_c^2 = 2k_c t \tag{1-43}$$

式中 X_c——金属腐蚀厚度；

k_c——腐蚀速率常数。

k_c 与 k_p 的关系为：

$$k_c = (xV_M/V_{OX})^2 k_p = (1/PBR)^2 k_p \tag{1-44}$$

利用高温热重分析仪（TGA）可以方便地获得氧化过程连续的增重数据，因此建立氧化增重速率方程为：

$$\left(\frac{\Delta W}{A}\right)^2 = 2k_W t \tag{1-45}$$

式中 k_W——氧化增重速率常数。

1.4.2.3 混合速率方程

在氧化初期由于氧化铁皮较薄，粒子穿过氧化铁皮的扩散率较快，氧分子在气相中的扩散或者在试样表面的解离吸附过程相对较慢，控制着氧化速率，导致氧化初期的氧化速率遵守线性速率方程[2]。在随后的氧化过程中，由于氧化铁皮进一步增厚，使粒子通过氧化铁皮的扩散速率下降并开始控制氧化速率，此时的氧化速率遵守抛物线速率方程，这个过程可以描述为：

$$X^2 + LX = kt + C \tag{1-46}$$

式中 L，C——常数。

1.4.2.4 含有挥发性氧化物的速率方程

一些金属氧化物在高温条件下会挥发，这样氧化速率方程就分为两部分：氧化增重部分和挥发减重部分，这个过程的表达式为：

$$\frac{dX}{dt}=\frac{k_p}{X}-k_v \tag{1-47}$$

式中 k_v——挥发减重速率常数。

1.5 纯铁的氧化

纯铁在空气中或氧气中缓慢氧化，将经过以下阶段[1]：

（1）加热到200℃以下，缓慢生成薄的 $\gamma\text{-}Fe_2O_3$ 氧化膜，继而生成双层氧化膜 $Fe_3O_4+\gamma\text{-}Fe_2O_3$，氧化动力学服从对数速率定律，属于低温氧化阶段。

（2）温度在200~400℃时，$\gamma\text{-}Fe_2O_3$ 发生相变转变成 $\alpha\text{-}Fe_2O_3$，形成 $Fe_3O_4+Fe_2O_3$ 两层结构。

（3）温度在400~570℃范围内，在 $\alpha\text{-}Fe_2O_3$ 层之下，Fe_3O_4 层长大为较厚膜层。

（4）温度高于575℃，在 Fe_3O_4 之下开始生成FeO。氧化膜由 $FeO+Fe_3O_4+Fe_2O_3$ 三层结构组成[3]。

图1-4所示为纯铁高温氧化的相关机理[2]。在Fe/FeO相界面，铁丢失电子氧化：

$$Fe = Fe^{2+} + 2e \tag{1-48}$$

Fe^{2+} 与e分别经铁离子空位与电子空穴向外扩散，到达 FeO/Fe_3O_4 界面，Fe_3O_4 被 Fe^{2+} 与电子还原成为FeO，并不断提供e和 Fe^{2+}，Fe^{2+} 经 Fe_3O_4 层四面体与八面体空位扩散，电子经空穴迁移，在 Fe_3O_4/Fe_2O_3 界面形成 Fe_3O_4。

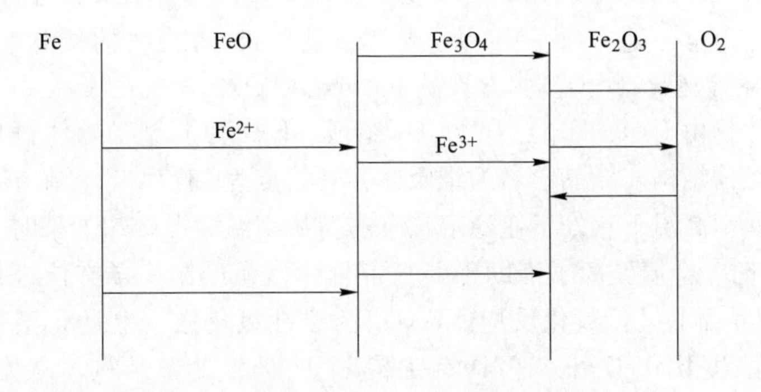

图1-4 纯铁570℃以上氧化形成氧化膜

$$Fe^{2+} + 2e + Fe_3O_4 \longequal 4FeO \tag{1-49}$$

$$Fe^{n+} + ne + 4Fe_2O_3 \longequal 3Fe_3O_4 \tag{1-50}$$

式（1-49）中的 n 值为 2 或 3 即对应 Fe^{2+} 或 Fe^{3+}。在 Fe_2O_3 层中，如果 Fe^{3+} 离子和电子经空穴向外扩散，则在 Fe_2O_3/O_2 界面生成新的 Fe_2O_3，即

$$4Fe^{3+} + 12e + 3O_2 \longequal 2Fe_2O_3 \tag{1-51}$$

在此相界面同时发生氧的离子化

$$\frac{1}{2}O_2 + 2e \longequal O^{2-} \tag{1-52}$$

如果氧离子在 Fe_2O_3 层中自外向里扩散，则在 Fe_3O_4/Fe_2O_3 界面将 Fe_3O_4 氧化为 Fe_2O_3：

$$2Fe^{3+} + 3O^{2-} \longequal Fe_2O_3 \tag{1-53}$$

同时向外迁移的电子使 Fe_2O_3/O_2 界面的氧离子化。

氧在铁中溶解度很小（室温 0.05%、800℃下为 0.1%），因而扩散很快，在 FeO 相中铁的扩散系数远远大于在 Fe_3O_4 和 Fe_2O_3 相中的扩散系数，因此，FeO 层的生长速度快于 Fe_3O_4 与 Fe_2O_3 层。Wagner 的实验结果确认，铁在 FeO 相中的自扩散系数与铁空位浓度为线性关系。由 FeO 相中铁的扩散系数可推知，其缺陷浓度远远大于 Fe_3O_4 与 Fe_2O_3 中的缺陷浓度。在 Fe_3O_4 中，铁的自扩散系数远远大于氧的自扩散系数，说明 Fe_3O_4 的生长是铁向外扩散传质完成的；在 Fe_2O_3 中，当氧化温度较低时，氧的自扩散系数大于铁的自扩散系数，故氧离子向里扩散占优势，高温则相反。低温时新的 Fe_2O_3 在 Fe_3O_4/Fe_2O_3 相界面生成，而高温时则在 Fe_2O_3/O_2 界面生成。当铁中含有微量杂质如碳或氢时，甚至环境气相中的碳与氢都会影响铁氧化膜与铁基体之间的黏附性，主要是在界面有空位凝聚形成空洞，降低了氧化膜与铁基体间的接触面而导致黏附性降低。

铁的氧化物在自然界共有 6 种存在形态：赤铁矿 Hematite（α-Fe_2O_3）、磁铁矿 Magnetite（Fe_3O_4）、磁赤铁矿 Maghemite（γ-Fe_3O_4）、方铁矿 Wüstite（FeO）及 β-Fe_2O_3、ε-Fe_2O_3。其中 β-Fe_2O_3 是实验室中合成的较少见的化合物，ε-Fe_2O_3 是赤铁矿与磁铁矿间的过渡态，磁赤铁矿 Maghemite（γ-Fe_3O_4）在自然条件下不如 α-Fe_2O_3 稳定，处于亚稳定状态[4~6]。我们常见的铁的氧化物为赤铁矿（α-Fe_2O_3）、磁铁矿（Fe_3O_4）、方铁矿 Wüstite（FeO）。

铁的氧化物由 FeO、Fe_3O_4 和 Fe_2O_3 组成。FeO 为 p 型半导体氧化物，有岩盐型的立方晶体结构，结晶学名为维氏体，其熔点为 1377℃。它在 570~575℃间是稳定的。通常高温下它处于亚稳定状态。当从高温缓慢冷却下来时，它转变为 Fe_3O_4。高温时，金属铁离子借助于 FeO 晶体中大量的阳离子空位进行扩散，并在氧化膜/氧界面上进行氧化反应。Fe_3O_4 为磁性氧化铁，也是 p 型半导体氧化物，但缺陷浓度比 FeO 小。它具有尖晶石型复杂立方结构。从室温至熔点（1538℃），其相结构是稳定的。它是氧化铁皮中结构最致密、抗氧化性最佳的氧

化物。在氧化性介质中加热时，Fe_3O_4 转变为 α-Fe_2O_3。这分两个阶段进行：加热到220℃时形成过渡性的结构 γ-Fe_2O，其成分由 Fe_3O_4 变成 Fe_2O_3，即只与氧结合，$2Fe_3O_4+1/2O_2 \rightarrow 3Fe_2O_3$，$Fe^{2+}$转变为 Fe^{3+}，晶体结构并未变化，此时仍保留了 Fe_3O_4 固有的磁性。继续加热到400~500℃时，失去了磁性，形成具有稳定结构的 α-Fe_2O_3 的晶格。可见，γ-Fe_2O_3 具有从 Fe_3O_4 转变为 Fe_2O_3 的非晶组织。氧化铁 Fe_2O_3 为n型半导体氧化物，晶体结构为斜方六面体晶系组织。Fe_2O_3 存在的温度范围很宽，高于1100℃开始部分分解，高于1565℃完全分解。

Y. Hidaka[7] 的研究发现，FeO、Fe_3O_4 和 Fe_2O_3 这三种铁的氧化物在高温条件下的力学行为与室温条件下的完全不同，并且这三种氧化物之间的力学性能也存在很大差别。图1-5所示为在不同温度下测得的 FeO、Fe_3O_4 和 Fe_2O_3 的应力

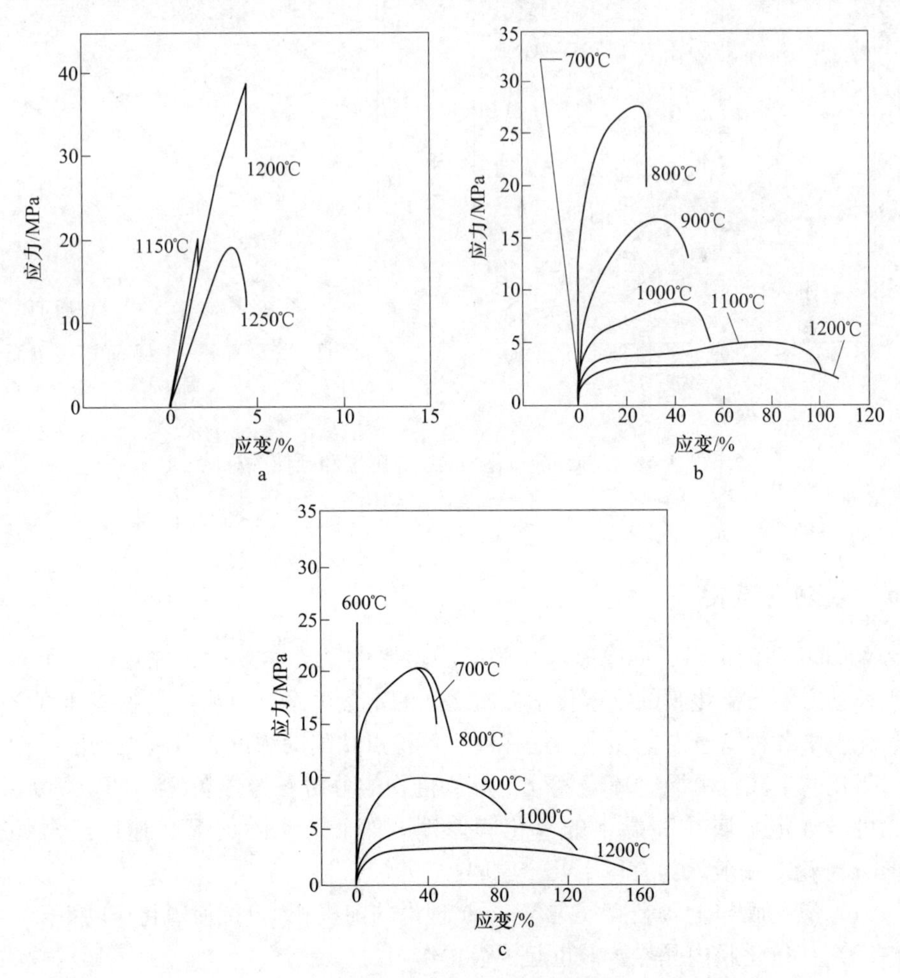

图1-5 拉伸实验条件下三种铁的氧化物的应力-应变曲线[7]

a—α-Fe_2O_3；b—γ-Fe_3O_4；c—FeO

与应变的关系曲线。从图 1-5 可以看出，在 1150～1250℃范围内，基本观察不到 $\alpha\text{-}Fe_2O_3$ 存在塑性变形。$\gamma\text{-}Fe_3O_4$ 在 800℃以上发生的均为塑性变形。在 1200℃时，$\gamma\text{-}Fe_3O_4$ 的伸长率达到 110%。FeO 在 700℃以上发生的均为塑性变形，并且在 1200℃时 FeO 的伸长率达到了 160%。

图 1-6 所示为三种铁的氧化物在不同温度条件下的抗拉强度与伸长率。从图中可以看到，FeO 和 $\gamma\text{-}Fe_3O_4$ 随着温度的升高抗拉强度变小，伸长率增大。其中在 800～1200℃ 范围内，FeO 层的抗拉强度比 $\gamma\text{-}Fe_3O_4$ 小，但伸长率增大。$\alpha\text{-}Fe_2O_3$ 的抗拉强度明显高于 FeO 和 $\gamma\text{-}Fe_3O_4$，但在 1150～1250℃之间，$\alpha\text{-}Fe_2O_3$ 伸长率非常小。

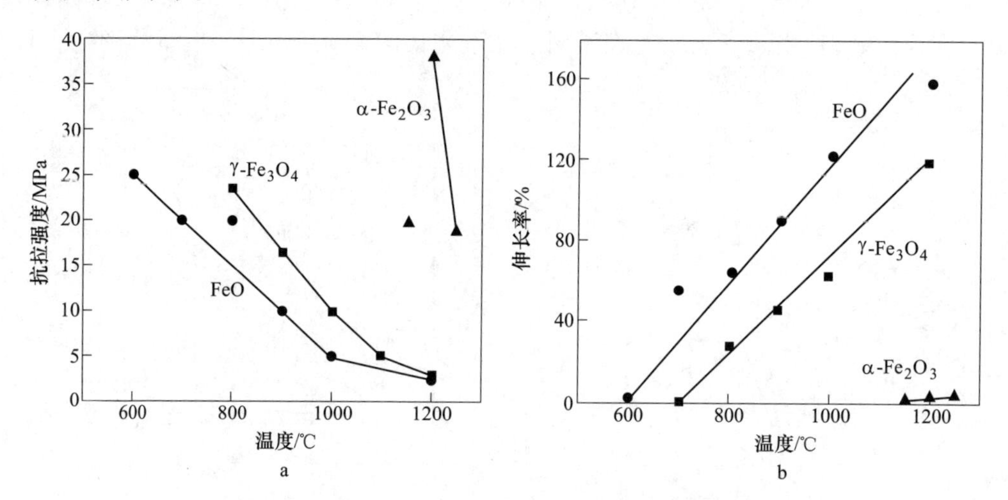

图 1-6　三种铁的氧化物的抗拉强度和延伸率对比

a—抗拉强度；b—伸长率

1.6　碳钢的氧化

Wagner 理论指出了形成厚氧化膜时膜增厚的动力学规律，并且建立了氧化膜生长动力学与氧化膜的物理化学性质之间的定量关系，给出了抛物线速度常数与氧化膜中各种离子的电导率与迁移数、各种点缺陷的浓度、各种粒子的扩散系数、氧化的生成自由能、环境氧分压及氧化物的分解压等参数之间的定量关系。据此可以确定金属在高温下的氧化膜厚度。然而，实际的氧化速度经常偏离 Wagner 理论，一般认为有以下几个原因：

（1）氧化膜与金属剥离（与 Wagner 理论的前提相悖），使氧化速度下降。

（2）在氧化膜内晶界扩散也起了很大作用。

（3）当氧化膜增厚到一定程度时，在膜内产生强烈生长应力，促使氧化膜破裂，使膜与金属分离，周围的氧气直接侵入内部，与金属发生反应。

在实际生产中发现有些金属表面有多层氧化膜形成，可以把多层膜形成机制作为 Wagner 理论的补充，因此，钢的氧化过程仍可用 Wagner 理论来分析。在200℃以上，钢的氧化符合普遍适用的抛物线增厚规律，此时钢的氧化动力主要来源于已形成的氧化层的内表面（与铁基体交界）和外表层（与空气交界）之间存在的化学势差与电势差，在二者的综合作用下，内外表面的势差使铁、氧离子与电子发生迁移，从而使钢材表面继续氧化。钢的初始氧化速度呈直线分布，氧化反应取决于气体的量，可由化学反应速度及接触金属的氧化性气体的量来控制。当反应氧化层达到一定厚度（约 $4\times10^{-3}\sim4\times10^{-1}$mm）后，氧化机制转换，氧化层内晶格扩散，氧化动力学符合抛物线规律，此时的反应速度主要由铁原子的扩散控制。

1.7 热轧态氧化铁皮

根据现场情况可将氧化铁皮分为一次、二次和三次氧化铁皮。

1.7.1 一次氧化铁皮

板坯要在加热炉内加热到1200~1250℃左右，并在此温度下保温数小时。在加热、保温期间由于炉内为氧化气氛，板坯表面会生成厚度大于100μm 的氧化铁皮，称为一次氧化铁皮或炉生氧化铁皮[8]，炉生氧化铁皮可分为致密层和松散层，如图 1-7 所示为典型炉生氧化铁皮的断面形貌，松散层靠近基体。从图中可以看到致密层与松散层之间存在着较大孔洞。

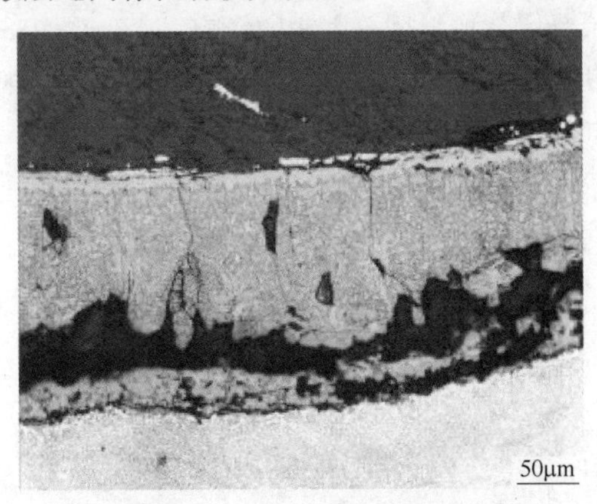

图 1-7 一次氧化铁皮的断面形貌

从加热炉出来的高温板坯碰到高压水后，其表面的一次氧化铁皮会因热应力而开裂。高压水进入氧化铁皮的裂缝后，由于高压水的冷却和压力作用，裂缝会向钢基体界面扩展，从而达到除鳞的效果[9]。一次氧化铁皮的去除率随着致密层厚度的增加而增加[10]。高压水除鳞时，氧化铁皮迅速冷却，因热应力而使氧化铁皮产生大量裂纹。如果氧化铁皮中松散层较厚，这些裂纹在扩展过程中会因遇到气孔而使裂纹尖端的应力得到释放，裂纹因此停止扩展而不能到达钢基体表面，导致高压水冲击时不容易完全去除钢表面的氧化铁皮。当致密层较厚时，热应力产生的裂纹更容易发生扩展，相同除鳞压力的条件下板坯表面的一次氧化铁皮的除鳞效果更加显著。

1.7.2　二次氧化铁皮

板坯经高压水除鳞后，一次氧化铁皮被除掉。但在粗轧过程中由于钢板的温度仍很高，其表面还会继续氧化生成新的氧化铁皮。将在粗轧过程中新生成的氧化铁皮定义为“二次氧化铁皮”。二次氧化铁皮的生成温度一般为 1000～1200℃[11]，厚度一般为十到几十微米，通常在每个道次或者每几个道次用除鳞机除去二次氧化铁皮[12]。

1.7.3　三次氧化铁皮

精轧过程中，带钢进入每架轧机时都会产生表面氧化铁皮层。粗轧后通过最终的除鳞在每架轧机之间时，还将再次产生氧化铁皮。因此，轧辊作用下的带钢表面条件将取决于进入各架轧机前形成的氧化铁皮的数量和特性，这时的氧化铁皮称为“三次氧化铁皮”。由于精轧过程中氧化铁皮的生成时间只有 0.5～30s[13,14]，故铁皮厚度一般为 10μm。在精轧、输出轨道及钢卷冷却各工序中，三次氧化铁皮的总生成量受卷取温度等因素的影响[15~17]。图 1-8 所示为三次氧化铁皮冷却到室温后的断面形貌。由于精轧过程的温度通常为 800～1050℃，并且精轧的速度很快，因此，钢板在精轧过程中生成的氧化铁皮通常仅由 Fe_3O_4 和 FeO 构成，即使在铁皮表面生成 Fe_2O_3，由于 Fe_2O_3 层很薄，在室温下经金相腐蚀后也往往观测不到。在连续冷却的条件下，由于受到终轧温度、卷取温度或终冷温

图 1-8　三次氧化铁皮的断面形貌

度及卷取后冷却速度等因素的影响而最终会形成结构不同的氧化层，也有人将冷却到室温的氧化铁皮称为“四次氧化铁皮”。

参考文献

[1] 李铁藩. 金属高温氧化和热腐蚀［M］. 北京：化学工业出版社，2003：4~20.

[2] 刘小江. 热轧无取向硅钢高温氧化行为及其氧化铁皮控制技术的研究与应用［D］. 沈阳：东北大学，2014.

[3] Chen R Y，Yuen W Y D. 纯铁和碳钢在空气或氧气中的高温氧化（上）［J］. 世界钢铁，2004，4（2）：1~5.

[4] 杨峥，赵明琦，杨仁江. 薄板氧化铁皮组织结构分析［J］. 物理测试，2003，7（5）：24~27.

[5] 张清东，黄纶伟. 热轧带钢表面氧化层实测分析［J］. 上海金属，2000，8（7）：32~34.

[6] Kazuto Tokumitsu，Toshio Nasu. Preparation of lamellar structured α-Fe/Fe_3O_4 complex particle by thermal decomposition of wustite［J］. Scripta Mater，2001，44（2）：25~27.

[7] Hidaka Y，Anraku T，Otsuka N. Deformation of iron oxide upon tensile test at 600-1250℃［J］. Oxidation Metals，2003，59（1/2）：97~113.

[8] 王冰，贾文征，马东鸣. 论钢板在加热炉中氧化皮的生成［J］. 国外金属热处理，2003，24（2）：11~14.

[9] 林勤，陈宁，金锡范. 金属氧化动力学规律和耐热钢中稀土作用的研究［J］. 中国稀土学报，1996，14（3）：239~244.

[10] 刘睿. Cr23Ni13 钢的高温氧化动力学及其组织变化研究［D］. 哈尔滨：哈尔滨工程大学，2005.

[11] 潘金声，李文雄. 离子晶体中的电子过程［M］. 北京：科学出版社，1959：264~266.

[12] 薛念福，李里，陈继林，等. 热轧带钢除鳞技术研究［J］. 钢铁钒钛，2003，24（3）：52~59.

[13] 徐鹏飞. 热连轧精轧工作辊辊面氧化膜控制［J］. 金属世界，2008，3（1）：23~25.

[14] Krzyzanowski M，Beynon J H. Tensile failure of mild steel oxides under hot rolling conditions［J］. Steel Research，1999，70（1）：22~27.

[15] 孙彬，曹光明，刘振宇，等. 不同热连轧工艺参数条件下三次氧化铁皮的分析［J］. 物理测试，2010，28（6）：1~5.

[16] Sun H. Analysis of transient temperature field on the transverse section of hot strip［C］//Proceedings of the 3rd Australasian Congress on Applied Mechanics，2002，19：134~136.

[17] Wolf M M. Scale formation and descaling in continuous casting and hot rolling，Part Ⅱ［J］. Iron and Steelmaker，2000，27（2）：64~65.

2　钢材高温氧化研究方法

关于金属氧化物的测试已经形成了一些标准，如 GB/T 13303—1991、GB/T 6462—2005。但是，关于钢材的高温氧化方法至今仍然缺少统一的标准。高温氧化实验研究的目的是特定环境下钢材的氧化动力参数，了解钢材表面氧化铁皮生长规律，初步掌握钢材表面氧化铁皮的组织和结构特征。一般而言，钢材氧化的实验平台包括热重分析仪（TG）和配备气氛调控系统的热/力学模拟试验机（Gleeble 系列）。氧化动力学实验最常用的方法是热重分析法，实验设备为热重分析仪，其设备结构如图 2-1 所示，该平台通常包括温度控制模块、高灵敏度微天平系统、气氛控制系统和数据记录系统以及软件分析模块。该平台的温度控制模块和气氛控制系统可满足多样化的温度和气氛条件，可模拟研究钢材在恒温、变温等多种无变形条件下的高温氧化。

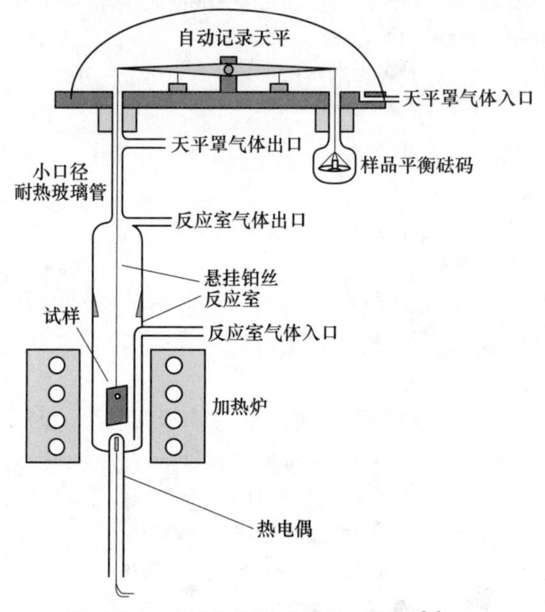

图 2-1　热重分析仪结构示意图[1]

热重分析仪的设备结构特点决定了该系统的冷却能力较弱，因此对于一些要求快速升温和冷却的高温氧化实验需采用热/力学模拟试验机，图 2-2 所示为 Gleeble3800 热/力学模拟实验机，该平台能够实现快速升温和冷却，同时可以用于模拟研究钢材变形过程中的高温氧化。研究钢材表面氧化铁皮轧制变形和轧制条件下的高温氧化则需要借助热轧实验轧机进行。

图 2-2　Gleeble3800 热/力学模拟实验机

2.1　氧化动力学实验

氧化动力学实验包括恒温氧化动力学实验和循环氧化实验，前者可以确定氧化速度，后者可以确定检验氧化膜与基体之间的黏附性，即膜在温度循环变化情况下抗开裂与剥落的性能。通常利用热重分析仪进行氧化动力学实验，利用热重分析仪进行恒温氧化力学实验的优势在于高灵敏度微天平系统和数据记录系统可以连续准确记录样品的质量变化。根据研究的温度制度、气氛条件，设定相应的程序，在设定的温度和气氛中，连续测量样品的质量变化与时间的函数关系，最终通过数据处理获得相应的氧化动力学曲线。通过对氧化动力学数据的分析可以获取相应材料的高温氧化特征参数。图 2-3 所示为低碳钢（SPHC）在干燥空气中的恒温氧化动力学曲线。

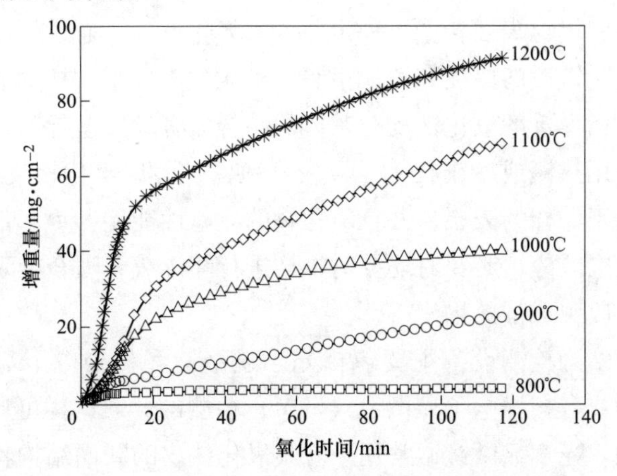

图 2-3　SPHC 在空气中恒温氧化动力学曲线

2.2　数值模拟技术

计算机模拟已经广泛应用于钢铁轧制过程的温度场、应力应变场和组织演变等方面的研究。钢材的轧制过程中取样困难，因此对钢铁表面氧化铁皮的厚度演变、氧化铁皮在高温下的变形过程的研究需要借助数值模拟展开。图 2-4 所示为数模模拟轧制变形过程中氧化铁皮断裂情况的结果，该模拟实验结果可以预测轧制过程中氧化铁皮的断裂和重新生长过程。此外，结合钢材的高温氧化特征参数，可以预测在连轧过程中氧化铁皮的厚度变化规律。

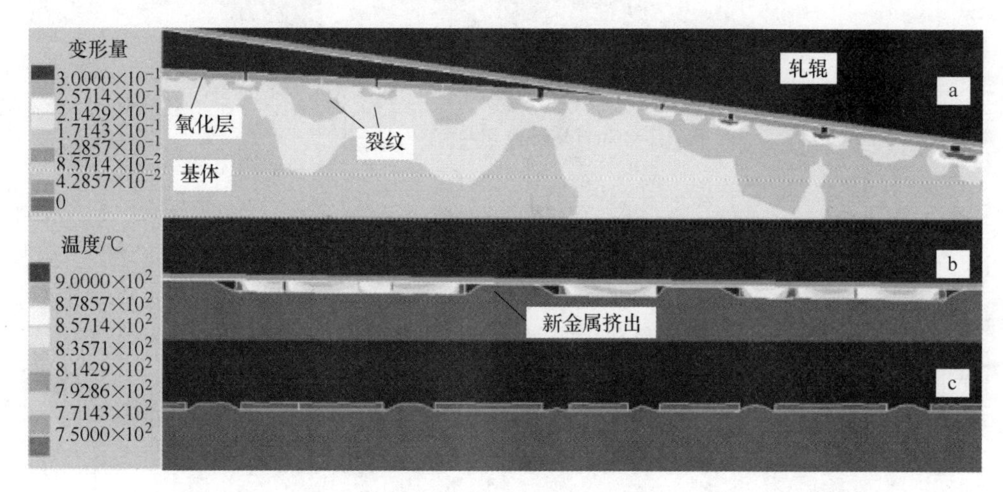

图 2-4　在轧制咬入阶段（a）、轧制过程中（b）和轧制结束后（c）氧化铁皮的断裂情况[2]

2.3　氧化铁皮分析表征方法

高温氧化后，钢材表面会产生一定厚度的氧化铁皮，通过检测试样的断面结构，可以观察氧化铁皮的厚度和微观组织。氧化铁皮位于试样的表层，属于脆性组织，不同氧化条件下的氧化铁皮与基体的结合力有较大差异，氧化铁皮检测试样的制备通常采用热镶或冷镶技术，以较好地保护表层氧化铁皮组织的完整性。由于氧化产物位于试样的表层，并且氧化物的导电性能差，为了消除电镜观察不导电样品时的荷电效应，必要时还要对试样进行喷碳或者喷金处理以提高试样表面的导电性能，改善成像效果。

氧化铁皮的结构检测设备主要包括光学显微镜和扫描电子显微镜（SEM），用于光学显微镜或者扫描电子显微镜（SEM）检测的普通试样可通过常规的机械研磨和抛光获取。光学显微镜通常用于观察氧化铁皮的断面结构特征，观察评估氧化铁皮的厚度、界面平直度和基本结构等特征。SEM 具备大景深、高分辨率等特点，非常适用于氧化层的表面状态、断口和断面组织的分析，可根据需要选择背散射电子像和二次电子像。配备了能谱分析的扫描电镜（SEM-EDX）和电子探针（EPMA）可进行微区元素成分分析，其面扫描结果可以清楚地表征氧化产物中合金元素的分布特点，尤其适合用于合金钢的高温氧化产物的组织分析。图 2-5 所示为利用 SEM-EDX 获取的 718Plus 不锈钢高温氧化后的表层组织和元素分布图。

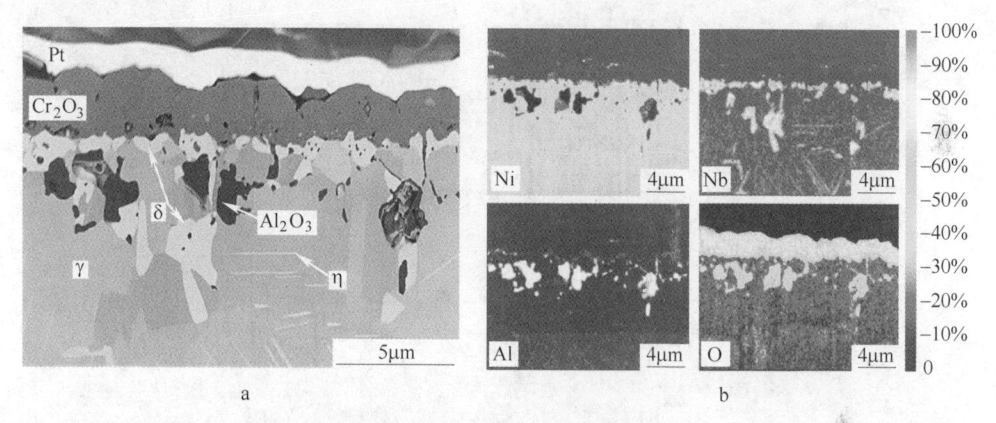

图 2-5 718Plus 不锈钢在干燥空气中 850℃氧化 120h 后表层组织[3]
a—背散射图；b—元素分布
（扫描书前二维码看彩图）

背散射电子衍射（EBSD）可用于分析检测氧化层的织构、晶粒取向、晶粒度等特征。用于 EBSD 观测的样品，对样品表面的残余应力要求较高，因此需要采用振动抛光消除由抛光产生的机械应力。图 2-6 所示为多晶纯铁和单晶纯铁在 450℃氧化 5h 后氧化铁皮的 EBSD 图谱。

X 射线衍射分析（XRD）是最常用的物相分析方法之一，已经广泛应用于各种材料高温氧化产物的物相分析。XRD 分析样品可直接采用氧化试样，也可通过机械方法把氧化产物从材料表面剥离，制备成块状或者粉状进行分析测试。需要注意的是受限于 X 射线的穿透能力，对于厚度较大和较小的氧化铁皮，其检测结果需要仔细地斟酌使用。高温 XRD 还可以用于分析高温条件下氧化铁皮的相变过程。

透射电子显微镜（TEM）具备超高分辨率，可用于观察样品原子尺度的精细结构。但是 TEM 样品的制备过程较为复杂，再加氧化产物多为脆性物质，氧化铁皮与基体的黏合力有限，使得氧化铁皮的 TEM 样品制备更加困难。传统的 TEM 样品的制备需要借助电镀等方法使试样周围沉积上起保护作用的金属，再进行切割、打磨和离子减薄等工序获取符合要求的样品。现在，聚集离子束系

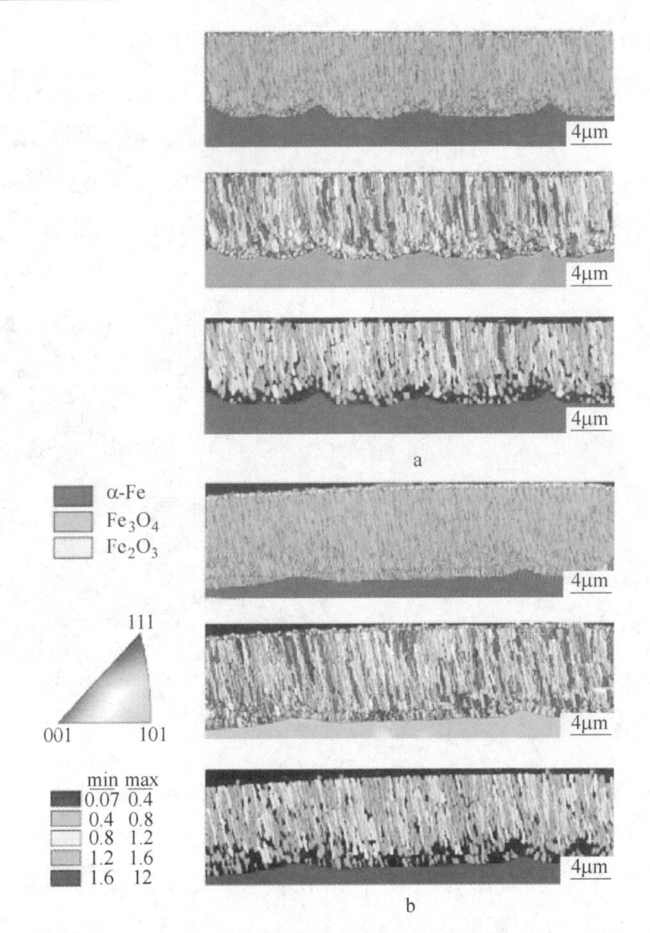

图 2-6　多晶纯铁和单晶纯铁在 450℃ 氧化 5h 后氧化铁皮的 EBSD 图谱[4]

a—多晶体；b—单晶（110）

（扫描书前二维码看彩图）

统（FIB）的 lift-out 技术可以用于制备 TEM 样品，其取样点准确，尤其适用于界面样品的高效快速制备。

扫描电子显微镜可以获取观察区域的表面形貌、化学成分、晶体取向等信息，但是由于电子束的穿透深度有限，很难获取样品的深层信息。聚焦离子束显微镜（FIB）可以加工多个序列的截面图片，每加工一个截面出来，就用 SEM 成像（二次电子或背散射电子）得到系列的 SEM 图像，然后利用离线的数据处理软件重构样品的三维形貌结构，还可以用于三维成分分析和三维晶体成分取向分析。利用三维形貌重建技术，可以直观观察氧化层中各种氧化物相的分布和结构特征，尤其适合用于合金钢的高温氧化层的分析观察。图 2-7 所示为 718Plus 不锈钢在干燥空气中 850℃ 氧化 120h 后氧化层的三维形貌重建结果。

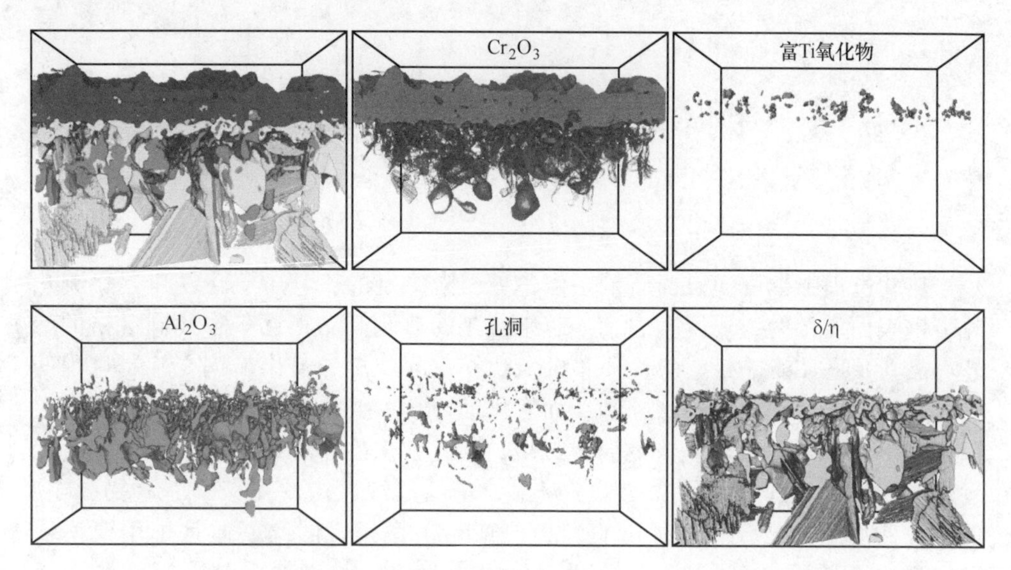

图 2-7 718Plus 不锈钢在干燥空气中 850℃ 氧化 120h 后氧化层的三维形貌重建[3]
（扫描书前二维码看彩图）

参 考 文 献

［1］Birks N，Meier G H，Pettit F S. Introduction to the high temperature oxidation of metals ［M］. New York Cambridge University Press，2006.

［2］Picqué B，Bouchard P O，Montmitonnet P，et al. Mechanical behaviour of iron oxide scale：Experimental and numerical study ［J］. Wear，2006，260（3）：231~242.

［3］Lech S，Kruk A，Gil A，et al. Three-dimensional imaging and characterization of the oxide scale formed on a polycrystalline nickel-based superalloy ［J］. Scripta Materialia，2019，167：16~20.

［4］Juricic C，Pinto H，Cardinali D，et al. Effect of substrate grain size on the growth，texture and internal stresses of iron oxide scales forming at 450℃ ［J］. Oxidation of Metals，2010，73（1）：15~41.

3 钢材高温氧化动力学应用

热轧过程中带钢的表面质量是由各种因素决定的，其中氧化铁皮是影响热轧带钢表面质量的重要因素之一。越来越多的热轧产品正逐步替代同规格的冷轧产品，从而使影响带钢表面质量的氧化铁皮问题更加突出。钢在轧制过程的高温行为主要受动力学因素控制，而氧化动力学主要受氧化温度、氧化时间等因素的影响[1]。在氧化铁皮的研究领域，氧化铁皮的厚度控制非常重要。研究发现[2]，热轧过程中氧化铁皮厚度对最终产品的红色铁皮覆盖率有重要影响，但铁皮厚度的演变过程不能够直接监测或精确模拟，因此，通常采用模型估算的方法。通用的 Markworth 模型[3]仅限于简单的线性变温情况，无法用于温度非线性变化的热连轧过程。本章以 Wagner 经典理论为基础，开发出计算非线性变温条件下的数值模型，为改进工艺、降低氧化铁皮厚度找到正确的方向。

3.1 等温氧化动力学实验

3.1.1 实验材料

本实验采用的实验钢为低碳钢 SPHC、510L 和 610L，其化学成分见表 3-1。

表 3-1 实验钢化学成分 (%)

样本	C	Si	Mn	P	Cr	S
SPHC	≤0.07	≤0.05	0.20~0.45	≤0.02	—	≤0.02
510L	0.091	0.13	1.25	0.009	0.035	0.002
610L	0.071	0.131	1.485	0.006	0.029	0.0032

3.1.2 实验方法

将每个钢冷轧成厚度为 1.5~2.0mm 的薄板；再采用线切割将试样切成大小为 10mm×15mm 的薄片，并在试样表面钻一个直径为 1.0mm 的圆孔。先用超声波清洗试样表面的乳化液和油污，再采用 100 号、240 号、400 号、600 号、800 号、1000 号砂纸将试样逐级打磨，并将所有试样用酒精清洗，再用丙酮去油、酒精脱水、吹干，如图 3-1 所示为试样的实物，制样完成，放入干燥皿备用。首先将试样悬吊于加热炉内，对加热炉内腔抽真空，使试样处于真空的环境中，然后以 200mL/min 的流量向炉腔内充入氩气（因为炉腔在真空条件下加热容易使设备损坏），当氩气在炉腔内的压力达到 1000MPa 以上时，开始以 25℃/min 升温速率加热到设定的温度（500~1100℃）。温度达到设定温度时，同时向炉腔内通入混合空气，流量是 100mL/min，使试样在设定的温度下在混合空气中进行等温氧化实验，针对不同的钢种分别氧化不同的时间。到达氧化时间后，以 30℃/min 的降温速率快速冷却至室温，记录试样在等温阶段的质量增重量。

图 3-1 用作氧化动力学实验的试样实物

3.1.3 氧化铁皮的显微组织对判断铁皮厚度的影响

图 3-2 所示为 SPHC 钢在 600℃时 Fe_2O_3 层的生长方式。从图 3-2a 中可以看出，当氧化时间为 240min 时，在 Fe_3O_4 表面出现岛状 Fe_2O_3 晶粒；氧化时间继续增加至 360min，须状生长的 Fe_2O_3 像森林一样覆盖整个表面。

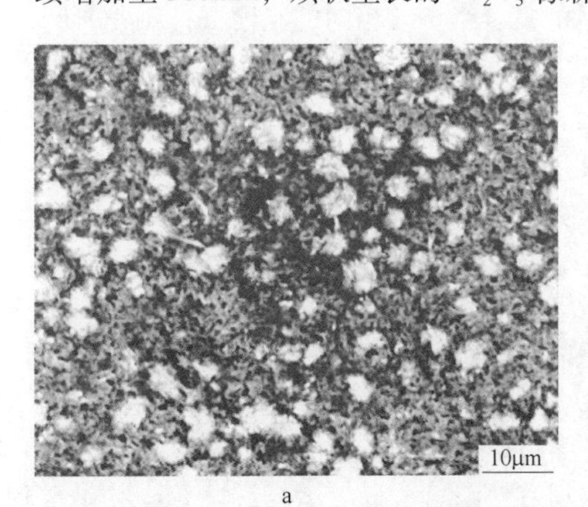

a

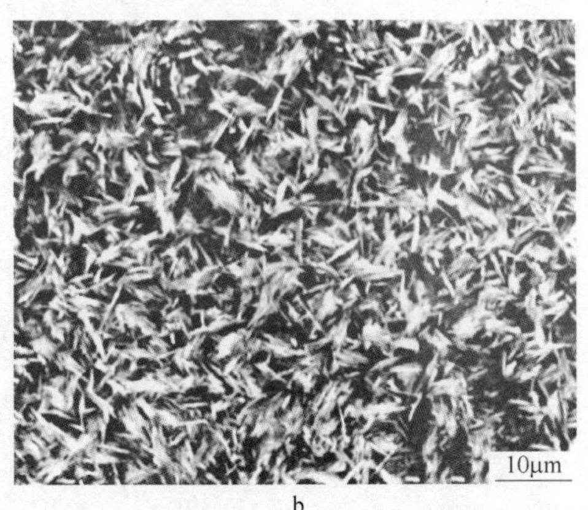

b

图 3-2 600℃氧化不同时间的氧化铁皮表面形貌

a—240min；b—360min

图 3-3 所示为 SPHC 钢在 700℃ 氧化 240min 后 FeO 层的表面形貌。从图 3-3a 可以看到氧化铁皮分为三层结构。在靠近基体侧成“冰糖”状分布的是 FeO，在靠近 FeO 层的是呈连续多孔状的 Fe_3O_4。在 Fe_3O_4 层上可以观察到少量的须状晶芽 Fe_2O_3，整个表面被 Fe_3O_4 覆盖。FeO 的晶粒是以三角锥型或金字塔型的方式生长。

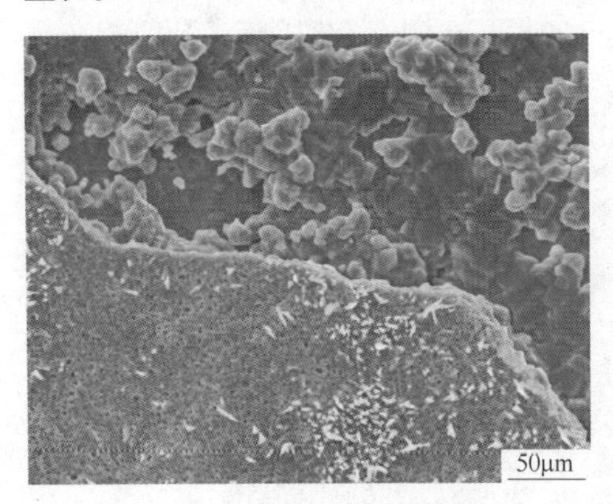

a

b

图 3-3　SPHC 钢在 700℃ 氧化 240min 氧化铁皮表面形貌

a—Fe_2O_3、Fe_3O_4 和 FeO 的生长方式；b—FeO 的生长方式

图 3-4 所示为在 800℃ 时 Fe_3O_4 层的生长方式。图 3-4a 是在 800℃ 时等温氧化 30min 后氧化铁皮的表面形貌。图 3-4b 为氧化铁皮鼓泡处铁皮的断面形貌。从局部鼓泡的断面上可以看出，多孔性的 Fe_3O_4 呈明显的柱状晶组织。随氧化时间延长，Fe_3O_4 的生长方式将发生改变，Fe_3O_4 的形貌由短时间氧化的单一柱状晶组织转变成大量的柱状晶和团簇状结构的复合组织。相同的温度下，氧化时间越长，以螺旋形式生长的团簇状结构越大，从图 3-4c 与 d 可以看出，团簇状结构被柱状晶包裹着，晶体交织聚集在一起，中间存在许多的间隙，随氧化时间延长这种结构不断长大，直至布满整个氧化层表面，最终形成多孔性的 Fe_3O_4 层。

Fe_2O_3 的须状局部性生长受氧化性介质、氧化时间、氧化温度和压力等因素影响[4]。根据铁在 Fe_3O_4 中的扩散作用，Fe_2O_3 的形成反应包括以下两个方面：

$$2Fe_3O_4 + \frac{1}{2}O_2 = 3Fe_2O_3 \quad (3\text{-}1)$$

$$4Fe_2O_3 + Fe = 3Fe_3O_4 \quad (3\text{-}2)$$

当反应式（3-1）中的反应优于反应式（3-2）中的反应时，Fe_2O_3 在 Fe_3O_4 表面上形核。Fe_2O_3 以须状生长，在孔状的 Fe_3O_4 的边界上优先形核，慢慢长成岛状，随后在岛状的晶核上向四周生长，直至覆盖整个 Fe_3O_4 面。Fe_2O_3 以须状生长的机制主要是通过 Fe 在氧化层中的线缺陷扩散来实现的[5]。

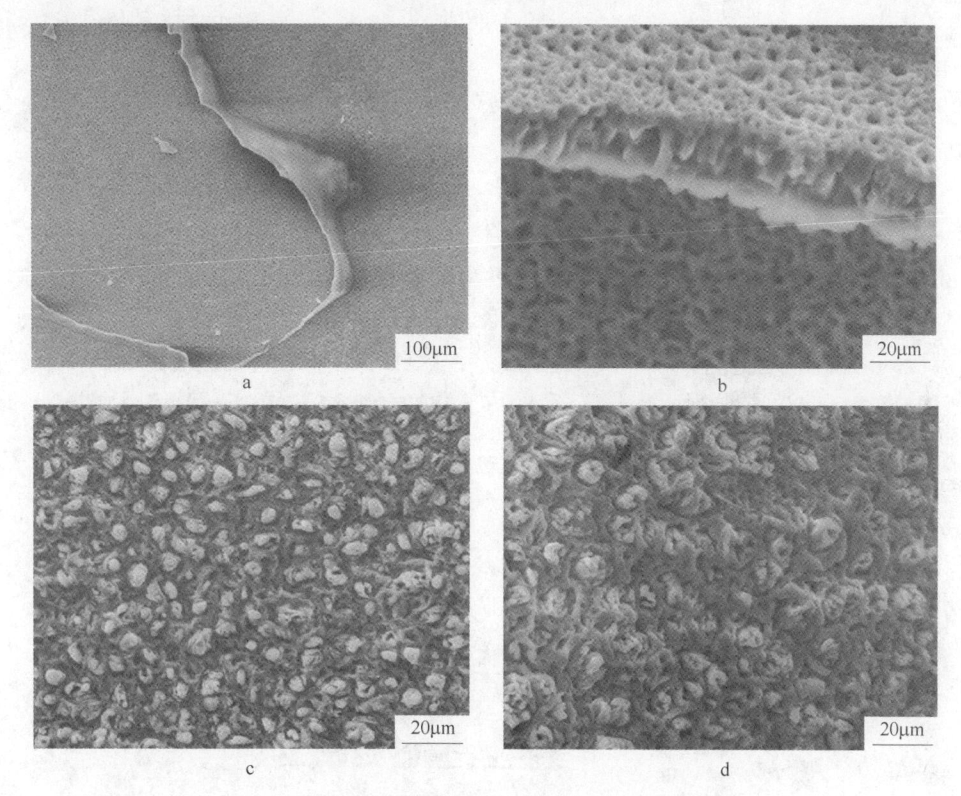

图 3-4 800℃氧化不同时间的氧化铁皮表面形貌

a，b—30min；c—240min；d—360min

在不同条件下 Fe_2O_3 主要以三种方式生长，分别是金属须状、片层状和多边形晶粒状。通常在 860 ~ 1000℃ 条件下，以生成多边形晶粒状的 Fe_2O_3 为主。Fe_2O_3 金属须形式的生长并不影响在特定温度和时间下的动力学的量值，即氧化铁皮层中 Fe_3O_4 和 FeO 的量值保持不变，以金属须状生长的 Fe_2O_3 小岛会使整个 Fe_2O_3 层的厚度看上去比片层状或多边形状的 Fe_2O_3 的厚度要大，进而使得整个氧化铁皮层的厚度看上去较大。整个氧化铁皮厚度的表达式如下所示：

$$h_{scale} = h_{FeO} + h_{Fe_3O_4} + h_{Fe_2O_3(whiskers)} \tag{3-3}$$

$$H_{scale} = H_{FeO} + H_{Fe_3O_4} + H_{Fe_2O_3(platelets/grains)} \tag{3-4}$$

从断面结构来判断氧化铁皮的厚度，$h_{Fe_2O_3(whiskers)} > H_{Fe_2O_3(platelets/grains)}$，虽然有 $H_{FeO}+H_{Fe_3O_4}=h_{FeO}+h_{Fe_3O_4}$，但在氧化增重量相同的条件下，带有金属须状的氧化铁皮层的厚度要比其他形式的氧化铁皮的厚度要大。Fe_2O_3 的生长方式并不影响 Fe_3O_4 生成的量值的多少。因此，通过氧化铁皮的断面结构来判断氧化铁皮的厚度或各种铁的氧化物的百分含量时，应注意由于 Fe_2O_3 生长方式不同带来的影响，从而准确地判断氧化铁皮的厚度和结构。

3. 1. 4　不同实验钢种的氧化增重曲线

3. 1. 4. 1　510L 钢的氧化增重曲线

实验设定 510L 钢的氧化温度为 500~900℃，氧化时间为 540min，氧化增重曲线如图 3-5 所示。从 510L 钢的氧化增重曲线可以看出，氧化温度为 500~800℃时，单位面积上氧化量很小；当氧化温度为 900℃时，单位面积上的氧化量与 800℃时相比有明显的增加。通过对各个温度下曲线回归可以知，以抛物线回归得到的偏差小于以直线回归得到的偏差，因此，在整个实验温度下氧化曲线符合抛物线规律，说明 510L 钢有一定的抗氧化性。

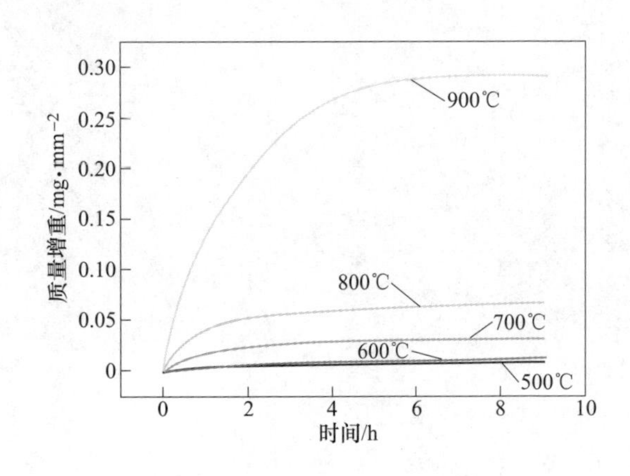

图 3-5　510L 钢的氧化增重曲线

3. 1. 4. 2　610L 钢的氧化增重曲线

610L 汽车大梁钢在空气中氧化增重与时间的关系曲线如图 3-6 所示。从图中可以看出，610L 在 500~800℃时增重与 510L 非常相似，单位面积上氧化增重量不大；当氧化温度达到 900℃时，氧化增重量突然变大，呈明显的抛物线关系。氧化增重速率在氧化的初期较大，随着氧化时间的延长，氧化增重速率趋于缓慢，但氧化增重量继续增大。

3. 1. 5　氧化铁皮厚度模型的建立和激活能 Q 的计算

氧化动力学与现场实际相结合建立氧化动力学模型，氧化铁皮的生长符合抛物线方程[6]。根据 Kofstad[7]，建立氧化动力学的模型为：

$$\Delta W^2 = K_p t \tag{3-5}$$

式中　K_p——氧化速率常数；

ΔW——质量增重；

t——时间。

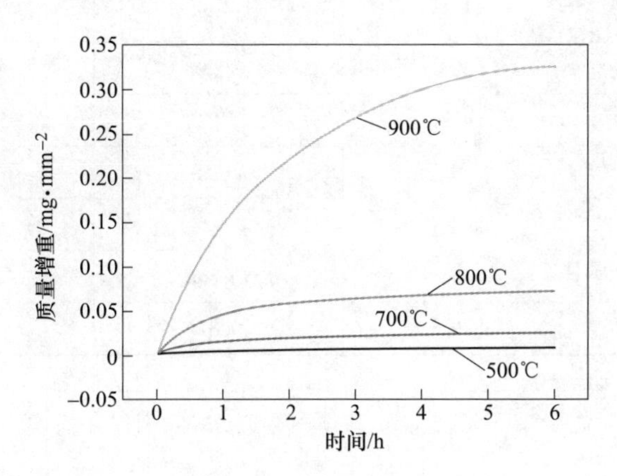

图 3-6　610L 钢的氧化增重曲线

K_p 用 Arrhenius 等式表示如下：

$$K_{p,t} = A\exp\left(-\frac{Q}{RT}\right) \tag{3-6}$$

式中　Q——钢种的激活能，J/mol；

T——氧化温度，K；

R——气体常数 8. 314J/(mol · K)；

A——模型常数。

对式（3-6）两边取对数得：

$$\ln K_{p,t} = \ln K_0 + \left(-\frac{Q}{R}\right)\frac{1}{T} \tag{3-7}$$

通过氧化动力学实验结果，根据式（3-5）可计算出某一钢种在特定的温度和时间下的氧化速率常数 K_p，把氧化速率常数 K_p 代入由式（3-6）推导的式(3-7)中，可拟合出以 $\ln K_{p,t}$ 为变量和 $\frac{1}{T}$ 为自变量的一条直线。通过拟合出的直线的斜率即可计算出某一钢种的激活能 Q。根据激活能 Q 值可计算出某一钢种在特定温度下经一段时间氧化后单位面积上氧化铁皮增重 ΔW。通过计算出的氧化增重 ΔW 就可以计算出氧化铁皮的厚度。对 510L 钢的氧化增重与时间的数据进行回归，得到实验钢在不同温度下氧化速率常数 $K_{p,t}$，见表 3-2。根据上述建立的氧化动力学模型，拟合出 510L 的激活能，如图 3-7 所示，510L 的激活能 Q 为 161. 157kJ/mol。

表 3-2　510L 不同温度下氧化速率常数

温度/℃	时间/min	质量增加/mg·cm^{-2}	K_p/mg^2·(cm^4·min)$^{-1}$
500	540	0.136	3.08×10^{-4}
600	540	0.238	9.44×10^{-4}
700	540	0.473	3.68×10^{-3}
800	540	1.358	3.07×10^{-2}
900	540	8.928	1.36
1000	540	16.846	4.73
1100	540	19.354	6.25

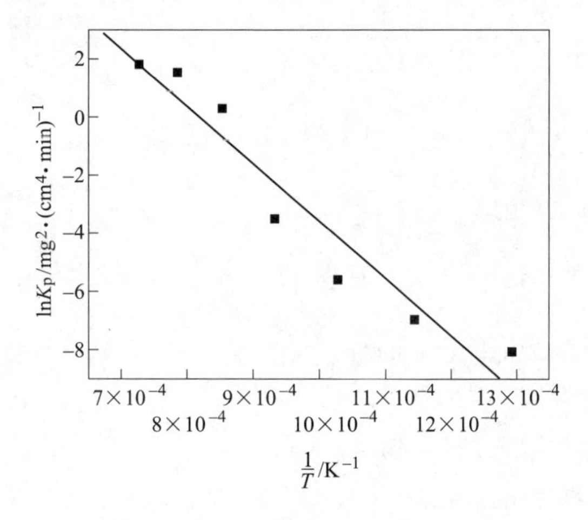

图 3-7　510L 的 $\ln K_{p,t}$ 和 $\frac{1}{T}$ 的曲线关系

对 610L 实验数据进行回归，得到在不同温度下氧化速率常数 $K_{p,t}$，见表 3-3，拟合出 610L 的激活能曲线，如图 3-8 所示，610L 的激活能 Q 为 172.931kJ/mol。

表 3-3　610L 不同温度下氧化速率常数

温度/℃	时间/min	质量增重/mg·cm^{-2}	K_p/mg^2·(cm^4·min)$^{-1}$
500	360	0.132	2.91×10^{-4}
600	360	0.179	5.34×10^{-4}
700	360	0.376	2.28×10^{-3}
800	360	1.083	1.95×10^{-2}
900	360	8.997	1.35
1000	360	17.905	5.34
1100	360	24.042	9.63

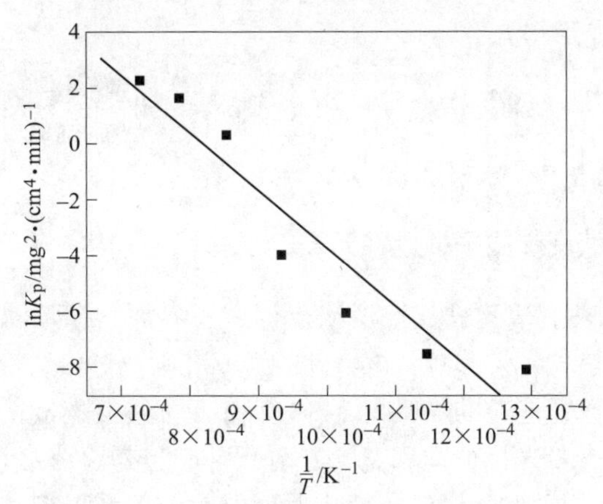

图 3-8　610L 的 $\ln K_{p,t}$ 和 $\frac{1}{T}$ 的曲线关系

3.2　热轧过程氧化铁皮厚度的演变计算

3.2.1　变温条件下氧化动力学模型

在实际的热轧过程中，温度是不断变化的。连续变化的温度可以看成是由若干个微小的温度梯度叠加而成[8]，如图 3-9 所示。假定在一定的温度段内温度的变化以同等的微小单元来进行递增或递减。根据恒温条件下氧化动力学符合抛物线规律，将变温条件下的氧化铁皮增重分解为若干个微小的等温单元，计算其生成总和，即可模拟出在变温时氧化铁皮的增重量。因此，变温条件下的氧化动力学方程可以表示为：

$$\Delta W_i^2 = \Delta W_{i-1}^2 + K_p^i \delta t_i \tag{3-8}$$

式中　K_p^i ——不同温度和时间段的氧化速率常数；

　　　δt_i ——不同的时间段。

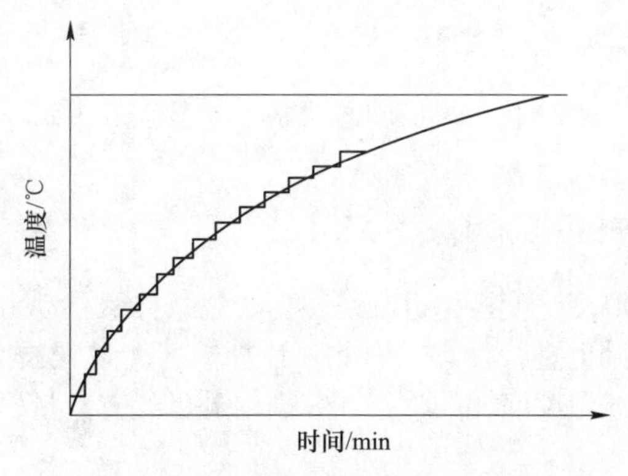

图 3-9　变温条件下计算的简化图

由式（3-8）变形得知，

$$\Delta W_i^2 = \Delta W_0^2 + K_{\mathrm{p}}^1 \delta t_1 + \cdots + K_{\mathrm{p}}^i \delta t_i = \Delta W_0^2 + \sum_{i=1}^{\infty} K_{\mathrm{p}}^i \delta t_i \tag{3-9}$$

式（3-9）中，$\Delta W_0 = 0$。

3.2.2　热轧氧化铁皮厚度模拟软件开发

图 3-10 所示为热轧氧化铁皮厚度演变计算主界面。在热轧氧化铁皮厚度演变计算界面可以输入热轧工艺参数，该软件能够较准确地对热轧带钢温度场进行从出炉到卷取的全线计算，能够准确反映轧制过程带钢温度随时间的变化规律以及轧件内部的温度分布（包括厚度方向和宽度方向）。同时该软件以氧化动力学理论为基础，结合研究数据，开发温度-氧化铁皮厚度的对应关系模型，建立起氧化动力学模型。考虑到热轧过程是一个连续变温的过程，故根据恒温氧化动力学模型推导变温条件下氧化动力学模型。根据氧化动力学模型，计算出在不同热轧产线中钢板温度变化情况，得出板带在热轧过程中氧化铁皮厚度演变规律。

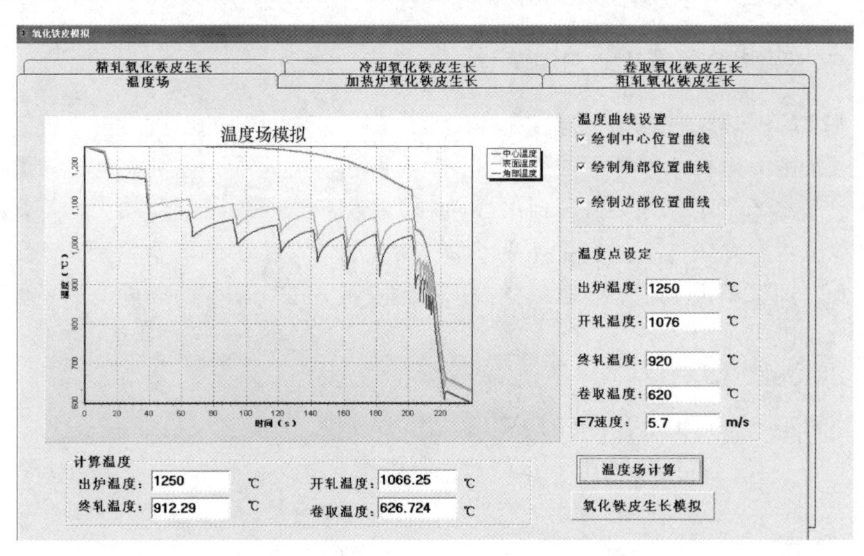

图 3-10　热轧氧化铁皮厚度演变计算主界面

3.2.3　热轧氧化铁皮厚度模拟软件应用

由于氧化铁皮厚度演变模拟过程是根据变温条件氧化动力学模型在热轧过程温度演变趋势的基础上进行计算，因此，计算热连轧过程温度趋势是前提条件，而关于热轧带钢全线温度演变的模拟计算国内外已经有大量研究，在此就不再详细叙述[9,10]。

通过上述建立的氧化动力学模型，结合现场的实际热轧温度制度，就可以模拟出在热轧过程中在全线上氧化铁皮的厚度生长情况。510L 现场的轧制工艺参数见表 3-4，粗轧每道次均除鳞，冷却方式均为前端冷却。在轧制过程中氧化铁皮的压下率按照钢板压下率的 50%进行处理[11]。

表 3-4 510L 钢的实验设定参数

样本	再加热温度/℃	精轧开轧温度/℃	终轧温度/℃	卷取温度/℃	F7 的速度/$m \cdot s^{-1}$
1	1250	1068	888	548	4.08
2	1230	1031	870	553	4.72

不同工艺条件下，510L 钢热连轧过程各阶段的温度演变趋势模拟结果如图 3-11 所示。

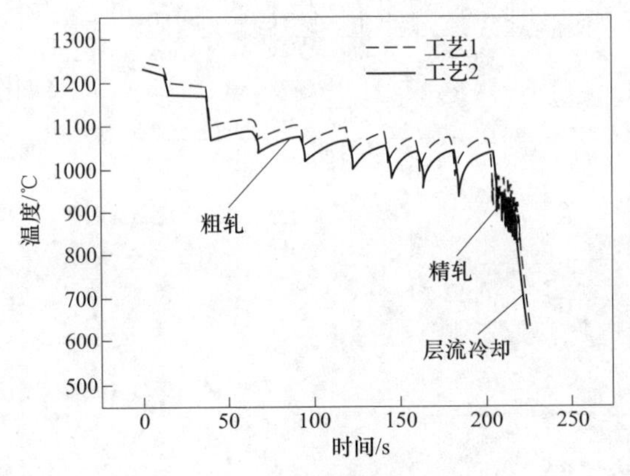

图 3-11 510L 的温度变化趋势

氧化铁皮的生长受温度、除鳞和轧制等因素的综合影响，在温度变化趋势基础上，采用变温条件下氧化动力学模型对工艺 1 条件下氧化铁皮生长进行模拟，如图 3-12 所示。

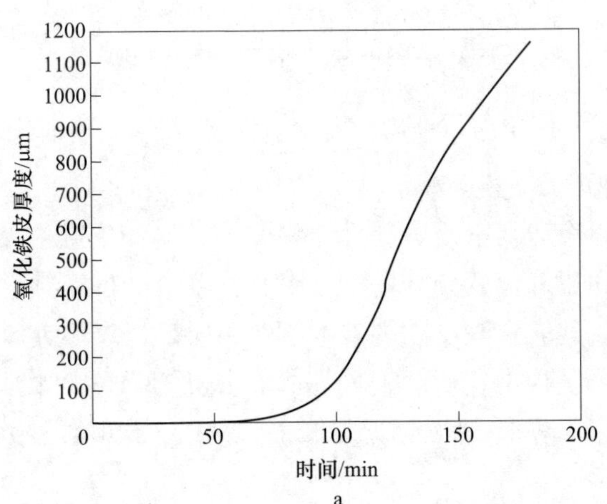

a

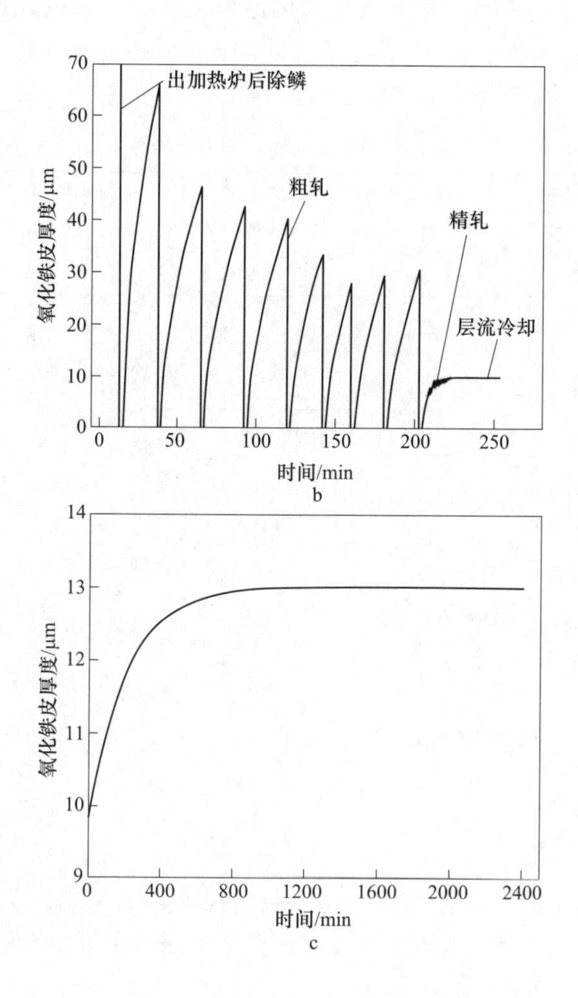

图 3-12　510L 在工艺 1 条件下模拟结果输出

a—加热炉内；b—轧制和冷却过程；c—卷取后

采用变温条件下氧化动力学模型对工艺 2 条件下氧化铁皮生长进行模拟，模拟结果如图 3-13 所示。

将上述实验卷冷却到室温后进行开卷取样，取样位置为带长 1/2 处，在板宽方向上的中心和边部位置分别取样，中心位置由于位于钢卷心部，与空气接触极少，在卷取后其氧化铁皮厚度基本不变，所以可以用其厚度表征卷取前的氧化铁皮厚度。由于带钢轧制凸度问题，带钢边部位置可以与空气充分接触，所以其厚度比中心部分厚。将模拟结果与现场实际检测结果进行对比，结果见表 3-5。

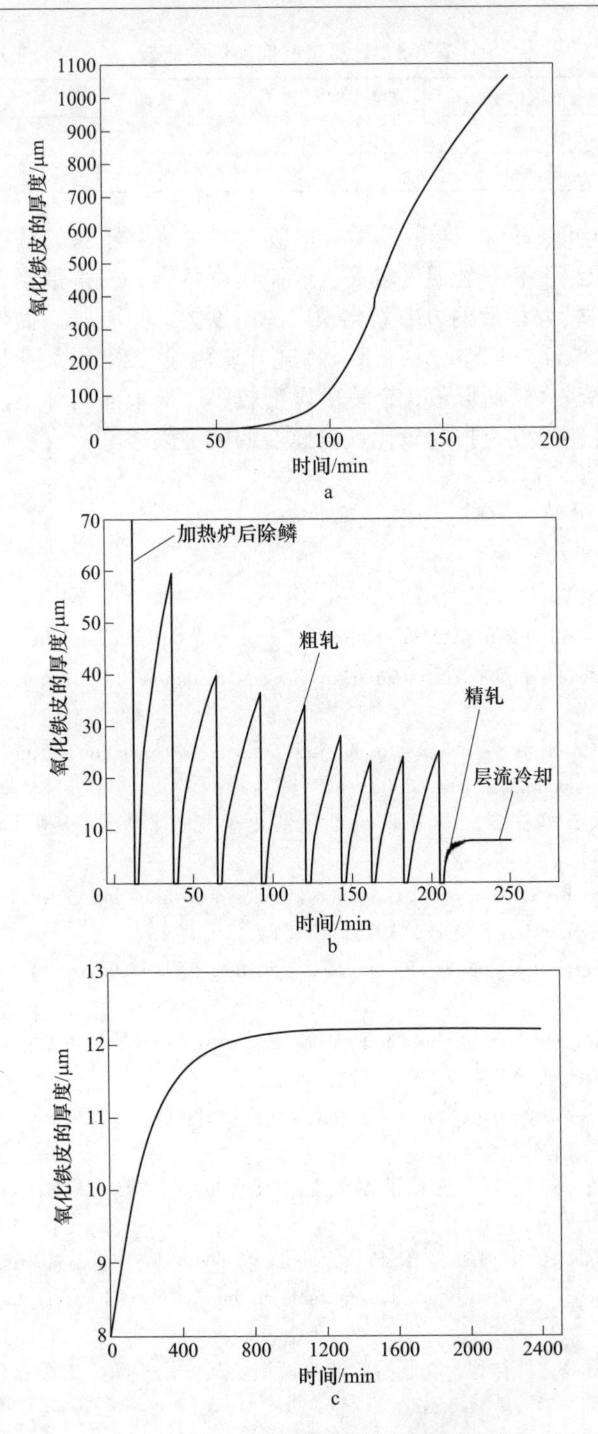

图 3-13 510L 在工艺 2 条件下模拟结果输出

a—加热炉内；b—轧制和冷却过程；c—卷取后

表 3-5　计算值与实测值的比较

样本	卷取前的模拟值/μm	卷取后的模拟值/μm	中心测量值/μm	边缘测量值/μm
1	9.83	13.01	8.52	12.18
2	7.90	12.20	7.11	10.36

从表 3-5 中可以看出，卷取前后模拟值与实测值有较高的精度。在工艺 1 条件下，由于出炉温度和开轧温度较高，轧制速度较慢，使得带钢表面总体的氧化铁皮的厚度相对较大；带钢边部氧化铁皮的厚度为 13.01μm，而带钢心部的氧化铁皮的厚度 9.83μm。工艺 2 条件下，精轧开轧温度已经下降到 1030℃左右，并且轧制速度提高较大，所以氧化铁皮的厚度较小。从上面两种工艺对比看出，精轧开轧温度和轧制速度是控制氧化铁皮厚度的关键因素。

参 考 文 献

[1] Tallman R L, Gulbransen E A. Dislocation and grain boundary diffusion in the growth of α-Fc_2O_3 whiskers and twinned platelets peculiar to gaseous oxidation [J]. Nature, 1968, 7 (21): 1046~1047.

[2] Vourlias G, Pistofidis N, Chrissafis K. High-temperature oxidation of precipitation hardening steel [J]. Thermochimica Acta, 2008, 478 (9): 28~33.

[3] 于洋，李庆亮，刘振宇．热轧带钢氧化铁皮生长过程数值模拟 [J]. 钢铁，2008, 6 (7): 55~57.

[4] Aballah I, Elraghy S, Gleitzer C. Oxidation kinetics of fayality and growth of hematite whiskers [J]. Journal of Materials Science, 1978, 13 (1): 1971~1976.

[5] Markworth A J. On the kinetics of isothermal oxidation [J]. Metallurgical Transactions, 1977, 8 (10): 2014~2015.

[6] Klaus Schwerdtfeger, Zhou Shunxin. Contribution to scale growth during hot rolling of steel [J]. Metal Working, 2003, 2 (9): 538~542.

[7] Kofstad P. Low-pressure oxidation of tantalum at 1300~1800℃ [J]. Journal of the Less Common Metala, 1964, 7 (4): 241~266.

[8] 于洋，李庆亮，刘振宇．热轧带钢氧化铁皮生长过程数值模拟 [J]. 钢铁，2008, 6 (7): 55~57.

[9] Sun C G, Han H N, Lee J K. Finite element model for the prediction of thermal and metallurgical behavior of strip on run-out table in hot rolling [J]. ISIJ International, 2002, 42 (4): 392~400.

[10] 刘相华，胡贤磊，杜林秀．轧制参数计算模型及其应用 [M]. 北京：化学工业出版社，2007: 13~15.

[11] Sumitesh DAS, Ian C Howand, Eric J Palmiere. A Probabilistic approach to model interfacial phenomena during hot flat rolling of steel [J]. ISIJ International, 2006, 46 (4): 560~566.

4 钢材氧化铁皮组织转变

典型的氧化铁皮结构由最外层较薄的 Fe_2O_3、中间层 Fe_3O_4 层和靠近基体侧的 FeO 层组成[1]。根据 Fe-O 平衡相图，在 570~1371℃时，FeO 处于稳定状态，在570℃以下时，FeO 发生共析反应生成 α-Fe+Fe_3O_4 的混合产物[2]。从生产实践来看，板带热轧过程中基本形成以 FeO 为主的氧化铁皮，FeO 在卷取过程中发生先共析或共析反应转变成 α-Fe 和 Fe_3O_4 的混合物。然而到目前为止，关于带钢热轧过程中在不同温度条件下形成 FeO 的转变行为还缺乏系统的研究，使得以氧化铁皮控制为目标的热轧工艺的制定无明确的理论依据。因此，弄清不同温度和时间条件下 FeO 的转变规律，对于建立合理的热轧工艺以控制铁皮结构是非常重要的。本章通过热模拟等实验手段研究精轧开轧温度、终轧温度、卷取温度和冷却速率对氧化铁皮结构演变的影响。

4.1 热轧钢材在冷却过程中的组织转变

4.1.1 热轧钢材在等温冷却过程中的组织转变

采用的实验钢为低碳钢 SPHC、510L 和 610L，其化学成分见表 4-1。

表 4-1 实验钢化学成分

实验钢	成分/%					
	C	Si	Mn	P	Cr	S
SPHC	≤0.07	≤0.05	0.20~0.45	≤0.02	—	≤0.02
510L	0.091	0.13	1.25	0.009	0.035	0.002
610L	0.071	0.131	1.485	0.006	0.029	0.0032

首先把试样安置在热模拟试验机上，对试样所在的腔内抽真空。将试样在真空环境中从室温加热到1000℃，模拟实验开轧温度，保温20s进行预热，然后冲入空气，与此同时降温，降温的速度为6℃/s，降温至880℃，模拟精轧过程，生成原始铁皮。然后快速冷却至模拟的卷取温度，在此温度下等温一定的时间，等温过程中试样一直暴露于空气中，最后淬火，保留氧化铁皮形貌，实验参数见表 4-2。

表 4-2　实验参数

实验钢种	精轧开轧温度/℃	终轧温度/℃	卷取温度/℃	等温时间/s
SPHC	1000	880	650，600，550，500，450，350	100，1000，10000
510L	1000	880	600，550，500，450，350	100，1000，6000
610L	1000	880	600，550，500，450，350	100，1000，10000

4.1.1.1　卷取温度对低碳钢 SPHC 氧化铁皮的影响

图 4-1 所示为 500℃时未经等温转变的氧化铁皮的断面形貌。可以看出整个氧化铁皮由最外层较薄的 Fe_3O_4 层和内层较厚的 FeO 层组成，没有观察到 Fe_2O_3 层存在。

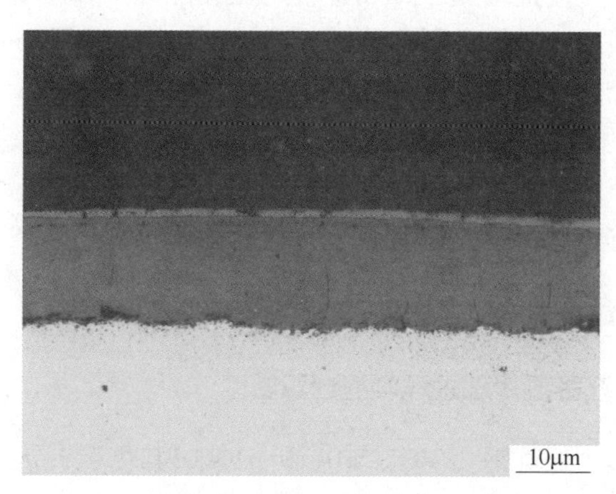

图 4-1　500℃时氧化铁皮的原始断面形貌

图 4-2 所示为 350℃等温 100s、1000s 和 10000s 时氧化铁皮的断面形貌。等温 100s 时氧化铁皮基本未发生太大变化，析出反应尚未发生；等温 1000s 时，最

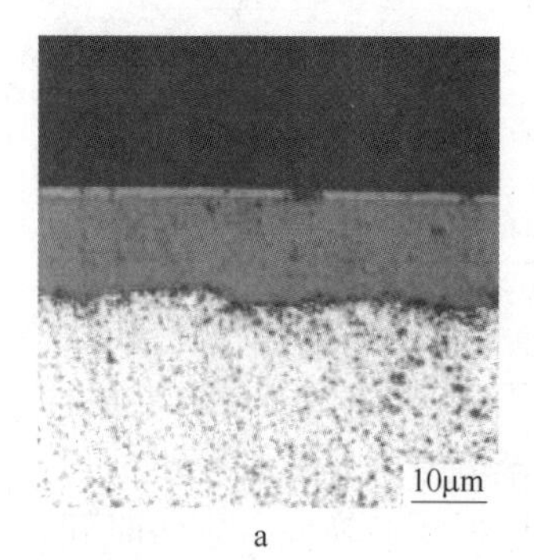

a

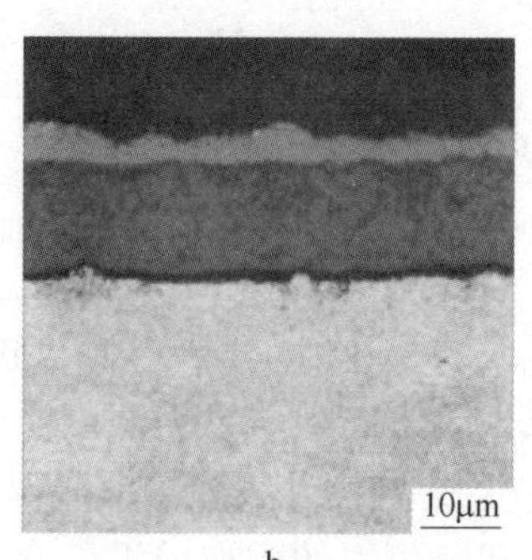

b

c

图 4-2　350℃时 FeO 层的等温转变断面形貌

a—等温 100s；b—等温 1000s；c—等温 10000s

外层 Fe_3O_4 层的厚度明显增厚，且 FeO 层内部伴有大量的析出相产生，从图 4-2b 中可以看出，从 FeO 层中析出的先共析 Fe_3O_4 已经延伸到了 FeO 层和基体的界面处；等温时间达 10000s 时，靠近最外侧 Fe_3O_4 层处生成了灰白相间的片层状结构，采用 EDS 分析板条状相间的混合物的含氧量得知，其氧含量在 22.8%～24% 之间，根据 Fe-O 相图发生共析反应的条件可知，其板条状的混合物是 FeO 层发生共析反应的产物 Fe_3O_4+Fe[3]。图 4-2c 中，呈亮白色的片层是金属 Fe，而呈浅灰色的片层是 Fe_3O_4 层。

由图 4-3 可以看出，在 450℃ 等温 100s 时，FeO 层中已经析出了大量先共析的 Fe_3O_4，并在氧化铁皮和基体的界面处出现了一层新相。Baud 等人[4]认为，在此处生成的新层就是 Fe_3O_4 层；等温 1000s 时，出现了片层状的产物 Fe_3O_4 和 Fe；等温 10000s，共析产物已经延伸到了氧化铁皮和基体的界面处，说明 FeO 层几乎全部发生了共析反应。

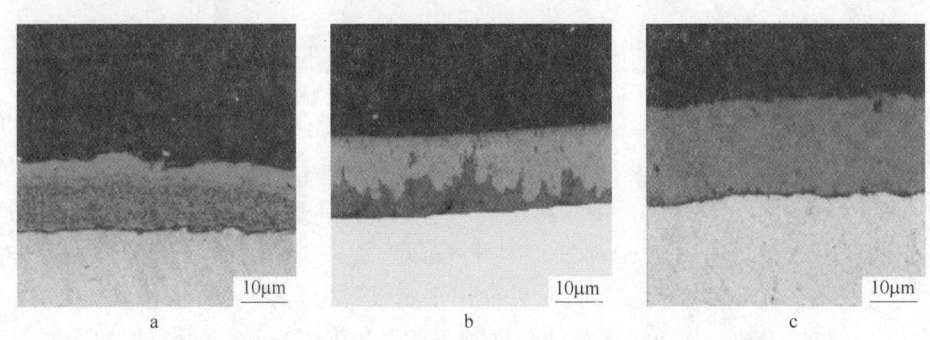

图 4-3　450℃时 FeO 层的等温转变断面形貌

a—等温 100s；b—等温 1000s；c—等温 10000s

如图 4-4 所示，500℃时的等温转变行为与 450℃时的基本相同。只是等温时间为 1000s 时，FeO 共析反应的程度没有 450℃时的大；当等温时间延长至 10000s 时，FeO 层绝大部分发生了共析反应，只是在靠近基体侧有极少量的 FeO 残留。

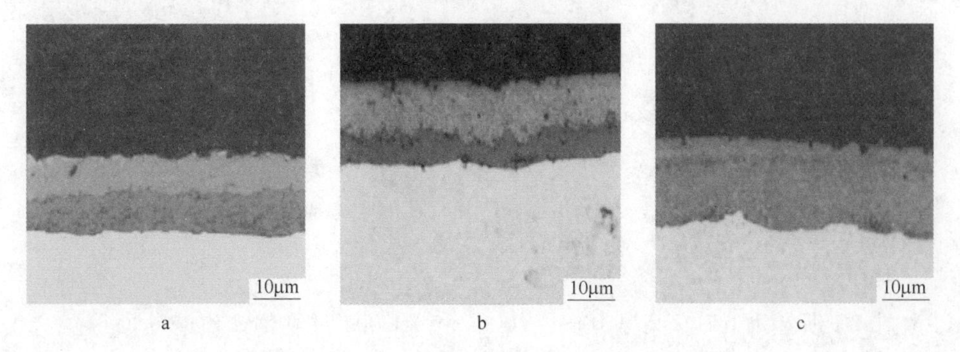

图 4-4　500℃时 FeO 层的等温转变断面形貌

a—等温 100s；b—等温 1000s；c—等温 10000s

图 4-5 所示为 550℃保温 100s、1000s 和 10000s 时氧化铁皮的断面形貌。等温时间为 100s 时，FeO 层也中出现了大量的 Fe_3O_4 析出物；当等温时间为 1000s 时，FeO 层的共析反应转变量与 500℃时基本相当；等温时间达到 10000s 时，在靠近基体侧残留的 FeO 量明显比 500℃时要多。

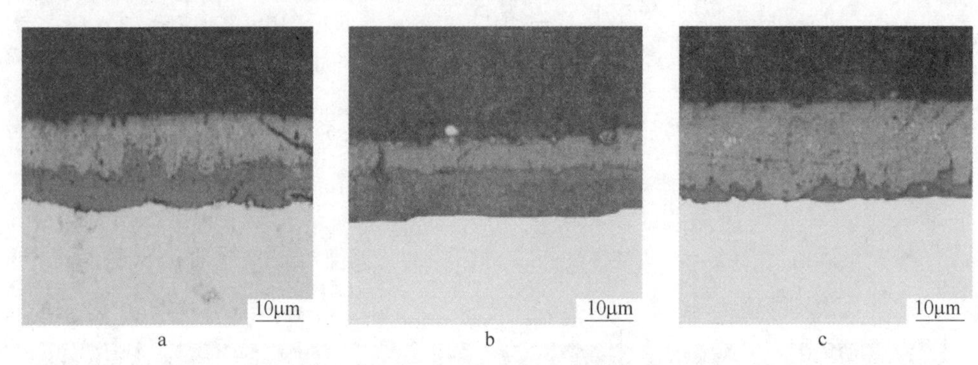

图 4-5　550℃时 FeO 层的等温转变断面形貌

a—等温 100s；b—等温 1000s；c—等温 10000s

图 4-6 所示为 600℃保温 100s、1000s 及 10000s 时氧化铁皮的断面形貌。等温时间为 100s 时，氧化铁皮中未出现析出物，仅由外侧的 Fe_3O_4 层和内侧的 FeO 层组成；等温时间延长至 1000s 时，在 FeO 层出现了少量的 Fe_3O_4 析出物；等温时间为 10000s 时，在氧化铁皮的最外侧出现了极薄的 Fe_2O_3 层，原始 Fe_3O_4 层的厚度也有明显增加。还可以清楚地观察到，在氧化铁皮与基体的衔接处也出现了析出的 Fe_3O_4 层。

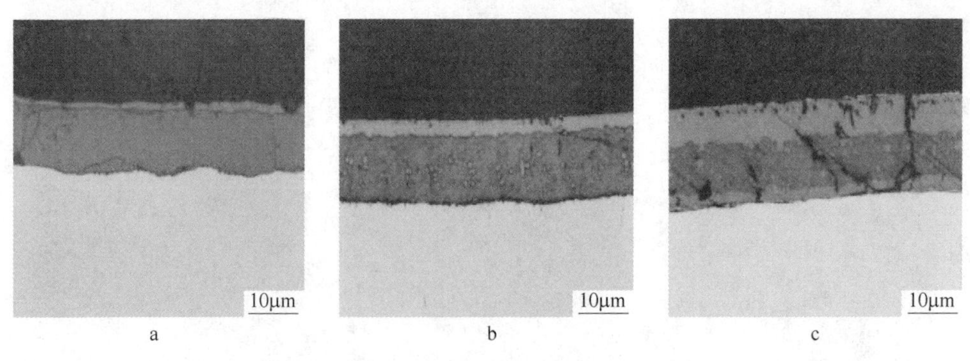

图 4-6　600℃时 FeO 层的等温转变断面形貌

a—等温 100s；b—等温 1000s；c—等温 10000s

图 4-7 所示为 650℃保温 100s、1000s 和 10000s 时氧化铁皮的断面形貌。等温时间为 100s 时，整个氧化铁皮层由外层的 Fe_3O_4 层和内侧的 FeO 层组成；当等温时间为 1000s 时，外侧 Fe_3O_4 层的厚度较 100s 时有所增加，并出现了极薄的

Fe_2O_3 层；当时间延长至 10000s 时，没有产生析出，只是 Fe_3O_4 层和 Fe_2O_3 层的厚度都明显地增加。

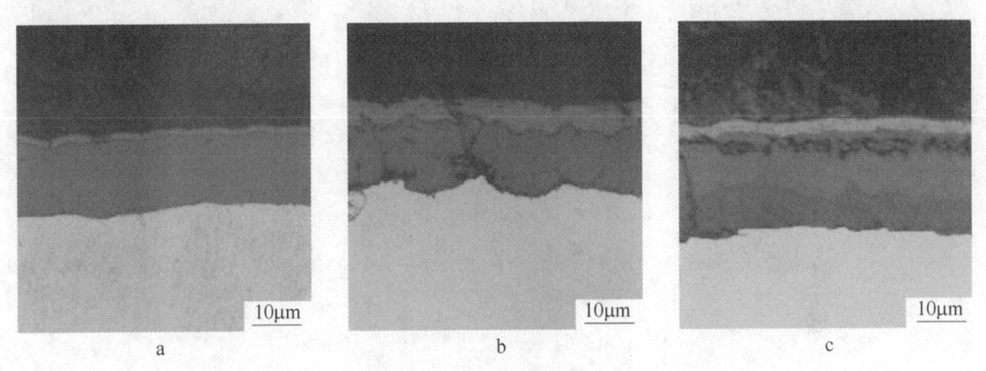

图 4-7 650℃时 FeO 层的等温转变断面形貌

a—等温 100s；b—等温 1000s；c—等温 10000s

图 4-8 所示为 SPHC 钢氧化铁皮层中 FeO 层的等温转变曲线。可以看出 450~550℃是低碳钢 SPHC 钢的 FeO 层等温转变曲线的“鼻温”范围，在此温度范围内，FeO 层转变的速率是最快的。

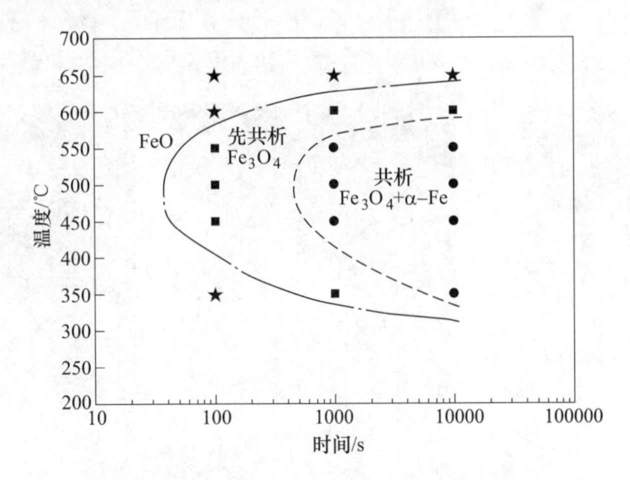

图 4-8 SPHC 钢 FeO 层的等温转变曲线

★—FeO；■—先共析 Fe_3O_4；●—共析 Fe_3O_4+α-Fe

4.1.1.2 卷取温度对含 Nb 和 Ti 微合金钢 510L 氧化铁皮的影响

图 4-9 所示为 510L 钢在 600℃等温 100s、1000s 和 6000s 时氧化铁皮的断面形貌。可以看见氧化铁皮最外侧有一层较薄的原始 Fe_3O_4 层，在原始 Fe_3O_4 层内出现了裂纹，等温 6000s 的氧化铁皮最外侧的 Fe_3O_4 比等温 100s 和 1000s 要厚。

对于 600℃时，在任何等温时间下，靠近基体侧的 FeO 层均未见任何变化。

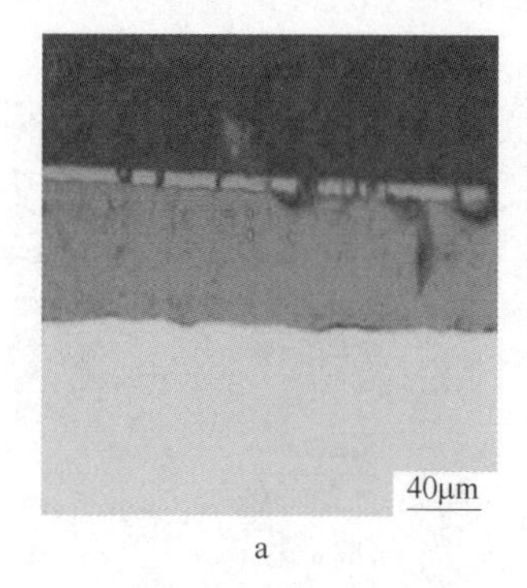

a

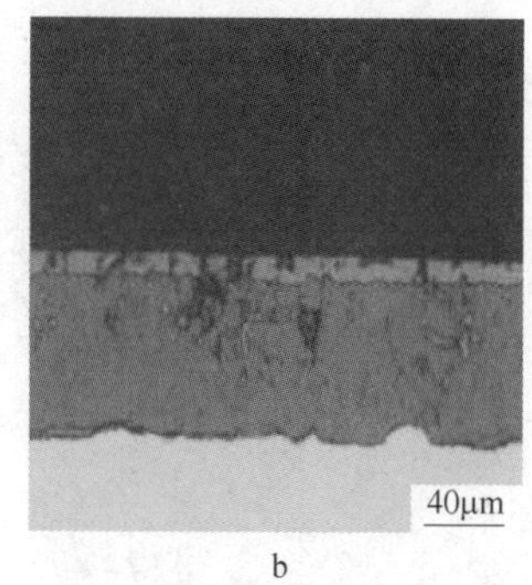

b

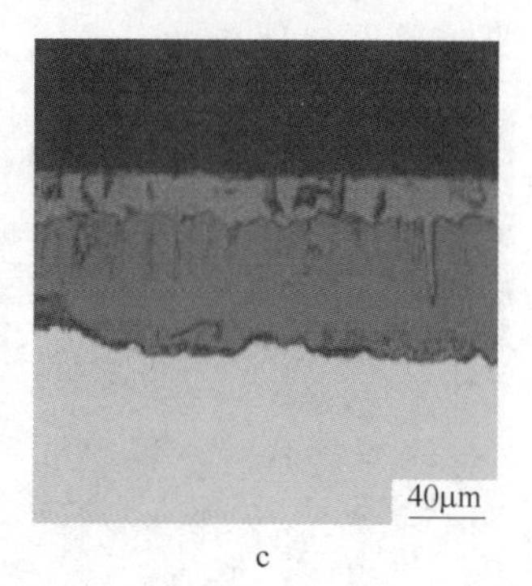

c

图 4-9　600℃时 FeO 层的等温转变断面形貌

a—等温 100s；b—等温 1000s；c—等温 6000s

图 4-10 所示为 550℃等温 100s、1000s 和 6000s 时氧化铁皮的断面形貌。对于等温 100s 的氧化铁皮断面结构来说，在 FeO 层中出现了先共析的 Fe_3O_4 晶核，晶粒数量很少且分布比较弥散；等温 1000s 的氧化铁皮结构与等温 100s 相比，铁皮形貌相似，只是先共析的 Fe_3O_4 晶核数量增加，分布仍然弥散；等温 6000s 的氧化铁皮结构发生了变化，先共析的 Fe_3O_4 晶核在 FeO 层中分布不再弥散，而是在靠近原始 Fe_3O_4 层处析出，在靠近基体一侧的 FeO 层中没有任何变化。

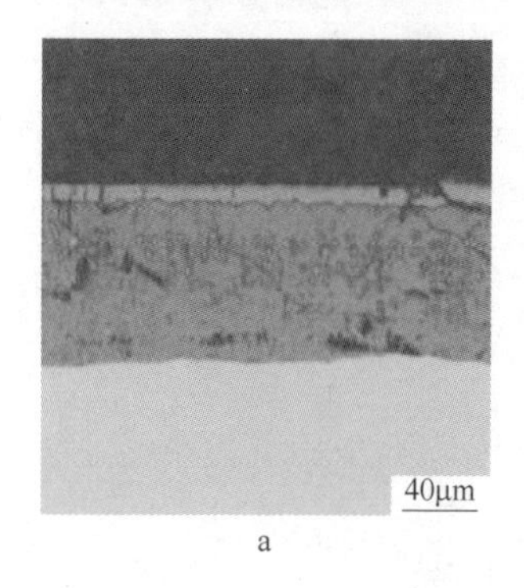

a

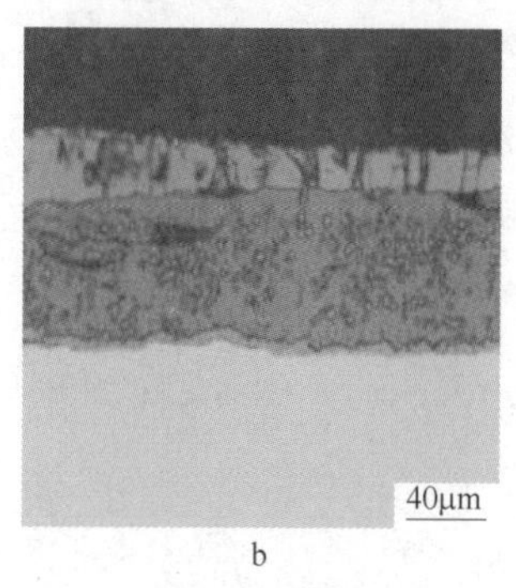

b

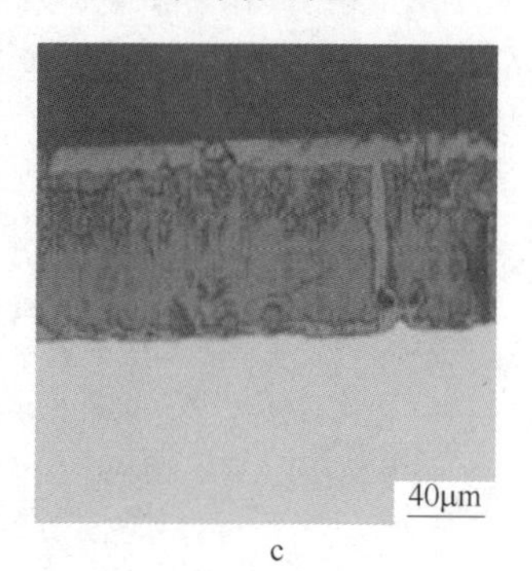

c

图 4-10　550℃时 FeO 层的等温转变断面形貌

a—等温 100s；b—等温 1000s；c—等温 6000s

图 4-11 所示为 500℃等温 100s、1000s 和 6000s 时氧化铁皮的断面形貌。可以看出先共析 Fe_3O_4 晶核已经布满整个 FeO 层，只是靠近基体一侧还有一薄层 FeO 中没有出现先共析 Fe_3O_4，晶核数量与 550℃相比均明显增加。图 4-11c 中靠近原始 Fe_3O_4 一侧的 FeO 层已经出现少量的共析组织 $Fe+Fe_3O_4$。

图 4-12 所示为 450℃等温 100s、1000s 和 6000s 时氧化铁皮的断面形貌。从图 4-12a 中可以看出，FeO 层中 Fe_3O_4 形核点细小而且弥散，数量与 500℃相比明

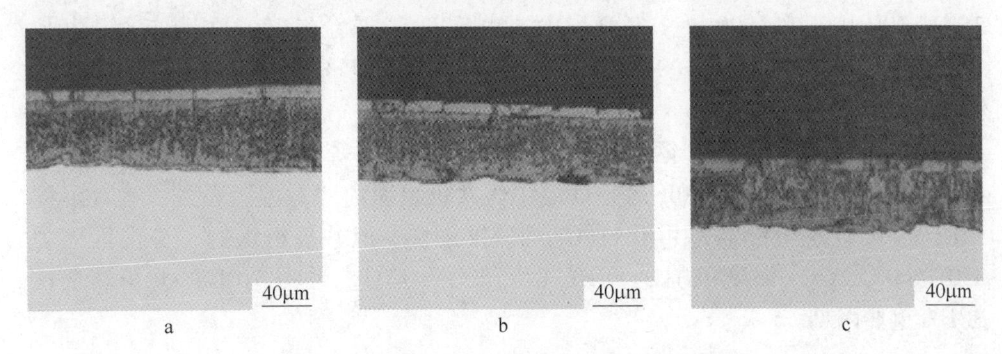

图 4-11　500℃时 FeO 层的等温转变断面形貌
a—等温 100s；b—等温 1000s；c—等温 6000s

显增加，且析出均靠近原始 Fe_3O_4 层；从图 4-12b 可以看出，FeO 层中先共析 Fe_3O_4 晶粒已经布满整个 FeO 层，含量和 500℃下的相比增加；图 4-12c 中共析组织 Fe+ Fe_3O_4 含量与 500℃相比有所增加。

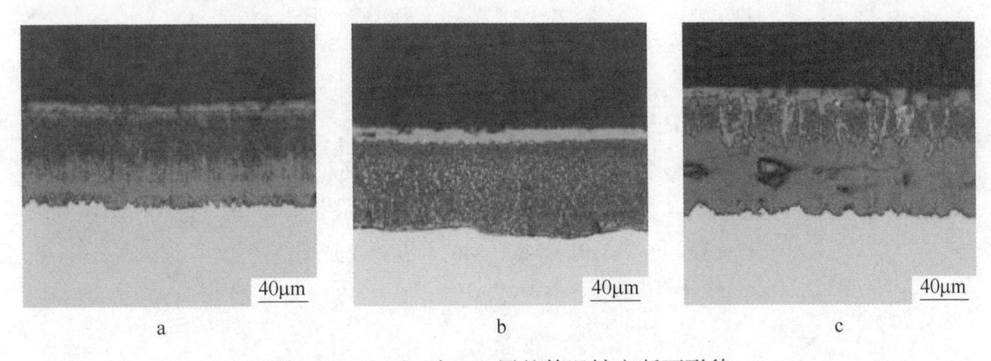

图 4-12　450℃时 FeO 层的等温转变断面形貌
a—等温 100s；b—等温 1000s；c—等温 6000s

图 4-13 所示为 350℃ 等温 100s、1000s 和 6000s 时氧化铁皮的断面形貌。

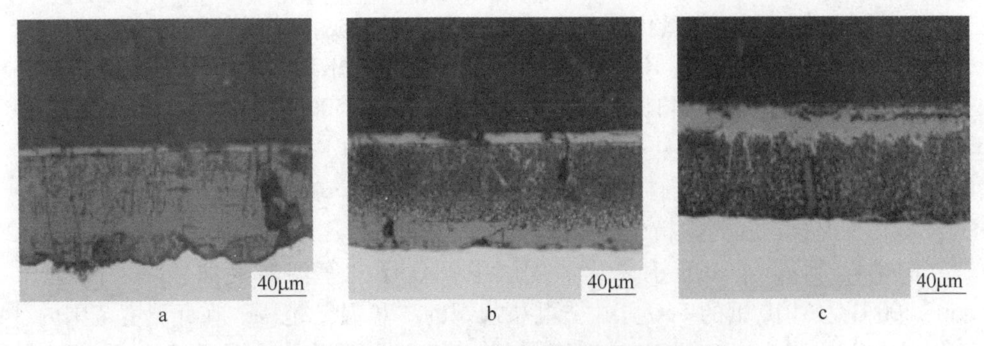

图 4-13　350℃时 FeO 层的等温转变断面形貌
a—等温 100s；b—等温 1000s；c—等温 6000s

350℃等温 100s 和 1000s 时，FeO 层中先共析 Fe_3O_4 晶粒与 450℃相同时间下相比含量均减少；350℃等温 100s 时，在原始 Fe_3O_4 层与 FeO 层中间发现了一薄层的共析组织 Fe_3O_4+Fe。

图 4-14 所示为 510L 钢氧化铁皮层中 FeO 层的等温转变曲线。可以看出 450~550℃是微合金钢 510L 钢 FeO 层中先共析组织的“鼻温”范围。在此温度范围内，FeO 层中析出先共析 Fe_3O_4 的速度最快。但共析组织的“鼻温区”为 350~450℃，这一温度范围比 SPHC 钢降低了 100℃，说明 510L 的共析转变比 SPHC 钢要困难。

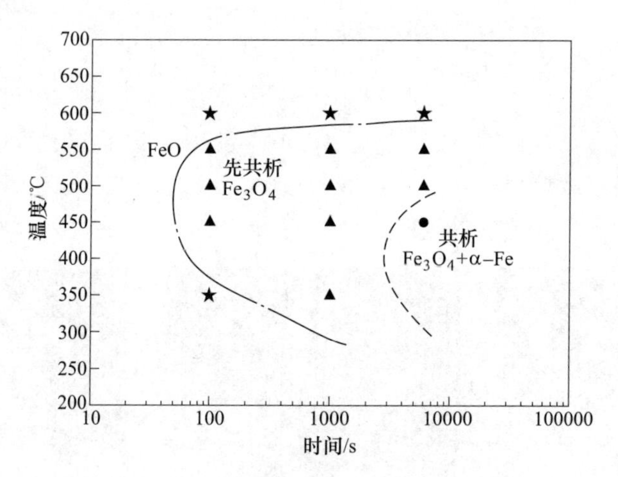

图 4-14　510L 钢 FeO 层的等温转变曲线

★—FeO；▲—先共析 Fe_3O_4；●—共析 Fe_3O_4+α-Fe

4.1.1.3　卷取温度对含 Nb、V 和 Ti 微合金钢 610L 氧化铁皮的影响

610L 在不同卷取温度下保温 1000s 后的氧化铁皮组织如图 4-15 所示。保温 1000s 氧化铁皮的结构主要是原始的 Fe_3O_4 层+残留 FeO+先共析 Fe_3O_4。先共析 Fe_3O_4 主要在靠近基体与氧化铁皮界面处的 FeO 层形成，并逐渐形成一层靠近基体的 Fe_3O_4 层；610L 保温 1000s 后氧化铁皮组织中未出现共析组织。

如图 4-16 所示，等温时间延长至 10000s 时，在 500~600℃时，在氧化铁皮层中并没有出现共析和先共析组织，只是由最外层的 Fe_2O_3、中间层的 Fe_3O_4 和内层 FeO 组成。当模拟卷取温度为 450℃和 350℃时，在内层的 FeO 层中出现了大量的共析混合物和先共析的 Fe_3O_4。

图 4-17 所示为 610L 钢氧化铁皮层中 FeO 层的等温转变曲线。可以看出 350~400℃是 610L 钢的 FeO 层中先共析组织的“鼻温”范围。在此温度范围内，FeO 层中析出先共析 Fe_3O_4 的速度最快。但共析组织的“鼻温区”为 350~450℃，说明 610L 的共析和先共析转变比 510L 和 SPHC 钢都要困难。

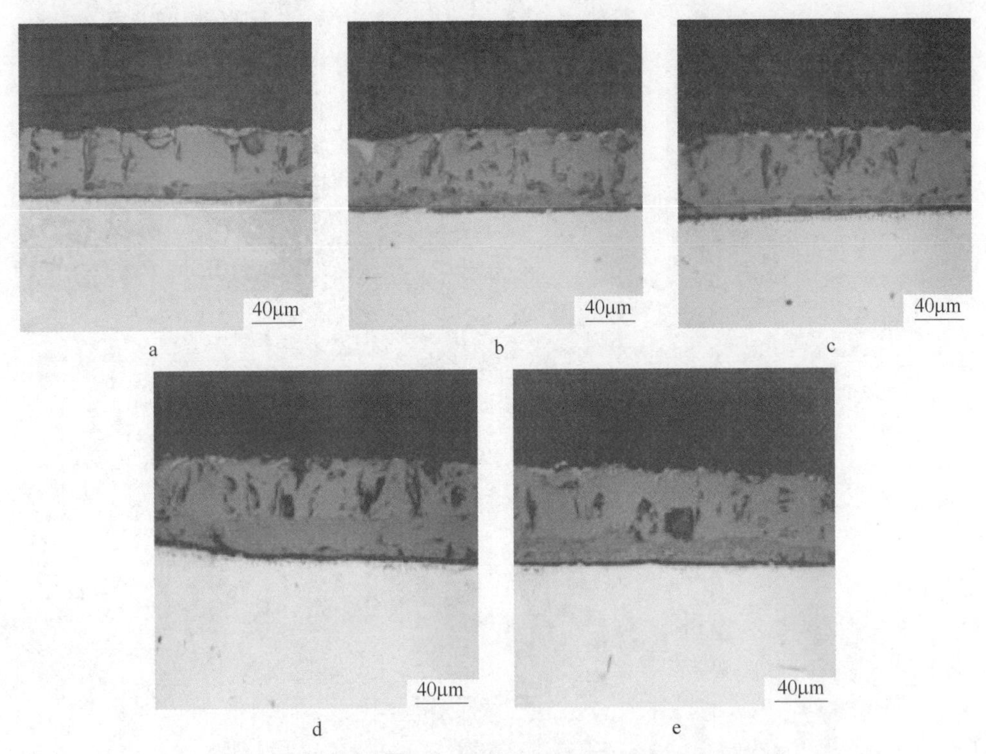

图 4-15 等温 1000s 时 FeO 层的等温转变断面形貌

a—等温 600℃；b—等温 550℃；c—等温 500℃；d—等温 450℃；e—等温 350℃

4.1.1.4 先共析组织的形成机理

在空气中分别等温不同的时间后，350~650℃的 FeO 的转变表现出了不同行为。在 350~550℃时，Fe_3O_4 析出物在靠近外侧的 FeO 层中形成，在含氧量较高的地方优先析出，形成了先于共析反应产物析出的先共析 Fe_3O_4。Paidassi[5] 认为在冷却的过程中很难阻止先共析 Fe_3O_4 在 FeO 层中生成。并且 FeO 层中的含氧量越高，它就越不稳定。

根据 Fe-O 相图，FeO 在较高的温度下（850~1000℃）含氧量比在较低温度下（350~550℃）的含氧量大得多，因此，在 570℃以上时，含氧量达到过饱和是不容易的。但在冷却和较低温度下等温时，FeO 层中的含氧量逐渐达到过饱和状态，导致在靠近 Fe_3O_4 层的 FeO 层中析出先共析 Fe_3O_4，其反应如式（4-1）所示：

$$Fe_{1-x}O \longrightarrow \frac{x-y}{1-4y}Fe_3O_4 + \frac{1-4x}{1-4y}Fe_{1-y}O \tag{4-1}$$

根据 Hoffmann[6] 的计算，在温度低于 450℃，1−y 等于 0.975。

关于先共析 Fe_3O_4 的形成机理，Gleeson[7] 认为，任何一相改变的热力学驱动

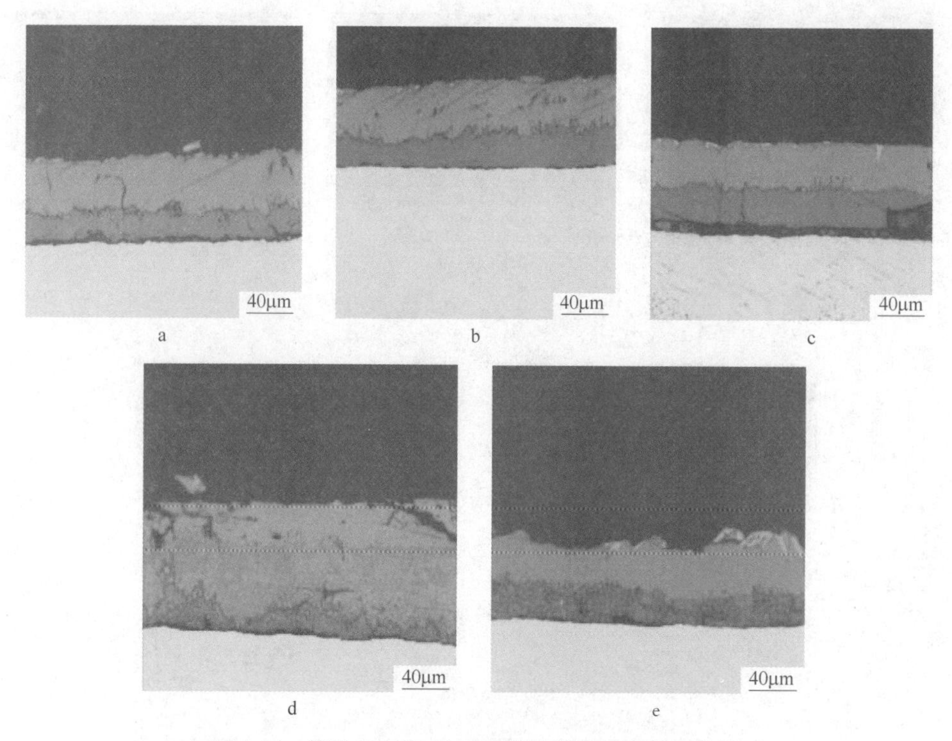

图 4-16　等温 10000s 时 FeO 层的等温转变断面形貌

a—等温 600℃；b—等温 550℃；c—等温 500℃；d—等温 450℃；e—等温 350℃

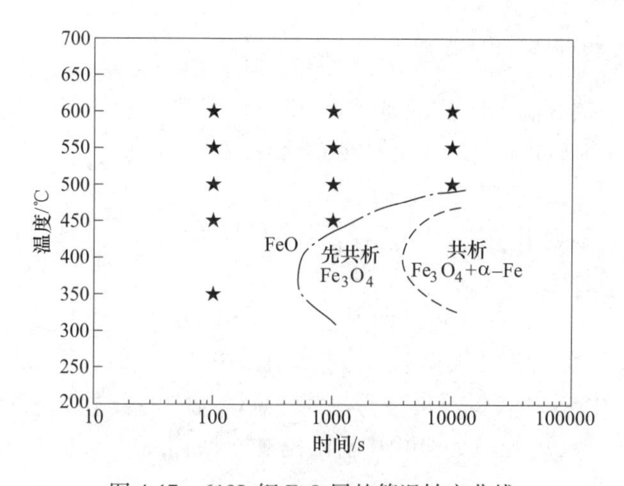

图 4-17　610L 钢 FeO 层的等温转变曲线

力都与自由能 ΔG 的变化有很大的关系。当 ΔG 为负值时反应才可能发生。但是 ΔG 并不能表示出每个相形核率的大小。对于新相形核来说，体积自由能 ΔG_V 和

界面能 γ 更为重要。其热力学模型[8]表示如式（4-2）所示：

$$N_V = K\exp\left\{\frac{-1}{kT}\left[\frac{A\gamma^3}{(\Delta G_V + \varepsilon)^2} + Q\right]\right\} \tag{4-2}$$

式中 N_V——单位时间单位体积内的形核率；

ΔG_V——体积自由能；

K，A——常数；

Q——激活能；

k——玻耳兹曼常数；

T——温度；

γ——界面能。

从式（4-2）可以看出，随着 $\frac{\gamma^3}{(\Delta G_V + \varepsilon)^2}$ 的下降，N_V 会大大提高。图 4-18 所示为在 425℃时 FeO 的化学成分为 X_0时，Fe_3O_4 和 Fe 从母体中析出时的最小体积自由能。从图 4-18 中可以看出，Fe_3O_4 的 ΔG_V 要比 α-Fe 的 ΔG_V 大得多，并且 Fe_3O_4 在冷却的过程中与 FeO 会形成共格界面[9]，导致 FeO 和 Fe_3O_4 间的界面能（γ_{FeO/Fe_3O_4}）必然较低。因此在共析反应温度以下有：

$$\left.\frac{\gamma^3}{(\Delta G_V + \varepsilon)^2}\right|_{Fe_3O_4} = \left.\frac{\gamma^3}{(\Delta G_V + \varepsilon)^2}\right|_{Fe} \tag{4-3}$$

即在冷却过程中 Fe_3O_4 在 FeO 中的形核率比 α-Fe 在 FeO 中的形核率要大得多。

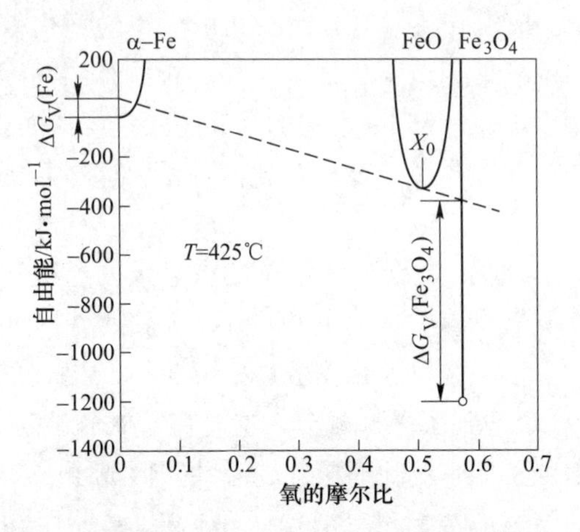

图 4-18 FeO 的成分为 X_0时，$\Delta G_V(Fe_3O_4)$ 和 $\Delta G_V(Fe)$ 的对比值

4.1.1.5 共析组织的形成机理

图 4-19 所示为典型 FeO 共析产物的 SEM 形貌照片。其中最外层较薄的是

Fe_3O_4 层，中间较厚的呈片层状相间的物质就是 FeO 的共析产物，片层结构由亮白色的 α-Fe 和呈浅灰色的 Fe_3O_4 组成。根据 Fe-O 相图可知，在冷却的过程中，当温度下降到 570℃时，达到 FeO、Fe_3O_4 和 α-Fe 三相平衡。随着温度的继续下降而有一定的过冷度时，具有共析成分的 FeO 就要发生共析反应，其共析反应如式（4-4）所示。

$$4Fe_{1-y}O \longrightarrow Fe_3O_4 + (1-4y)Fe \tag{4-4}$$

图 4-19　FeO 层共析反应产物——Fe_3O_4/Fe 的断面形貌

通过对 SPHC 钢、510L 钢和 610L 钢的共析组织的观察得知，在各自的共析转变区间内，在较高的卷取温度下生成的共析组织的片层间距较大，而在较低的卷取温度下共析产物中 Fe_3O_4 和 Fe 之间的片间距较小，说明当温度下降到 570℃以下时，共析产物的片间距与过冷度成反比例关系，这与共析反应产物的片间距理论是一致的。

当温度在 570℃以上时，过冷 FeO 层中的含氧量的过饱和度较大，在含氧量较高的地方优先发生析出反应生成先共析的 Fe_3O_4。随着温度继续下降，在先共析 Fe_3O_4 周围形成一个相对贫氧区，在较远处形成一个相对富氧区。当温度下降到 570℃以下时，FeO 层达到了平衡成分，这时在贫氧区出现了单质 Fe 晶核的形成，同时在富氧区出现了 Fe_3O_4 的形核，二者共同形成了一个共析反应产物的晶核。共析反应产物的晶核形成后继续长大，最后形成了片层状的 Fe_3O_4/Fe 共析转变产物。

4.1.2　热轧钢材在连续冷却过程中的组织转变

实验钢种采用 SPHC。首先将试样悬吊于热重分析仪的加热炉内，对加热炉内腔抽真空，使试样处于真空的环境中，然后以 200mL/min 的流量向炉腔内充入氩气（因为炉腔在真空条件下加热，容易使设备损坏），当氩气在炉腔内的压力达到 1000MPa 以上时，开始以 25℃/min 的升温速率加热到设定的卷取温度（400~650℃）。试样在设定的温度下保温 5min，其目的是使得试样表面的温度均匀。试样保温 5min 后再分别以 1℃/min、5℃/min、10℃/min 和 25℃/min 的降温速率快速冷却至室温，实验参数见表 4-3。

表 4-3　实验参数

样品	卷取温度/℃	冷却速度/℃·min^{-1}
SPHC	650，600，550，500，450，400，350	1，5，10，25

图 4-20 所示为卷取温度在 350℃ 时冷却速率分别为 1℃/min、5℃/min、10℃/min 和 25℃/min 时氧化铁皮的断面形貌。在模拟卷取温度为 350℃ 时，在不同的冷却速率下，生成的氧化铁皮的断面形貌均为残留的 FeO 和先共析的 Fe_3O_4，在这个卷取温度下，均没有共析组织生成。

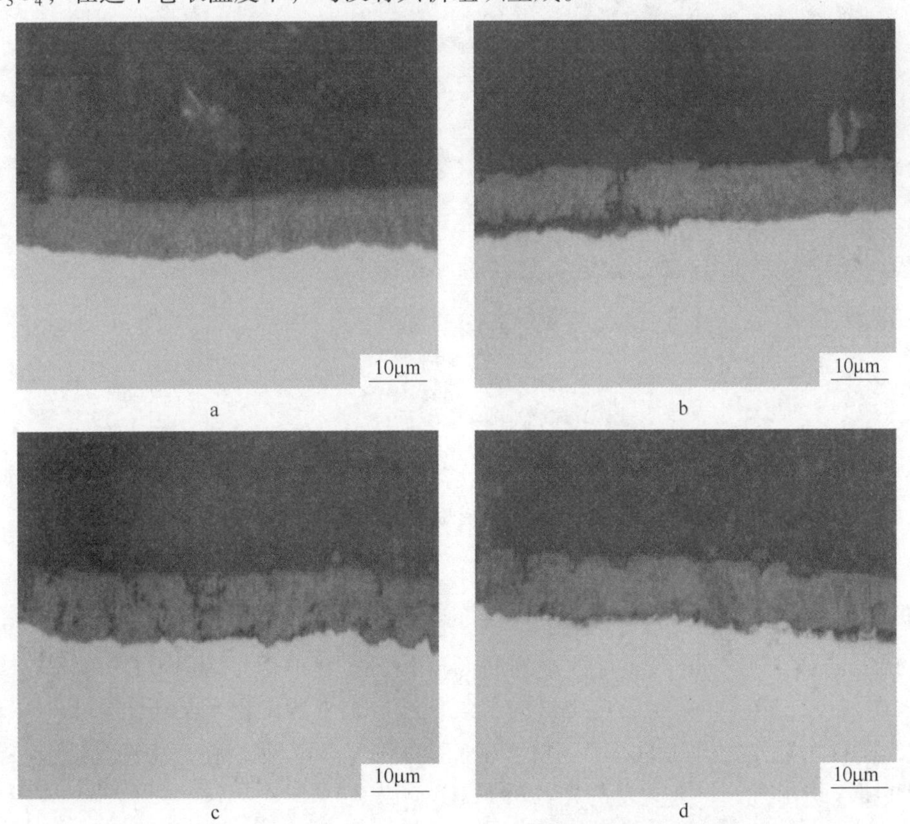

图 4-20　350℃ 时在不同的冷却速率下氧化铁皮的断面形貌

a—冷却速率 1℃/min；b—冷却速率 5℃/min；c—冷却速率 10℃/min；d—冷却速率 25℃/min

图 4-21 所示为卷取温度在 400℃ 时，冷却速率分别为 1℃/min、5℃/min、10℃/min 和 25℃/min 时氧化铁皮的断面形貌。400℃ 时，冷却速率为 1℃/min、5℃/min 和 10℃/min 时，钢板表面的氧化铁皮已经发生了共析转变，生成 Fe_3O_4 和 Fe 的共析组织；但在这个温度下，共析转变发生的并不完全，在每个冷却速率条件下，都有大量的 FeO 残留，并且在 FeO 层还同时存在先共析 Fe_3O_4。在冷却速率为 25℃/min 时，氧化铁皮的组织只含有 FeO 和先共析的 Fe_3O_4。

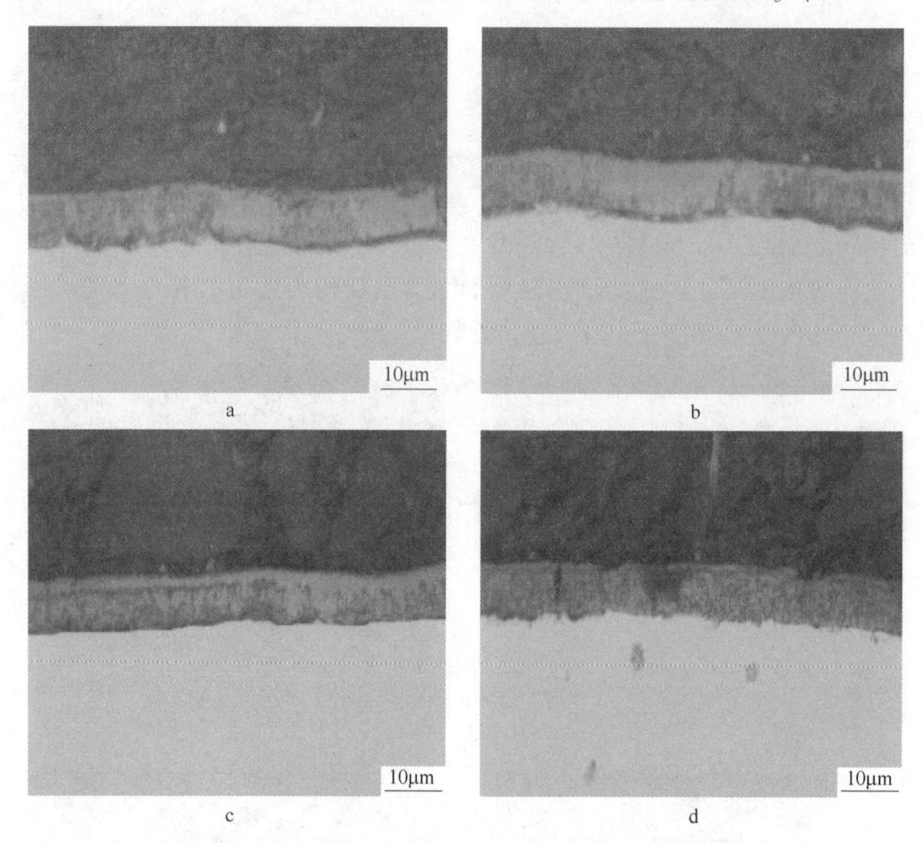

图 4-21　400℃时在不同的冷却速率下氧化铁皮的断面形貌

a—冷却速率 1℃/min；b—冷却速率 5℃/min；c—冷却速率 10℃/min ；d—冷却速率 25℃/min

图 4-22 所示为卷取温度在 450℃ 时冷却速率分别为 1℃/min、5℃/min、10℃/min 和 25℃/min 时氧化铁皮的断面形貌。在卷取温度为 450℃，冷却速率为 1℃/min、5℃/min 和 10℃/min 时，氧化铁皮层中均出现了共析组织 Fe_3O_4 和 Fe，还有大量先共析的 Fe_3O_4；在冷却速率为 25℃/min 时，在氧化铁皮层中并没有共析组织出现，只有大量的先共析 Fe_3O_4 产生。

图 4-23 所示为卷取温度在 500℃，冷却速率分别为 1℃/min、5℃/min、10℃/min 和 25℃/min 时氧化铁皮的断面形貌。在冷却速率为 1℃/min、5℃/min

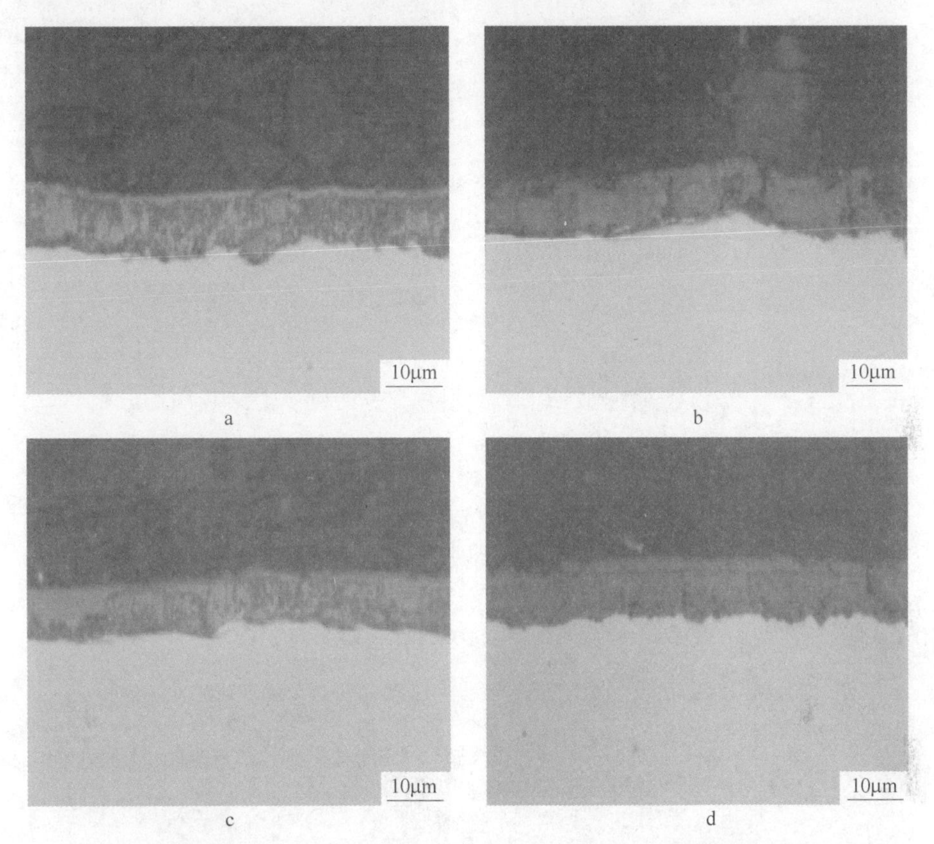

a b c d

图 4-22 450℃时在不同的冷却速率下氧化铁皮的断面形貌

a—冷却速率 1℃/min；b—冷却速率 5℃/min；c—冷却速率 10℃/min；d—冷却速率 25℃/min

和 10℃/min 时，在氧化铁皮层中均出现了先共析的 Fe_3O_4，并有部分的 FeO 已经转变成共析的 Fe_3O_4 和 Fe。在冷却速率为 25℃/min 时，在氧化铁皮层中只出现了先共析的 Fe_3O_4，并没有共析组织形成。

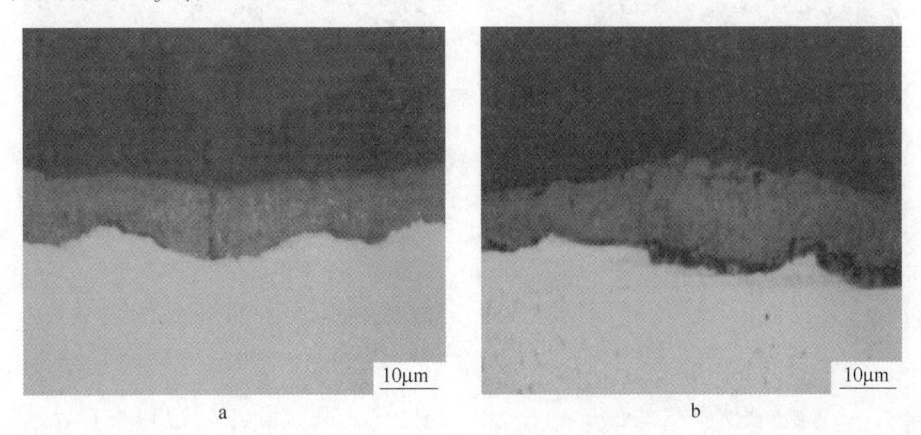

a b

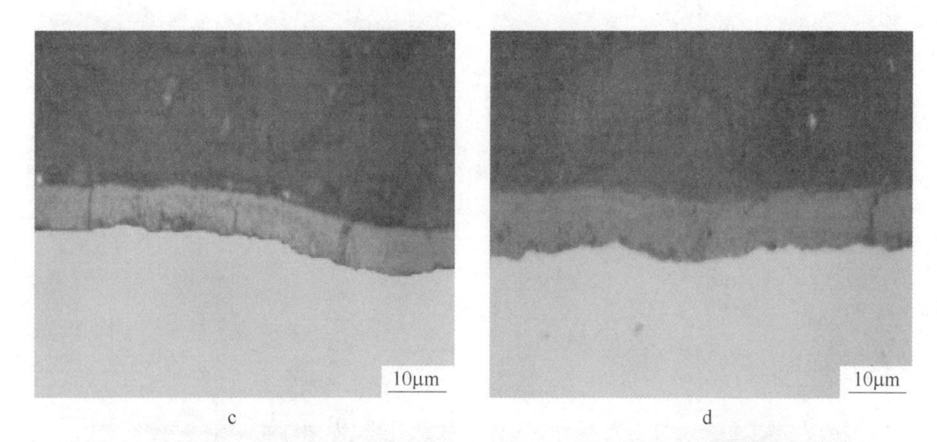

图 4-23　500℃时在不同的冷却速率下氧化铁皮的断面形貌

a—冷却速率 1℃/min；b—冷却速率 5℃/min；c—冷却速率 10℃/min；d—冷却速率 25℃/min

图 4-24 所示为卷取温度为 550℃，冷却速率分别为 1℃/min、5℃/min、

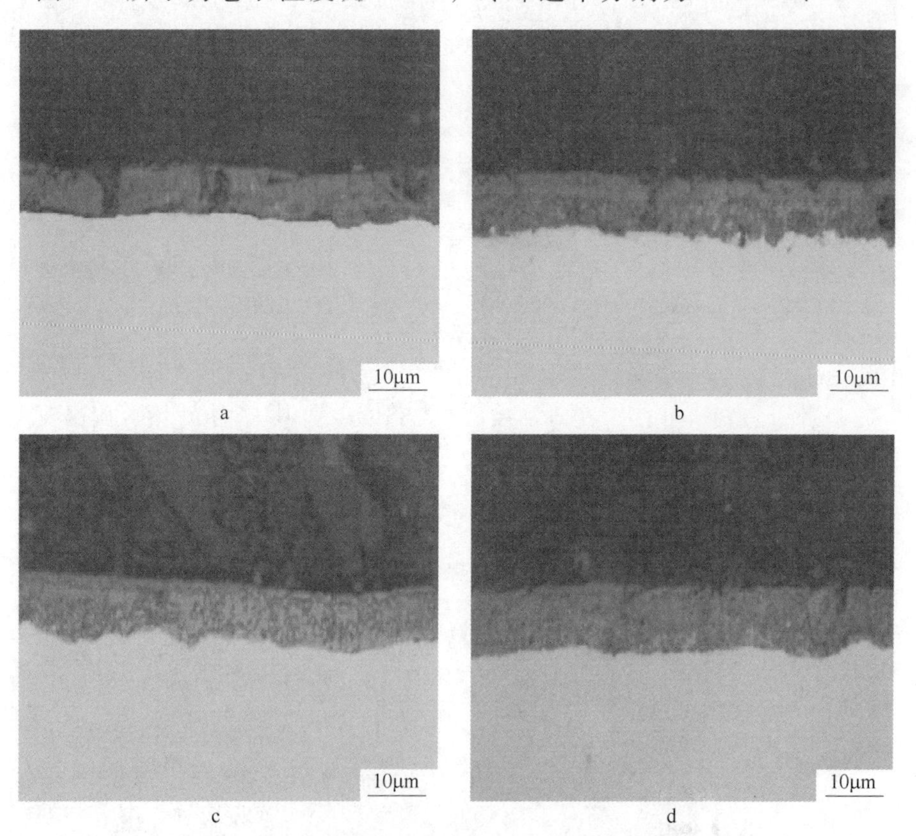

图 4-24　550℃时在不同的冷却速率下氧化铁皮的断面形貌

a—冷却速率 1℃/min；b—冷却速率 5℃/min；c—冷却速率 10℃/min；d—冷却速率 25℃/min

10℃/min 和 25℃/min 时氧化铁皮的断面形貌。当冷却速率为 1℃/min 时，在氧化铁皮层中出现了大量的先共析和共析组织；冷却速率为 5℃/min 时，只在 FeO 层中的极少数位置出现了共析组织的形核点，还有大量的 FeO 残留；而当冷却速率为 10℃/min 和 25℃/min 时，FeO 层并没有出现共析组织，只有大量的先共析的 Fe_3O_4 出现。

图 4-25 所示为卷取温度为 600℃，冷却速率分别为 1℃/min、5℃/min、10℃/min 和 25℃/min 时氧化铁皮的断面形貌。在卷取温度为 600℃时，在 4 个的冷却速率下，氧化铁皮铁皮层中都没有出现共析组织 Fe_3O_4 和 Fe，但在每个冷却速率下均有大量的先共析 Fe_3O_4 出现。

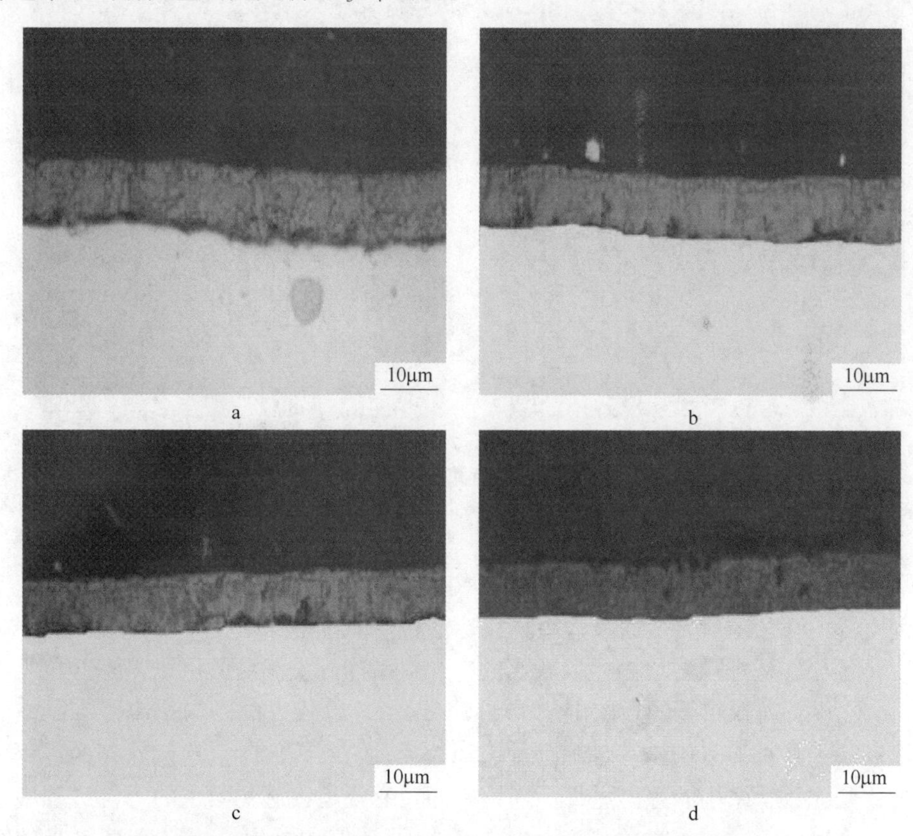

图 4-25 600℃时在不同的冷却速率下氧化铁皮的断面形貌

a—冷却速率 1℃/min；b—冷却速率 5℃/min；c—冷却速率 10℃/min；d—冷却速率 25℃/min

图 4-26 所示为卷取温度为 650℃，冷却速率分别为 1℃/min、5℃/min、10℃/min 和 25℃/min 时氧化铁皮的断面形貌。650℃ 的实验结果与 600℃ 相似，在 4 个的冷却速率下，均没有共析组织产生，只有先共析 Fe_3O_4 在 FeO 析出，并仍然有大量 FeO 保留到室温。

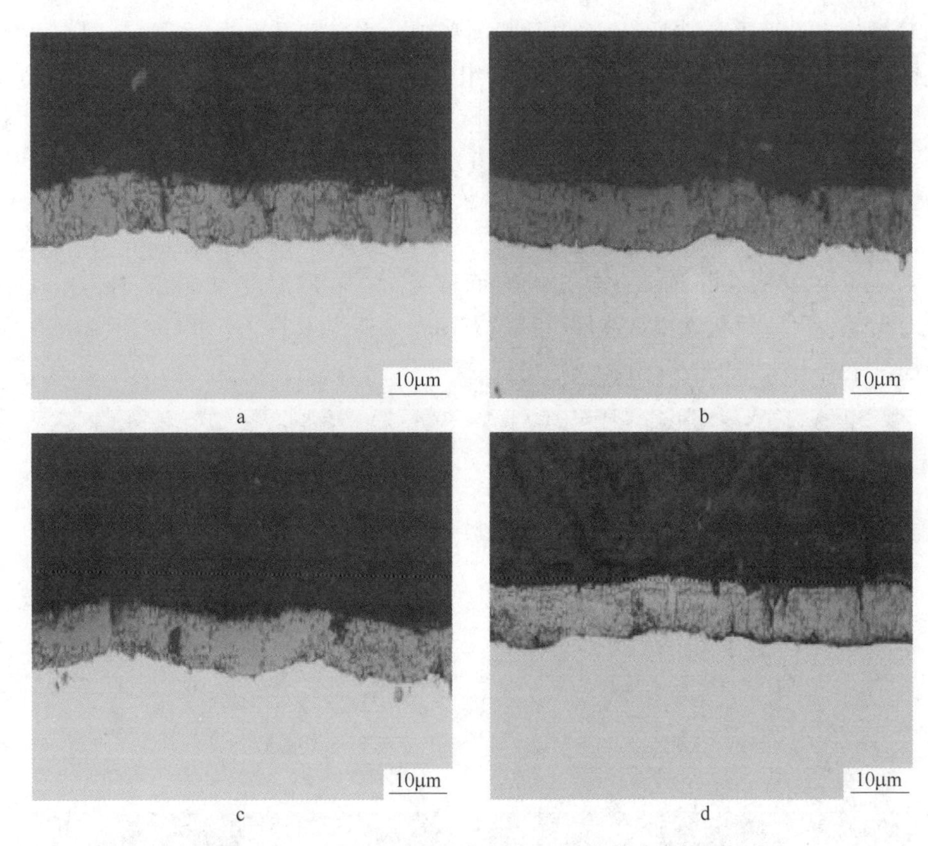

图 4-26　650℃时在不同的冷却速率下氧化铁皮的断面形貌

a—冷却速率 1℃/min；b—冷却速率 5℃/min；c—冷却速率 10℃/min；d—冷却速率 25℃/min

图 4-27 所示为 SPHC 钢的氧化铁皮在不同的卷取温度下，以不同的冷却速率冷到室温的连续冷却转变曲线。在连续冷却转变曲线中 400~500℃为 FeO 的“鼻温”范围，在这个温度段内，以较小的冷却速率冷到室温后就可以得到共析组织 Fe_3O_4 和 Fe；而在较高的卷取温度如 650℃以上，以较大的冷却速率冷却到室温可以获得先共析 Fe_3O_4 和残余 FeO 的组织，无共析组织产生。连续冷却的过程可以看成是无数个微小的等温过程。连续冷却转变就是在这些微小的等温过程中孕育和长大的。因此，连续冷却转变既具有等温转变的特点，但又有其自身的特点。在连续冷却转变过程中 FeO 层的转变和等温转变相同，FeO 的转变速率也与形核率和生长速率有关，而形核率和生长速率又取决于过冷度。随着过冷度增大，转变温度降低，Fe_3O_4 和 FeO 自由能差增大，转变速率应当加快。但 FeO 的分解是一个扩散的过程[10]，随着过冷度的增大，温度降低，FeO 层中离子扩散速度显著减小，形核率和生长速率减小，所以过冷度增大又会使转变速度减慢。因此，这两个因素综合作用的结果，导致在“鼻温”以上随着过冷度增大，转

变速度增大，转变过程受新旧两相相变自由能差控制；在“鼻温”以下，随着过冷度增大，转变速度减慢，转变要受低温下离子扩散速度所控制，所以在“鼻温”附近转变速度达到一个极大值。

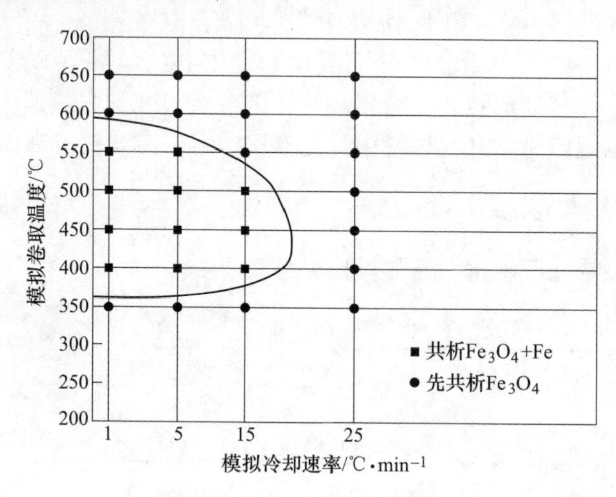

图 4-27　FeO 层的等温转变曲线

4.2　热轧钢材在升温过程中的组织转变

钢板在热轧过程中，高温氧化生成一层由 Fe_2O_3、Fe_3O_4 和 $Fe_{1-y}O$ 组成的氧化铁皮，由于 $Fe_{1-y}O$ 低温不稳定，在卷取后堆放空冷过程中会发生一系列相变。关于孤立的 $Fe_{1-y}O$ 的等温转变以及高温氧化产生的氧化铁皮在冷却过程中的相变规律已经有很多的研究结果。$Fe_{1-y}O$ 的等温条件下的分解过程具有“C”曲线的规律，其相变产物取决于 $Fe_{1-y}O$ 的缺陷浓度和温度，其中 $Fe_{1-y}O$ 在450~510℃时最不稳定，将同时出现 Fe_3O_4 和 Fe 两种产物，由于该温度低于共析转变平衡温度，故可视作延迟共析转变[2]。在连续冷却过程中，温度高于570℃时，由于高温氧化的 $Fe_{1-y}O$ 阳离子不足，随着温度降低导致阳离子浓度提高，稳定性降低，开始析出先共析 Fe_3O_4，当温度降低至570℃以下时，$Fe_{1-y}O$ 分解首先产生 Fe_3O_4，在 Fe_3O_4 附近形成富铁区，继而析出 Fe，最终形成片层状的共析组织 Fe_3O_4/Fe。带钢表面氧化铁皮的最终结构取决于冷却条件，冷却条件的差异导致最终带钢表面氧化铁皮结构的多样性。

带钢热轧过程中产生的氧化铁皮通常被视为制备过程中伴生的废弃物，一般通过酸洗或者抛丸除去，因此，升温过程中氧化铁皮的结构转变似乎不具有研究应用价值，很少有相关的研究结果报道。然而，作为热轧—酸洗—还原—热镀锌工艺中的一个重要环节，还原退火过程需要在一个较高温度环境下进行，升温过程中氧化铁皮内部将发生结构转变，并且氧化铁皮的结构转变受到加热工艺的影响，决定了参与还原反应的反应物类型。作为还原反应的反应物，氧化铁皮的结构和组成，是研究还原反应必须明确的内容，同时，氧化铁皮的组成和结构会影响还原反应的进行，需要对加热工艺进行调控，以实现对氧化铁皮组织的控制。

为了研究升温过程中氧化铁皮中发生的结构转变，本节结合热分析方法（DSC）和热模拟（金相法）研究氧化铁皮中共析组织（Fe_3O_4/Fe）和先共析 Fe_3O_4 向 $Fe_{1-y}O$ 转变的过程，分析加热工艺参数温度和升温速率对氧化铁皮中结构转变的影响规律，为升温过程中氧化铁皮的组织控制奠定理论基础。

4.2.1　实验材料与方法

实验材料为热轧低碳钢，其化学成分见表 4-4。

表 4-4　实验用钢的化学成分

成分/%						
C	Si	Mn	P	S	N	Al
0.0371	0.011	0.231	0.0142	0.0153	0.0023	0.0722

低碳钢高温氧化产生的二次氧化铁皮通常是 Fe_2O_3、Fe_3O_4 和 FeO 层厚度比为 1∶5∶94 的层状结构氧化铁皮，带钢冷却卷取后在堆放空冷过程中，由于在缓慢的冷却过程中 $Fe_{1-y}O$ 发生分解，转变为共析组织（Fe_3O_4/Fe）和先共析 Fe_3O_4，最终的氧化铁皮结构由共析组织和 Fe_3O_4 组成。实验带钢表面氧化铁皮具有典型的三次氧化铁皮结构，其断面形貌如图 4-28 所示，主要由靠近基体一侧的共析组织和外层的 Fe_3O_4 组成，厚度约为 8~9μm，其中共析组织（Fe_3O_4/Fe）通常呈片层状结构。

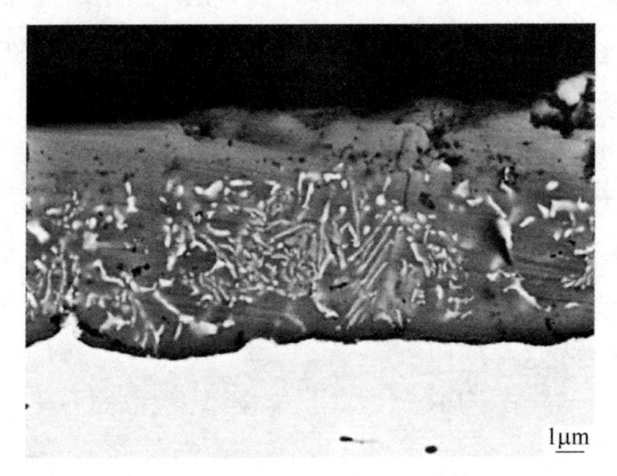

图 4-28　实验用钢表面的氧化铁皮的断面背散射图

4.2.1.1　热分析实验（DSC）

由于氧化物材料的常温脆性使其难以加工，而且几个微米厚的氧化铁皮附着在基体上，故常规的膨胀法不宜使用，而热分析法能很好地解决这个问题。差示扫描量热法简称 DSC，它是在程序温度控制下测量物质与参比物之间单位时间的能量差（或功率差）随温度变化的一种技术。本节热分析实验在 SETARAM 公司生产的 Setsys Evolution 1750 型高温同步热分析仪上进行。将 TG 系统所用的挂钩更换为 DSC-型平板传感器，平板传感器包括一个金属平板，在上面加工 2 个坩埚定位装置，分别旋转测试和参考坩埚。平底坩埚可以改善热接触，小的销钉用来进行坩埚的定位。Setsys Evolution 1750 型高温同步热分析仪的 DSC 系统为热流型，试样和参比物置于加热炉中，以同样的功率升温，测定样品和参比物两端的温差 dT，然后根据热流议程，将 dT（温差）换算成 dQ（热量差）作为信号输出。

为避免基体金属对于实验结果的干扰，首先将带钢表面氧化铁皮机械剥离，研磨成粉状。取约 60mg 粉状试样放于 Al_2O_3 坩埚中，以空白 Al_2O_3 坩埚为参比试样，将坩埚于试样架上，一起放入电阻加热炉中。对加热炉炉腔抽真空至炉内气压低于 100Pa，然后充入高纯 Ar(99.999%）直至炉内气压恢复到 0.1MPa。然后运行程序，以不同的升温速率（5℃/min、10℃/min、15℃/min、20℃/min）加热至 800℃，整个过程中一直保持 20mL/min 的 Ar 吹扫炉腔；然后以 99℃/min 的速率快速降至室温。实验工艺曲线如图 4-29 所示。由于石墨电阻炉的功率有限，为了减少升温时的温度波动对于实验结果的影响，热分析实验采用较低的升温速率。为了消除设备自身噪声对实验结果的影响，每一组实验工艺都进行了空白实验，即以空白 Al_2O_3 坩埚为实验材料，以同样的工艺进行重复实验，利用

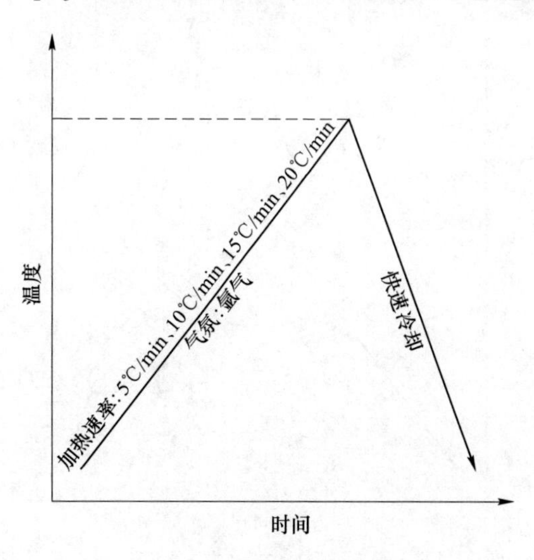

图 4-29　DSC 实验工艺曲线

Calisto 数据处理软件将实验数据减去空白实验数据作为最终的实验数据。实验结束后，用 Calisto 软件对实验数据进行处理，利用外推切线法确定由于相变引起的特征峰值参数。

4.2.1.2　热模拟实验

热分析实验能够初步确认升温过程中氧化铁皮的结构转变温度区间，但热分析实验的升温速率与实际生产的工艺参数相差甚远，并且由于高温热分析仪的冷却速率较低，冷却过程中氧化铁皮容易持续相变，无法保留氧化铁皮的高温组织，因此需要金相法作为辅助分析该相变过程，以观察不同温度条件下氧化铁皮的组织。

热模拟实验在东北大学轧制技术及连轧自动化国家重点实验室自主研发的 MMS-300 型热模拟机上进行。从低碳钢板上取样，用电火花线切割制备成 2.26mm×20mm×100mm 的板状试样，试样安装在夹具上，将热模拟机的实验腔体抽真空，再充入 N_2 作为保护气，采用电阻加热方式以不同的加热速率将试样加热至不同温度，为了观察高温条件下氧化铁皮组织，需要将试样快速冷却至室温，避免冷却过程中的相变；由于氧化铁皮与基体金属的收缩系数差异，直接淬火容易造成氧化铁皮从试样表面剥落，为了保护试样表面氧化铁皮的完整性，采用端部淬火方式使试样快速冷却至室温，冷却速率在 50℃/s 以上，根据连续冷却条件下的氧化铁皮相变研究结果，该冷却速率条件下 $Fe_{1-y}O$ 的共析相变能够被抑制，能够较好地再现高温时的氧化铁皮组织。实验工艺曲线和参数如图 4-30 和表 4-5 所示。

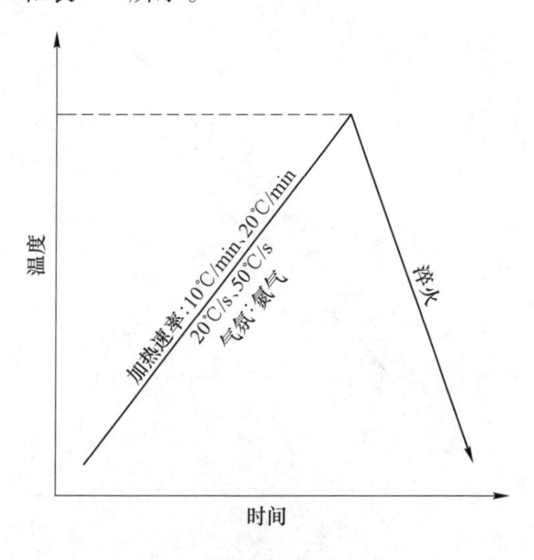

图 4-30　热模拟实验工艺曲线

表 4-5 热模拟实验工艺参数

加热速度	加热温度/℃	冷却方式
10℃/min	555、580、588、592、620、640、700	端部淬火
20℃/min	555、580、595、630、650、700、800	
20℃/s	555、580、600、650、700、750、800	
50℃/s	555、580、600、650、700、750、800	

热模拟实验结束后，从靠近热电偶的位置取样，制备金相试样，在 800 号、1000 号、1200 号、1500 号砂纸上逐级打磨试样，逐次用 2.5μm、1.0μm 金刚石抛光膏进行长时间机械抛光，最后用盐酸酒精溶液进行金相腐蚀。为了提高热镶试样的表面导电性，用于微观分析的试样首先在 Cressington 208C 型真空喷碳仪上喷镀碳膜，然后利用 JEOL JXA-8530F 型场发射电子探针观测氧化铁皮的断面微观组织。

4.2.2 热分析（DSC）实验结果

氧化铁皮在不同升温速率下的 DSC 曲线如图 4-31 所示。以 20℃/min 速率升温的 DSC 曲线的低于 500℃的峰是由于炉温波动引起的，除此之外，粉状氧化铁皮试样在升温过程中的 DSC 曲线都出现了 2 个特征峰。利用 Calisto 软件通过切线外推法确定了 DSC 曲线中的特征峰参数（开始温度、峰值温度和结束温度），具体参数见表 4-6。

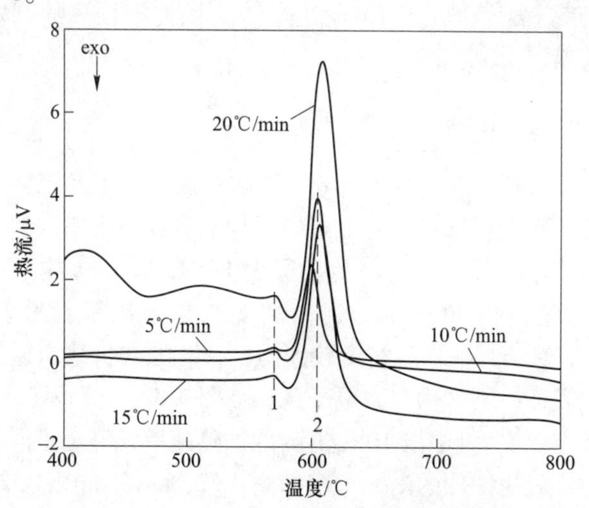

图 4-31 不同加热速率下氧化铁皮的 DSC 曲线

1—第一个峰；2—第二个峰

表 4-6　DSC 曲线特征峰参数

项目	升温速率 /℃ · min^{-1}	开始温度/℃	峰值温度/℃	结束温度/℃
第一个峰	5	560.6	569.9	576.2
	10	552.5	570.3	577.7
	15	559.4	571.6	579.4
	20	556.3	571.9	582.1
第二个峰	5	588.9	599.8	612.2
	10	590.6	603.9	619.9
	15	590.9	606.4	625.5
	20	591.9	609.5	631.5

DSC 曲线第一个吸热峰吸热量少，温度跨度较小，发生在 560~580℃；第二个峰吸热效应更明显，发生在 590~630℃。对比不同升温速率条件下的特征峰，能够发现，第一个峰出现的温度区间较稳定，受升温速率影响小；第二个吸热峰明显受到加热速率的影响，随着加热速率增大，特征峰右移，即相变发生的温度更高，并且相变速率更快，持续的时间更短，这是因为氧化铁皮中的相变属于扩散型相变，温度是影响该过程的重要因素，高温利于相变的发生。

实验材料氧化铁皮的主要组织是共析组织（Fe_3O_4/Fe）和 Fe_3O_4，升温过程中的相变主要包括这两种组织向 $Fe_{1-y}O$ 的逆向相变：$Fe_3O_4 + Fe \rightarrow Fe_{1-y}O$，$Fe_3O_4 \rightarrow Fe_{1-y}O$。那么是否这两种组织的逆向转变正对应 DSC 曲线的两个特征峰？然而，Fe_3O_4 的居里点温度也在 577℃附近[11,12]，因此特征峰的判定需要结合热模拟实验的结果来确定。

4.2.3　热模拟实验结果

利用电子探针（EPMA）的二次电子像和背散射电子像观察不同加热工艺条件下氧化铁皮的断面微观形貌。背散射电子像在表征原子序数衬度较大的物质时有其独特的作用，故本节为了清楚地表征由 Fe_3O_4 和 α-Fe 构成的共析组织，对于低温度下共析组织向 $Fe_{1-y}O$ 的逆向转变结果采用了背散射电子像，如图 4-32a~d 所示；而对于其他形貌衬度较大的物象，如共析组织逆向转变完成后的氧化铁皮的形貌表征，则多用二次电子像，如图 4-32e~f 所示。

热模拟试样在 N_2 气氛中以 10℃/min 的加热速率升温至不同温度后端部淬火快速冷却至室温，氧化铁皮的断面形貌如图 4-32 所示。如图 4-32a 所示，升温至 550℃时，氧化铁皮基本保持着原始状态，并未出现明显变化；升温至 580℃后，在氧化铁皮的共析组织边缘区域开始出现 $Fe_{1-y}O$，如图 4-32b 中圆圈位置所示；

升温至588℃时，氧化铁皮中的共析组织向 $Fe_{1-y}O$ 转变数量增多，依然是在片层状共析组织边缘，如图4-32c所示；随着温度的进一步升高，到达620℃后，氧化铁皮中原始的大部分共析组织转变为 $Fe_{1-y}O$，如图4-32d所示，逆向转变产生的 $Fe_{1-y}O$ 上分布着大量细小的 α-Fe 颗粒；当温度升高至640℃时，氧化铁皮的共析组织已经完全转变为 $Fe_{1-y}O$，氧化铁皮组织中已经观察不到原始的片层状结构，但仍有 Fe_3O_4 残余，岛状 Fe_3O_4 散乱分布在逆向转变产生的 $Fe_{1-y}O$ 中，靠近外层仍然有较厚的 Fe_3O_4 层，如图4-32e所示；当升温至700℃后，氧化铁皮中

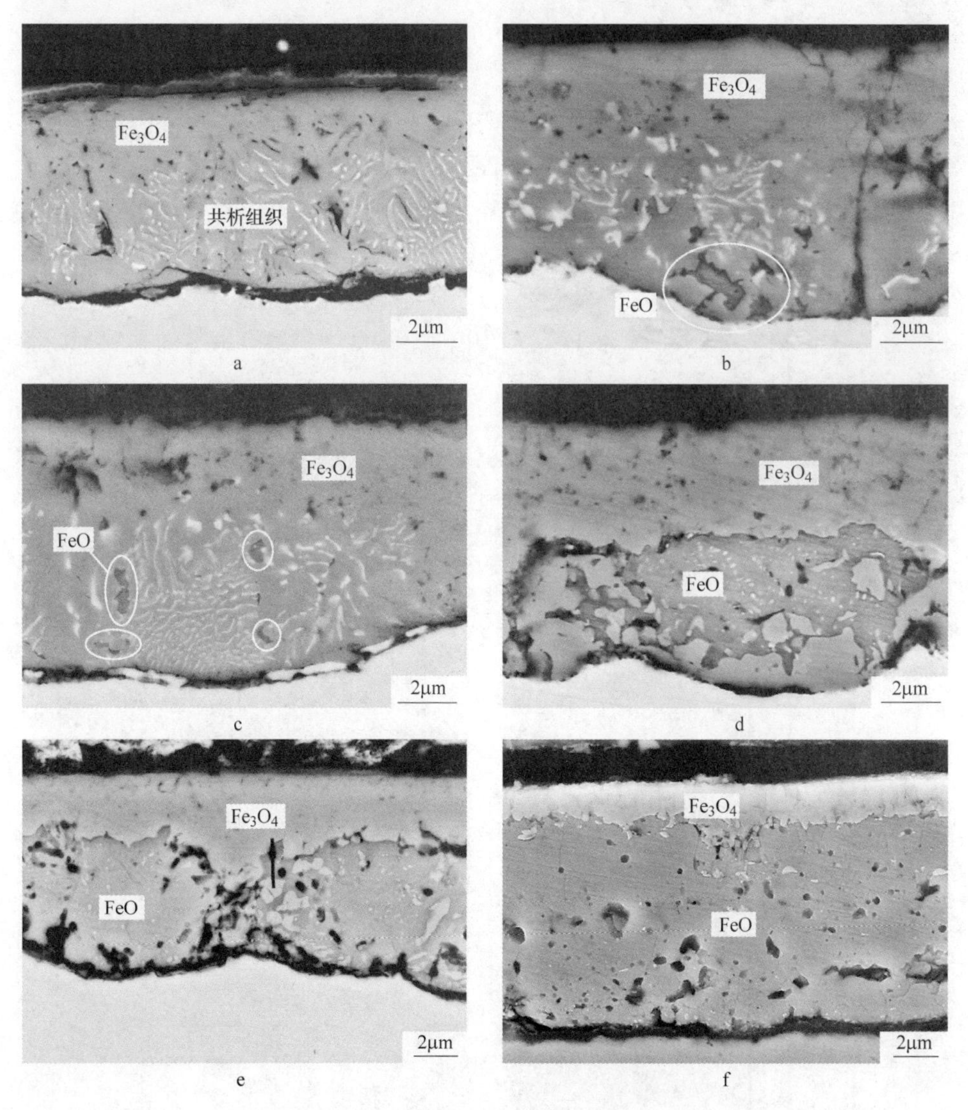

图4-32 10℃/min升温至不同温度时氧化铁皮的组织

a—550℃；b—580℃；c—588℃；d—620℃；e—640℃；f—700℃

的共析组织和先共析 Fe_3O_4 已经完全转变为 $Fe_{1-y}O$。可见，升温速率为 10℃/min 时，直至升温到 700℃ 氧化铁皮的逆向相变才全部完成，如图 4-32f 所示。

由 10℃/min 升温工艺热模拟实验结果可以看出，氧化铁皮在升温过程中逆向相变首先发生在共析组织（Fe_3O_4/Fe）区域，其次才是 Fe_3O_4 向 $Fe_{1-y}O$ 的转变；共析组织的逆向相变在 640℃ 以前完成，而其余 Fe_3O_4 在 700℃ 以前完全转变为 $Fe_{1-y}O$；并且在共析组织和 Fe_3O_4 逆向相变产生的 $Fe_{1-y}O$ 中伴随出现大量的孔洞。

图 4-33 所示为以 20℃/min 升温至不同温度快冷却至室温的氧化铁皮断面形貌。在该加热速率下，氧化铁皮在 555℃ 时仍然未出现 $Fe_{1-y}O$，直至升温到 580℃ 氧化铁皮中才出现少量的 $Fe_{1-y}O$（图 4-33b 中的圈出部分）；随着温度的进一步升高，氧化铁皮中的共析组织（Fe_3O_4/Fe）快速转变为 $Fe_{1-y}O$，升温至 630℃时，该过程仍然在持续进行；当温度升高至 650℃时，共析组织（Fe_3O_4/Fe）已经完全转变为 $Fe_{1-y}O$，但氧化铁皮外侧仍然有较厚的 Fe_3O_4 层，如图4-33e 所示；当温度升高至 700℃后，转变已经全部完成，氧化铁皮为二层结构，外层较薄的 Fe_3O_4 和内层较厚的 $Fe_{1-y}O$，新产生的 $Fe_{1-y}O$ 中仍然有大量的孔洞，如图 4-33f 所示。

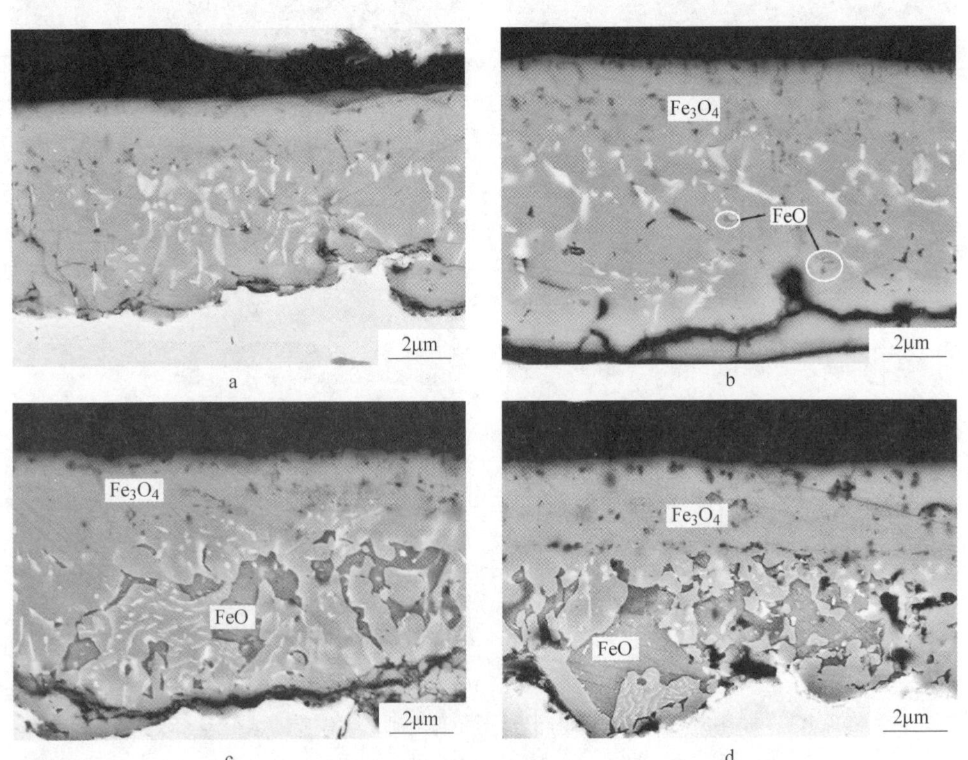

a　b　c　d

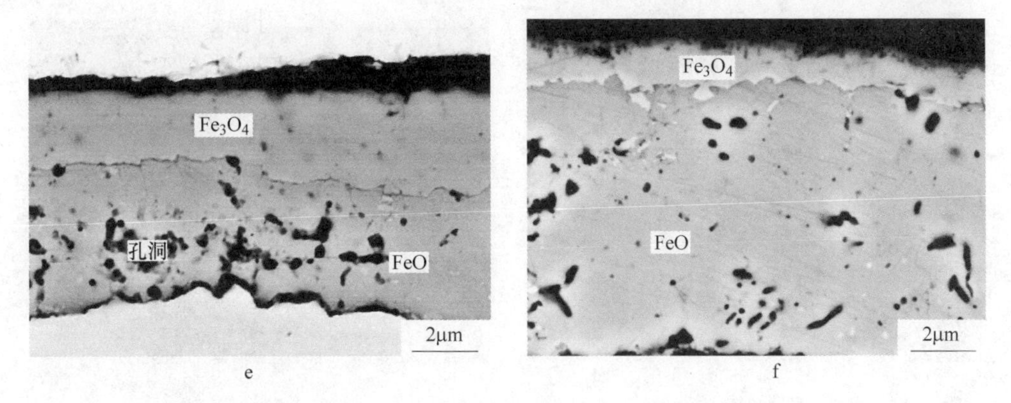

图 4-33 20℃/min 升温至不同温度时氧化铁皮的组织

a—555℃；b—580℃；c—595℃；d—630℃；e—650℃；f—700℃

与低加热速率相似，当氧化铁皮以 20℃/s 加热速率升温时，低于 570℃时氧化铁皮中都未发现逆向转变产物 $Fe_{1-y}O$。如图 4-34 所示，温度升至 580℃后，逆向转变产物 $Fe_{1-y}O$ 开始出现在共析组织附近区域（图 4-34a 中圆圈所示）；加热过程中部分共析组织的片层结构发生退化，开始变得不规则，如图 4-34b 所示，并于局部区域率发生向 $Fe_{1-y}O$ 的转变，共析组织逆向转变后，残余 Fe_3O_4 被隔离

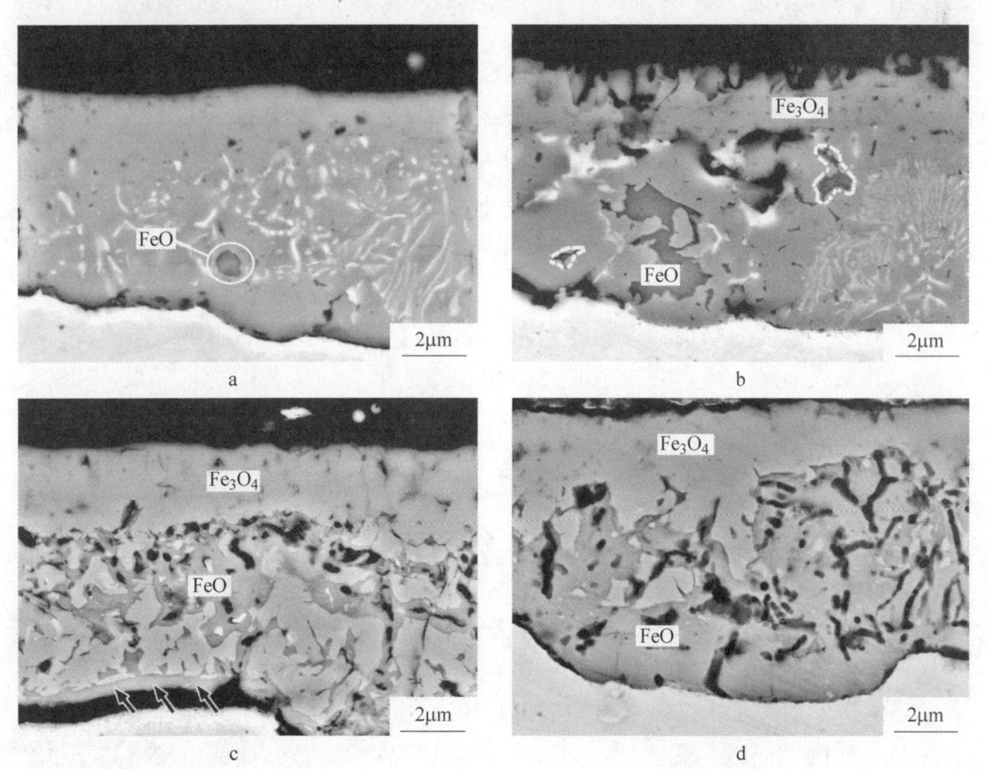

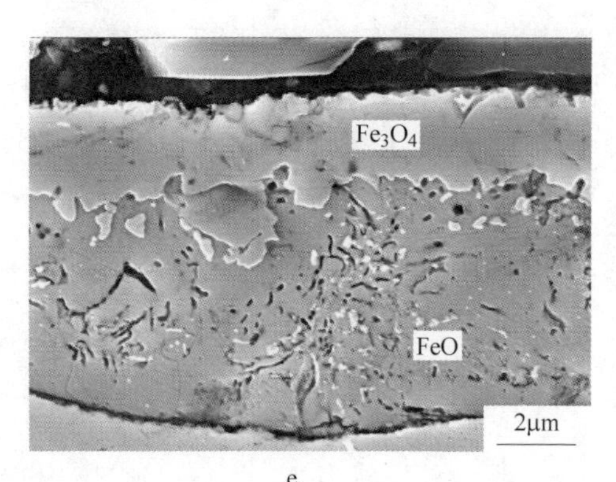

e

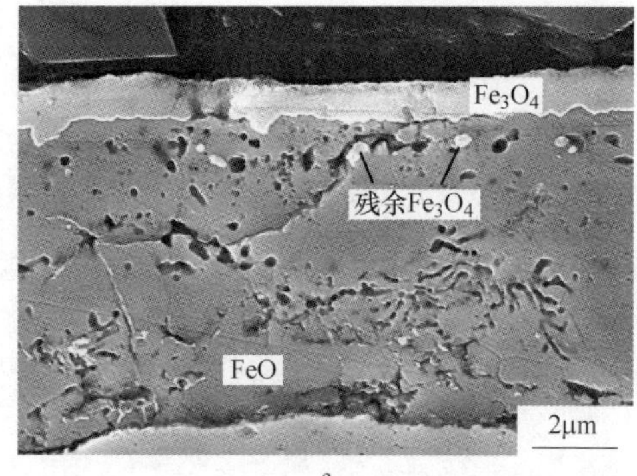

f

图 4-34　20℃/s 升温至不同温度时氧化铁皮的组织

a—580℃；b—600℃；c—650℃；d—700℃；e—750℃；f—800℃

成孤立的岛；与此同时，与基体相邻的 Fe_3O_4 也转变为 $Fe_{1-y}O$，如图 4-34c 所示；温度升高至 700℃后，氧化铁皮的共析组织完全转变为 $Fe_{1-y}O$，仅有少量的 Fe_3O_4 残留，如图 4-34d 所示；随着温度的进一步升高，Fe_3O_4 持续转变为 $Fe_{1-y}O$，该过程一直持续到 800℃。

图 4-35 所示为 50℃/s 加热速率升温至不同温度时氧化铁皮的断面形貌。升温至 580℃时，只有极少量的 $Fe_{1-y}O$ 出现，如图 4-35a 中圆圈区域所示；随着温度的升高，共析组织快速向 $Fe_{1-y}O$ 转变，升温至 700℃时，氧化铁皮已经观察不到 α-Fe，残余的 Fe_3O_4 沿原来共析组织的片层方向分布，并且沿原始的片层组织方向上分布着大量的孔洞，如图 4-35d 所示；升温至 750℃时，仍然有少量的 Fe_3O_4 残留，温度升高至 800℃，逆向转变过程已完成。

对比快速加热和慢速加热的热模拟结果能够发现，温度是影响氧化铁皮中逆向转变的重要因素，高温更利于该过程中的进行，温度越高，逆向转变的速率越快；随着加热速度的增加，逆向转变温度区间向高温区偏移，加热速率越快，逆向转变的完成温度越高。在本书研究的加热工艺下，大部分的逆向转变在 800℃以前都已经完成。此外，逆向转变的 $Fe_{1-y}O$ 在 580℃以下温度基本不存在，并且共析组织的转变一直持续至 630℃，可见在热分析 DSC 曲线的第一个特征峰不应该是由共析组织向 $Fe_{1-y}O$ 逆向转变吸热造成的。

结合热分析和热模拟的实验结果，分析升温过程中氧化铁皮的逆向相变规律，对升温过程氧化铁皮中逆向转变进行半定量表征，绘制的升温过程中氧化铁皮相变规律曲线如图 4-36 所示。氧化铁皮中向 $Fe_{1-y}O$ 转变过程属扩散型相变，温度和加热速率是影响氧化铁皮相变的两个重要参数，$Fe_{1-y}O$ 在 570℃以上是热力学稳定相，而离子扩散需要一段时间后 $Fe_{1-y}O$ 才能形核，即存在形核孕育期，即向 $Fe_{1-y}O$ 的逆向转变需要一定的过热度（ΔT），所以 $Fe_{1-y}O$ 的出现略高于平衡

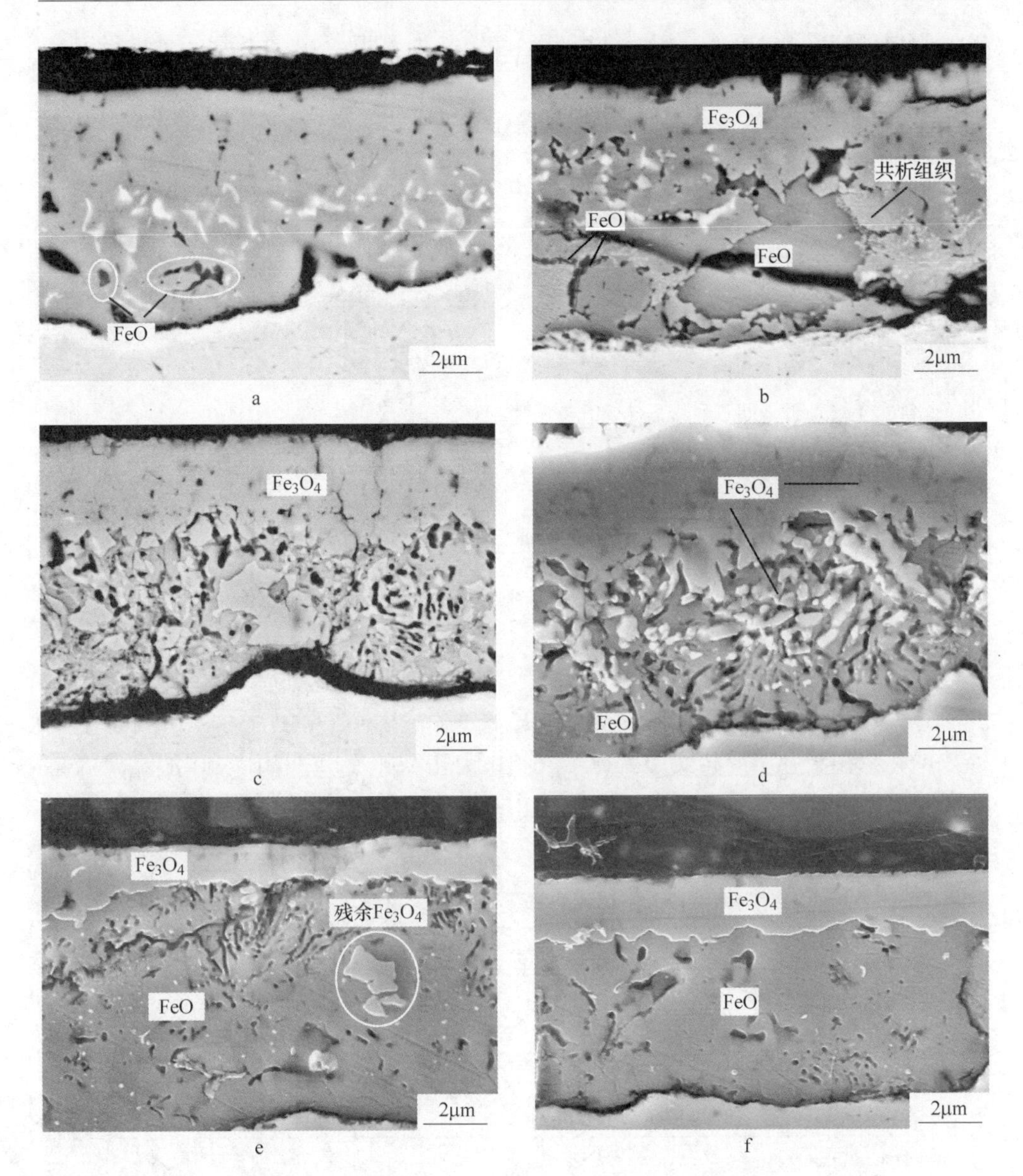

图 4-35 50℃/s 升温至不同温度时氧化铁皮的组织

a—580℃；b—600℃；c—650℃；d—700℃；e—750℃；f—800℃

相变临界温度（570℃）；向 $Fe_{1-y}O$ 转变的扩散过程需要时间，加热速率越高，该过程结束的温度也越高，高温更利于铁离子和氧离子的扩散，相变速率更快。

氧化铁皮在升温过程中的逆向相变包括两个过程，即共析组织（Fe_3O_4/Fe）和先共析 Fe_3O_4 向 $Fe_{1-y}O$ 的转变：$Fe_3O_4 + Fe \rightarrow Fe_{1-y}O$ ，$Fe_3O_4 \rightarrow Fe_{1-y}O$ 。当试样加热至 570℃以上温度后，共析组织（Fe_3O_4/Fe）首先转变为 $Fe_{1-y}O$，将该过程

的发生温度定义为 ETW_s，相变结束点温度定义为 ETW_f；当共析组织逆向转变完成后，先共析 Fe_3O_4 开始持续转变为 $Fe_{1-y}O$，该过程的结束点温度定义为 MTW_f。

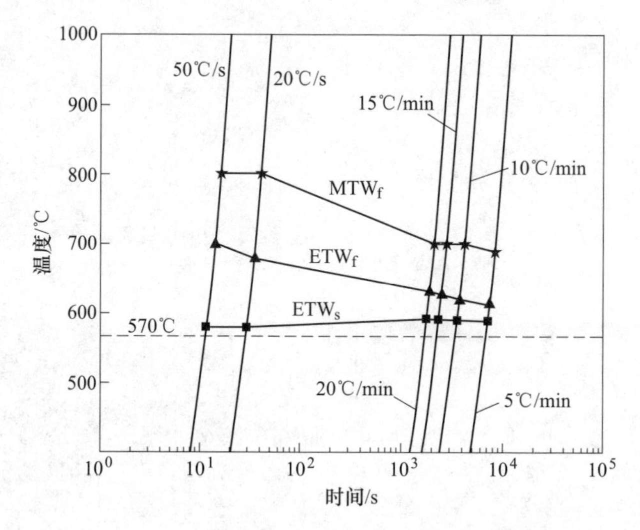

图 4-36　氧化铁皮在升温过程中的转变曲线

升温过程中氧化铁皮逆向相变温度见表 4-7，表中数据包含了 DSC 特征峰外推数据和金相法确定的相变温度数据。利用金相法确定相变的温度区间需要大量的实验数据支撑，本节仅提供了有限的实验结果，氧化铁皮在升温过程中的相变准确温度的确定仍然需要做大量的工作。

表 4-7　氧化铁皮升温转变温度

相变温度/℃	加热速率					
	5℃/min	10℃/min	15℃/min	20℃/min	20℃/s	50℃/s
ETW_s	588.9	590.6	590.9	591.9	580	580
ETW_f	612.2	619.9	625.5	631.5	680	700
MTW_f	690	700	700	700	800	800

注：ETW_s 为共析组织向 $Fe_{1-y}O$ 转变开始温度，ETW_f 为共析组织向 $Fe_{1-y}O$ 转变结束温度，MTW_f 为 Fe_3O_4 向 $Fe_{1-y}O$ 转变结束温度；表中 5℃/min、10℃/min、15℃/min、20℃/min 的 ETW_s 和 ETW_f 参数为 DSC 数据，其余为热模拟数据。

对不同升温工艺下，在不同温度氧化铁皮中 $Fe_{1-y}O$ 相的体积分数进行统计，$Fe_{1-y}O$ 体积分数与温度的关系曲线如图 4-37 所示，该曲线呈“S”形，580℃以下温度的 $Fe_{1-y}O$ 的逆转变速率较低，只在共析组织边缘区域产生了少量的 $Fe_{1-y}O$。对于低速率加热时 580~650℃是逆转变发生主要温度区间；快速升温时逆向转变发生温度向高温区偏移至 580~700℃，这一规律与 DSC 的结果是相似的。

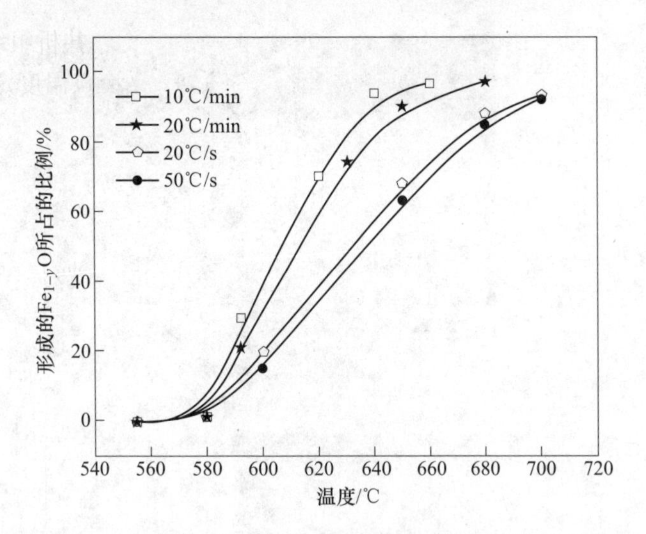

图 4-37 不同加热速率下 $Fe_{1-y}O$ 体积分数与温度的关系

4.2.4 讨论

相变发生的驱动力是母相与新相之间的 Gibbs 自由能差，当 $\Delta G<0$ 时，相变才能发生，通常加热过程中的相变都需要一定的过热度 ΔT。$Fe_{1-y}O$ 在 570℃以上是热力学稳定相，温度到达 570℃以上时，能量的起伏才有可能出现 $Fe_{1-y}O$ 形核，这是逆向转变生成的 $Fe_{1-y}O$ 只出现 570℃以上温度的原因。

4.2.4.1 共析组织的逆向转变

在升温过程中，当温度达到 570℃以上后，在共析组织中 Fe_3O_4/Fe 界面上 Fe 首先转变为二价铁离子：$Fe \rightarrow Fe^{2+} + 2e^-$，产生的 Fe^{2+}通过扩散进入 Fe_3O_4 晶格中，最终完成 $Fe_3O_4 + Fe \rightarrow Fe_{1-y}O$ 的转变。由于共析组织特殊的片层状结构，这个区域 Fe^{2+} 只需短程扩散即可完成，所以共析组织附近区域首先出现 $Fe_{1-y}O$。

共析组织的转变可能有两种形式。第一种形式是，在逆向转变的 $Fe_{1-y}O$ 出现之前共析组织中片层状 α-Fe 已经退化为球状、片状，如图 4-38a 中箭号所指，Fe 在 Fe_3O_4 中短程扩散，当能量起伏达到 $Fe_{1-y}O$ 形核所需时开始出现 $Fe_{1-y}O$，但 Fe 仍有残余，分布在新产生的 $Fe_{1-y}O$ 中，如图中圆圈部位，残余 Fe 继续扩散与 Fe_3O_4 反应，直至最后 α-Fe 被完全消耗，整个转变过程如图 4-38a 所示，低升温速率有利于 Fe 在 Fe_3O_4 中的扩散，使扩散过程中有充裕的时间进行，更利于共析组织按这种形式完成向 $Fe_{1-y}O$ 的转变。

第二种形式是片层状结构边缘能量较高区域先发生逆向转变产生 $Fe_{1-y}O$，如

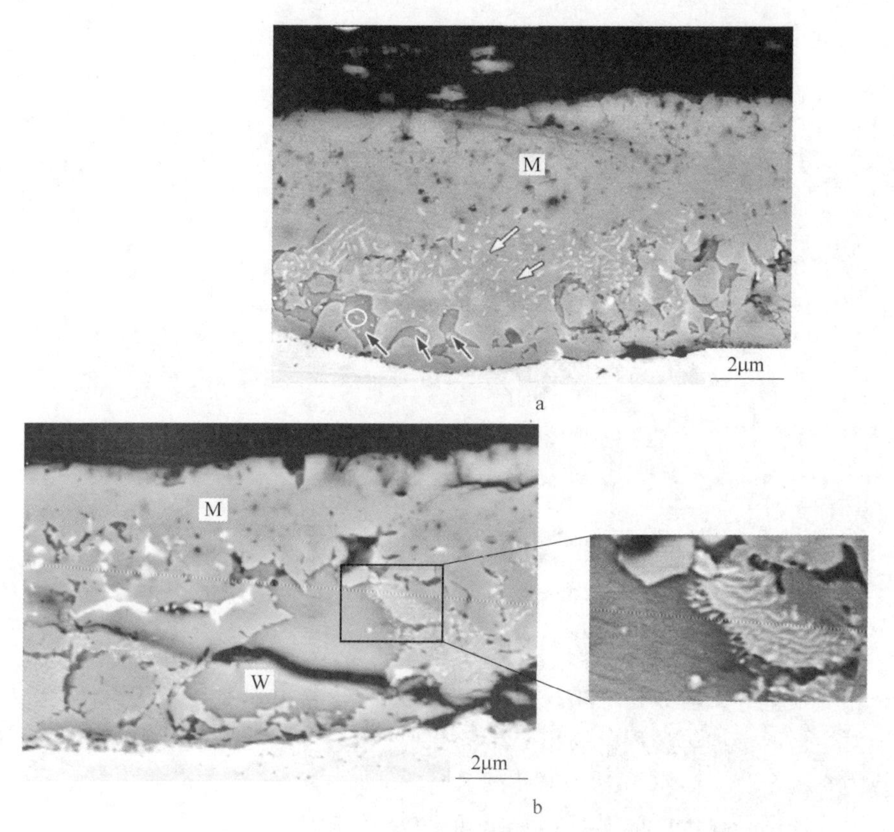

图 4-38　不同阶段氧化铁皮的断面形貌

a—10℃/min 升温至 620℃；b—50℃/s 升温至 600℃

M—Magnetite Fe_3O_4；W—Wüstite $Fe_{1-y}O$

图 4-39b 所示，在片层状结构的前沿形成“指状” $Fe_{1-y}O$，也会有少量的 α-Fe 残留在 $Fe_{1-y}O$ 中，随后的过程随着 Fe 的不断扩散，$Fe_{1-y}O$/共析组织界面不断向前推进，直至共析组织完全转变成 $Fe_{1-y}O$，残余的 α-Fe 一部分扩散固溶进入 $Fe_{1-y}O$ 中的缺陷位置，减小 $Fe_{1-y}O$ 中的阳离子空位浓度，另一部分 α-Fe 扩散至 $Fe_{1-y}O/Fe_3O_4$ 界面，进而使 Fe_3O_4 转变为 $Fe_{1-y}O$，该过程如图 4-39b 所示。

值得注意的是，升温过程中结构产生的 $Fe_{1-y}O$ 中普遍存在大量的孔洞，同时 $Fe_{1-y}O$ 中的孔洞分布有一定的规律，大多数情况都沿共析组织的片层状组织原始走向分布，本节试样均经过长时间的机械抛光，尽可能减小了金相试样制备工艺对氧化铁皮的破坏，由此可见，这些孔洞的产生应该是由 $Fe_{1-y}O$ 与 Fe_3O_4 的密度差造成的，$Fe_{1-y}O$ 的常温密度为 5.9~5.99g/cm，而 Fe_3O_4 的密度为 5.18[11]，再加上 $Fe_{1-y}O$ 的膨胀收缩率很小，这可能是造成逆向转变生成的 $Fe_{1-y}O$ 中存在大量孔洞的原因。

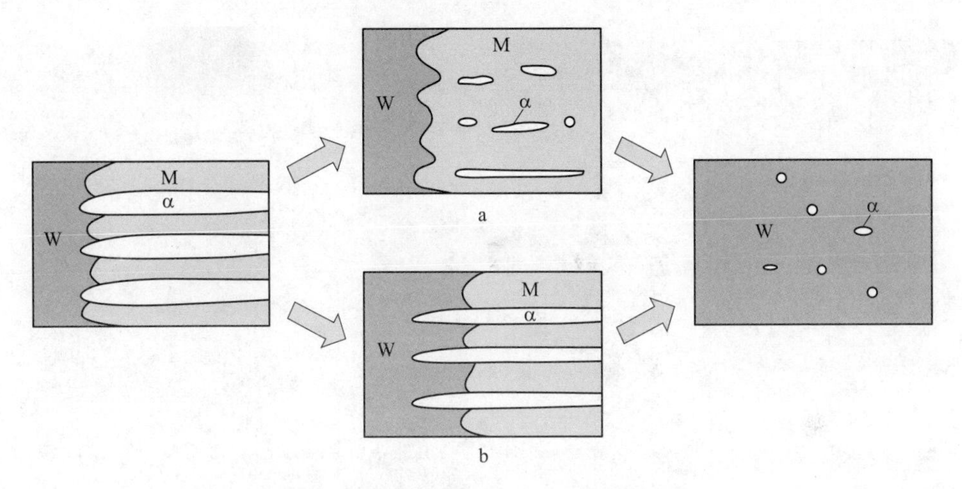

图 4-39 共析组织向 $Fe_{1-y}O$ 转变的两种形式

4.2.4.2 Fe_3O_4 向 $Fe_{1-y}O$ 转变

共析转变完成向 $Fe_{1-y}O$ 的逆向转变后，从其他富铁位置扩散来的 Fe^{2+} 与 Fe_3O_4 继续反应，继续转变为 $Fe_{1-y}O$，这些富铁区域包括共析转变残余的 α-Fe 和基体，所以与共析组织比邻的 Fe_3O_4 会继续向 $Fe_{1-y}O$ 转变，而与基体毗邻的区域，由于基体源源不断地提供 Fe^{2+}，所以基体相邻的能量较高的 Fe_3O_4 也开始转变为 $Fe_{1-y}O$，如图 4-40b、d 所示。Fe_3O_4 向 $Fe_{1-y}O$ 的转变包括两部分：一部分是孤立岛状分布的 Fe_3O_4 不断地转变为 $Fe_{1-y}O$，如图 4-40b、c 中箭头所示；另一部分是已经成层状分布的 Fe_3O_4 向 $Fe_{1-y}O$ 的转变。

$Fe_{1-y}O$ 是一种阳离子不足的非化学计量化合物，不同温度下，$Fe_{1-y}O$ 中的缺陷浓度存在较大的差异，如图 4-41 所示。从 Steel/$Fe_{1-y}O$ 界面到 $Fe_{1-y}O/Fe_3O_4$ 界面，$Fe_{1-y}O$ 的阳离子缺陷浓度存在一个浓度梯度，Engell[13] 的研究表明，浓度梯度在整个 $Fe_{1-y}O$ 层是一个常数。

高温条件下，$Fe_{1-y}O$ 层中阳离子浓度梯度将为 Fe^{2+} 的扩散提供持续的驱动力，Fe^{2+} 在 $Fe_{1-y}O$ 层中的扩散过程如图 4-42 所示。$Fe_{1-y}O$ 阳离子空位缺陷减少，而富 Fe 的 $Fe_{1-y}O$ 相对于富 O 的 $Fe_{1-y}O$ 更稳定[7]。在 $Fe_{1-y}O/Fe_3O_4$ 界面上，Fe_3O_4 将通过如下反应被还原成为 $Fe_{1-y}O$：

$$Fe_3O_4 + (1 - 4y)Fe^{2+} + 2e \longrightarrow 4Fe_{1-y}O \tag{4-5}$$

随着温度的升高，Fe_3O_4 层厚度逐渐减薄。根据 Tanei[14] 的研究结果，700℃长时间在无氧环境条件下氧化，Fe_3O_4 层将完全转变成为 $Fe_{1-y}O$，原始的 $Fe_3O_4/Fe_{1-y}O$ 两层结构转变成为单层 $Fe_{1-y}O$ 结构。

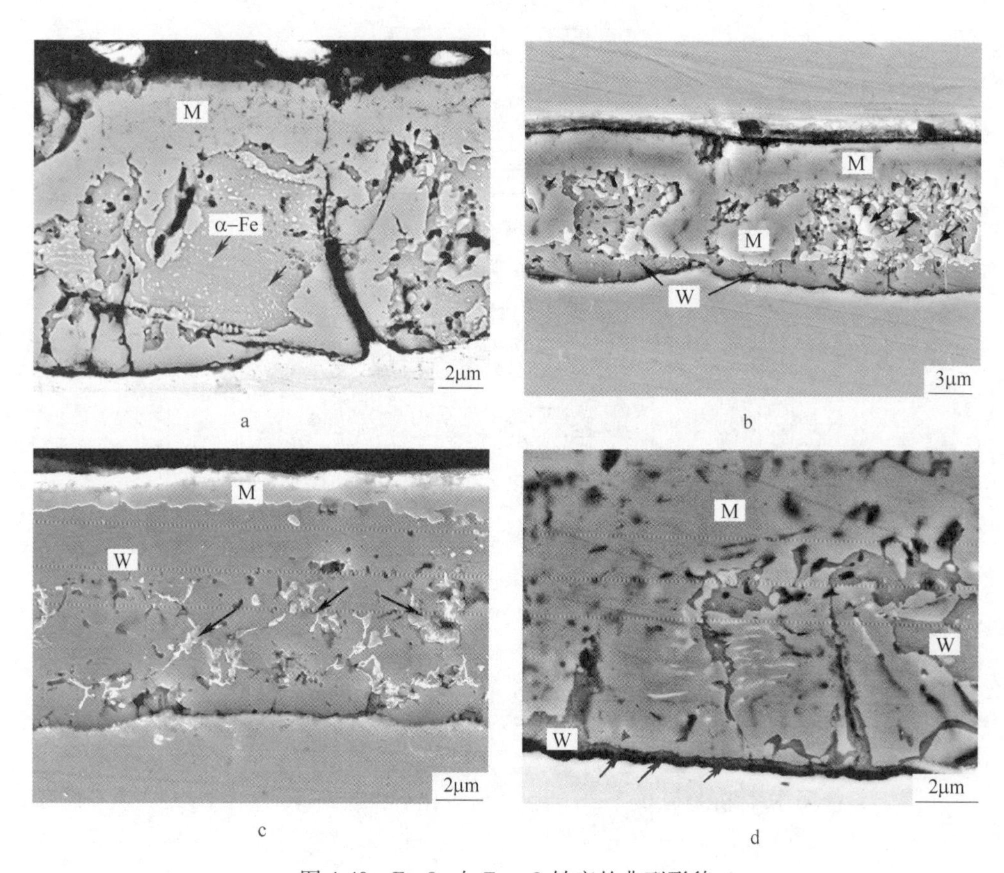

图 4-40　Fe_3O_4 向 $Fe_{1-y}O$ 转变的典型形貌

a—600℃保温 2min；b—50℃/min 升温至 700℃；c—700℃保温 2min；d—10℃/min 升温至 592℃

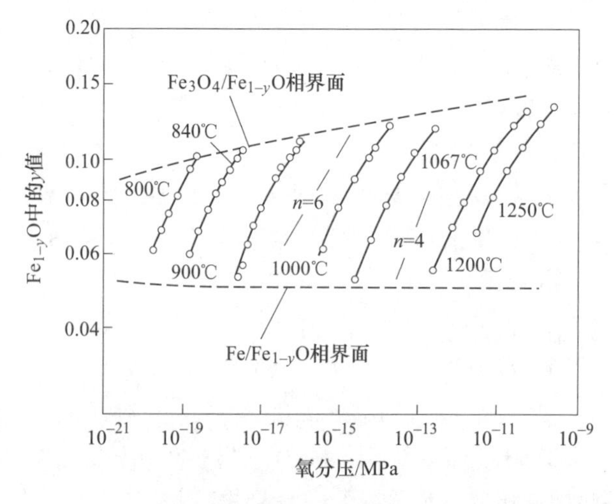

图 4-41　$Fe_{1-y}O$ 非化学计量数随温度的变化

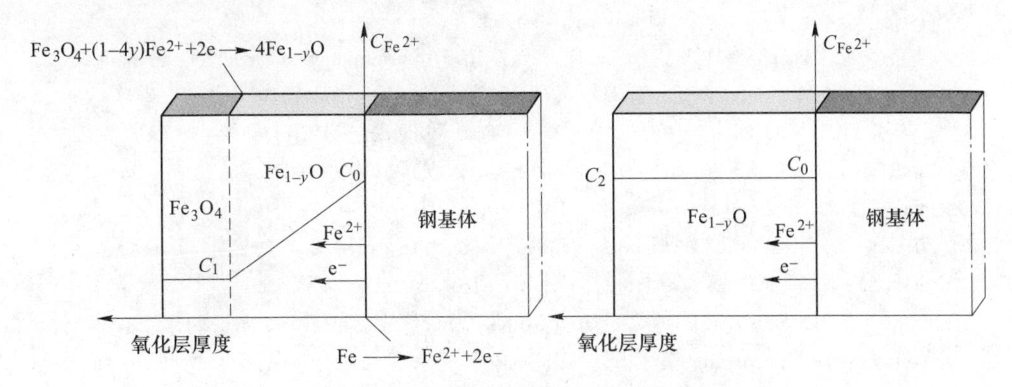

图 4-42 Fe^{2+}在 $Fe_{1-y}O$ 层中的扩散过程

共析组织的完全转变与 Fe_3O_4 向 $Fe_{1-y}O$ 转变的这两个过程应该是两个重叠的过程，由于共析组织区域富铁，所以首先发生转变，当温度持续升高，在共析组织转变的同时，靠近基体的部分先共析 Fe_3O_4 与从基体等富铁区域扩散过来的 Fe^{2+}结合，同时也开始向 $Fe_{1-y}O$ 转变。由于 DSC 实验所用材料是用机械方法从带钢表面剥离的，缺少了基体金属，无法通过扩散为氧化铁皮中 Fe_3O_4 的转变持续提供 Fe^{2+}，导致先共析 Fe_3O_4 无法向 $Fe_{1-y}O$ 转变，因此 DSC 曲线只探测到共析组织向 $Fe_{1-y}O$ 转变的一个吸热峰。正如前面讨论的，第一个峰值出现的温度范围内的热模拟实验结果中并未发现 $Fe_{1-y}O$，同时这个温度区间与 Fe_3O_4 的居里转变温度点重叠，由此可以推断 DSC 曲线的第一个峰不是由氧化铁皮在升温过程中逆向结构转变引起的。

参 考 文 献

[1] Torresa M, Colas R. A model for heat conduction through the oxide layer of steel during hot rolling [J]. Journal of Material Processing and Technology, 2000, 105 (3): 1483~1490.

[2] Chen R Y, Yuen W Y D. Review of the high-temperature oxidation of iron and carbon steels in air or oxygen [J]. Oxidation of Metals, 2003, 59 (5-6): 433~468.

[3] Darken, Gurry L S. Physical Chemistry of Metals [M]. New York: McGraw-Hill Book Company, 1953: 154~156.

[4] Baud J, Ferrier A, Manenc J. Study of magnetite film formation at metal-scale interface during cooling of steel products [J]. Oxidation of Metals, 1978, 12 (9): 331~342.

[5] Paidassi J. The precipitation of Fe_3O_4 in scales formed by oxidation of iron at elevated temperature [J]. Acta Metallurgica 1955, 3 (4): 447~451.

[6] Hoffmann A. Theoretical prediction and experimental measurements of anisothermal oxidation ki-

netics [C]//Proceedings of 13th ICC, 1996: 297.

[7] Gleeson B, Hadavi S M M, Young D J. Isothermal transformation behavior of thermally-grown wustite [J]. Materials at High Temperature, 2000, 17 (2): 311~319.

[8] Russell K C. Nucleation in Solids [J]. Phase Transformations, 1970, 4 (14): 219~268.

[9] Goldschmidt H J. The crystal structures of Fe, FeO and Fe_3O_4 and their interrelations [J]. Journal of The Iron and Steel Institute, 1942, 146 (10): 157~180.

[10] Ilschner B, Mitzke E. The kinetics of precipitation in wustite [J]. Acta Metallurgica, 1965, 13 (1): 855~867.

[11] Cornell R M, Schwertmann U. The iron oxides: structure, properties, reactions, occurrences and uses [M]. Weinheim: WILEY, 2003.

[12] 孙智辉. 硫铁矿烧渣制备纳米氧化铁黑研究 [D]. 武汉: 武汉理工大学; 2006.

[13] Engell H. The concentration gradient of Iron-ion-vacancies in wustite scaling films and the mechanism of oxidation of iron [J] . Acta Metallurgica, 1958, 6 (6): 439~445.

[14] Tanei H, Kondo Y. Effect of initial scale structure on transformation behavior of wüstite [J]. ISIJ International, 2012, 52 (1): 105~109.

5 热轧钢板典型的表面缺陷

热轧钢板是重要的钢材品种之一，随着热轧钢板品种的增多、应用领域和范围的扩大，用户在注重钢板性能的同时，也更加关注钢板的外观质量[1]。在很大程度上，钢板外观质量对用户的使用有着重要的影响。外观质量是热轧钢板的主要质量指标之一，对热轧钢板的生产和使用均有重要影响，因而受到生产厂和用户的高度重视。随着专用板、品种板需求量增加，不仅对钢板内在的性能提出严格的要求，也对钢板的外观质量提出了更高的要求，可以说，没有优良外观质量的钢板是不被用户认可的[2]。因此，生产过程中在保证性能的同时，必须加强对钢板表面质量影响的检验，完成对钢板外观质量影响因素的科学分析和缺陷的准确判定。

钢板表面氧化缺陷不仅影响产品的外观，而且影响其表面性能，如腐蚀性能等[3]，热轧产品的氧化铁皮缺陷已构成影响钢板表面质量的主要问题之一。关于热轧过程中钢板表面的氧化铁皮的形成、生产中氧化铁皮缺陷的形成和解决措施，国内外已开展了一定的研究[4~8]，但大部分都是针对特定的产线，难以反应氧化缺陷的形成机理。

本章根据热轧工艺的特点和生产实际中经常遇到的问题，如黏附性的点状缺陷、氧化铁皮压入、麻坑、红色氧化铁皮和不锈钢粘辊等，从氧化的行为和机理入手，系统分析在热轧过程中氧化铁皮的形成过程和结构特点，总结氧化缺陷的类型、影响因素和形成机理，以对热轧生产实践和改善钢板的表面质量提供参考。

5.1 黏附性点状缺陷

5.1.1 黏附性点状缺陷的宏观形貌

黏附性点状缺陷的试样取自 X46 管线钢，其典型缺陷的宏观照片如图 5-1 所示。在钢板表面分布着大小不一的点状缺陷。该缺陷的形状主要以圆形、椭圆形或多边形为主，无明显的轧制方向延展。其外观呈深褐色，并且在钢板表面的分布没有明显的规律性，有时以单独的形式存在，有时在某个范围内集中出现。

图 5-1　黏附性点状缺陷的宏观形貌

5.1.2　黏附性点状缺陷的微观形貌

5.1.2.1　黏附性点状缺陷的微观表面形貌分析

图 5-2 所示为黏附性点状缺陷处的微观表面形貌。从图 5-2 中可以看出，A 处为点状缺陷处，B 处为钢板表面自生氧化铁皮处。这种点状缺陷在扫描电镜下，与钢板表面自生的氧化铁皮的颜色相近。但这种缺陷并没有压入到钢板内部形成凹坑，而是直接黏附在钢板自生氧化铁皮上，因此，这种缺陷并不属于氧化铁皮压入式的缺陷，而是一种非压入式的黏附性缺陷。

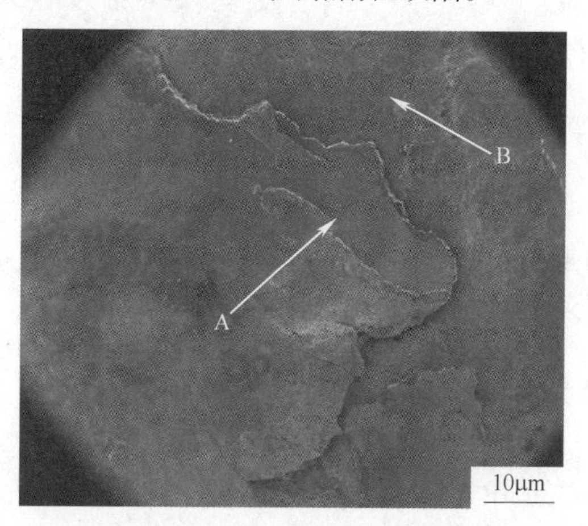

图 5-2　黏附性点状缺陷的微观表面形貌

5.1.2.2　黏附性点状缺陷的微观断面形貌分析

图 5-3 所示为钢板表面自生的典型氧化铁皮的断面形貌。图 5-3 中黑色物质

为镶嵌料，中间的灰白色物质为氧化铁皮层，下面的白色物质为钢板基体。从图 5-3 可以看出，典型的氧化铁皮结构由最外层 Fe_2O_3 层，中间的 Fe_3O_4 层和靠近基体侧的 FeO 层构成，在 FeO 层中含有少量的先共析的 Fe_3O_4。

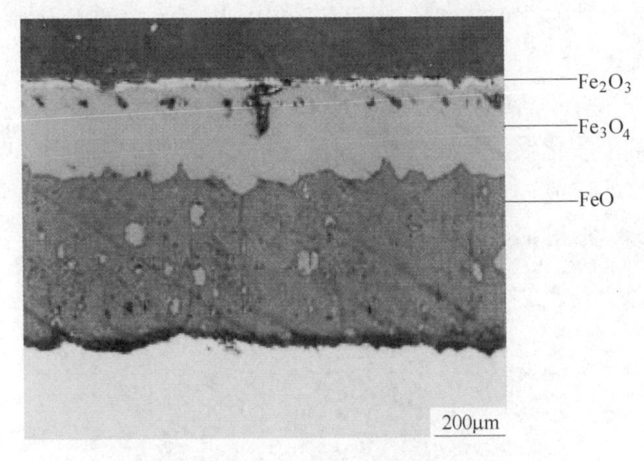

图 5-3 典型氧化铁皮的断面形貌

图 5-4 所示为黏附性点状缺陷处断面的金相照片。从图 5-4 中可以看出钢板表面的缺陷完全由氧化铁皮组成。这种氧化铁皮没有压入到钢板表面，即使有极少量的压入，压入的深度也不深。但值得一提的是，缺陷处形成的氧化铁皮结构与图 5-3 所示的典型氧化铁皮的结构完全不同，它并不是由单层的氧化铁皮构成，而是由许多个典型的氧化铁皮结构层叠加到一起构成的。从图 5-4b 中可以清晰地看到，缺陷处的氧化铁皮由许多个单独的 Fe_3O_4 层和夹在其中的 FeO 层构成。说明这种缺陷并不是在轧制过程中，在高温情况下由钢板表面氧化形成的，

a

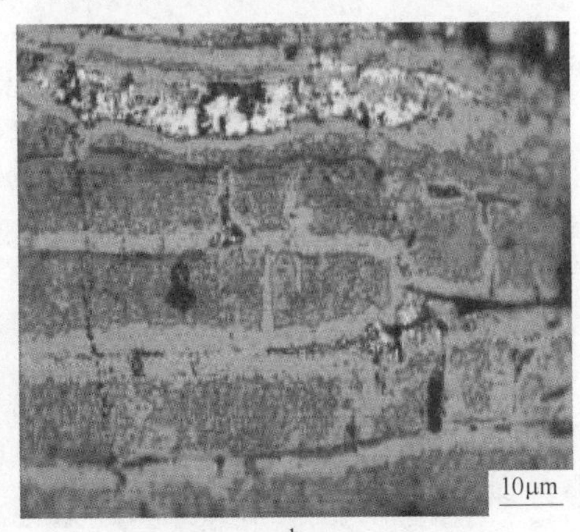

b

图 5-4 黏附性点状缺陷的微观断面形貌

a—断面形貌；b—局部放大图

而是在轧制过程中经过多个道次压下后黏附在钢板表面形成的。

5.1.2.3　黏附性点状缺陷的 EDS 分析

图 5-5 所示为黏附性点状缺陷的 EDS 分析。图 5-5 中的 1 点所示为钢板自生的氧化铁皮的 EDS 分析。从分析的结果可以看出，钢板自生的氧化铁皮由铁和氧两种元素组成，并不含有其他元素。图 5-5 中的 2 点、3 点和 4 点所示为组成黏附性缺陷的各个氧化铁皮层的 EDS 分析。从 EDS 分析中看出，除了含有铁和氧氧化铁皮自身的组成元素外，还含有硅和铬两种元素。硅一般在氧化铁皮与基体的结合处富集，形成 Fe_2SiO_4 相[9]。能谱分析还含有铬元素。在缺陷处，并没有发现有异常的保护渣元素，说明这种点状缺陷的形成与板坯表面上残留的保护渣颗粒无关。

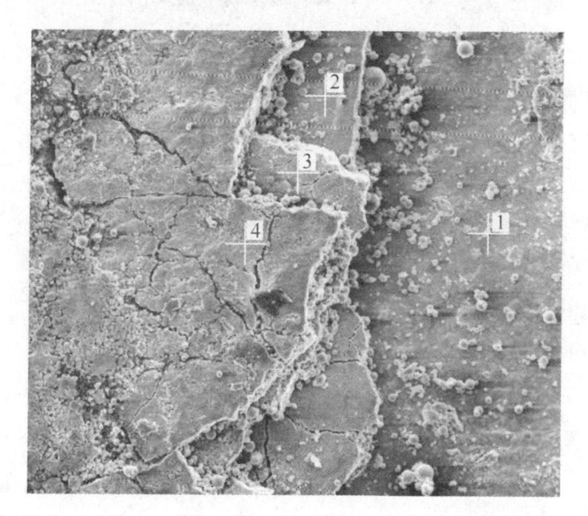

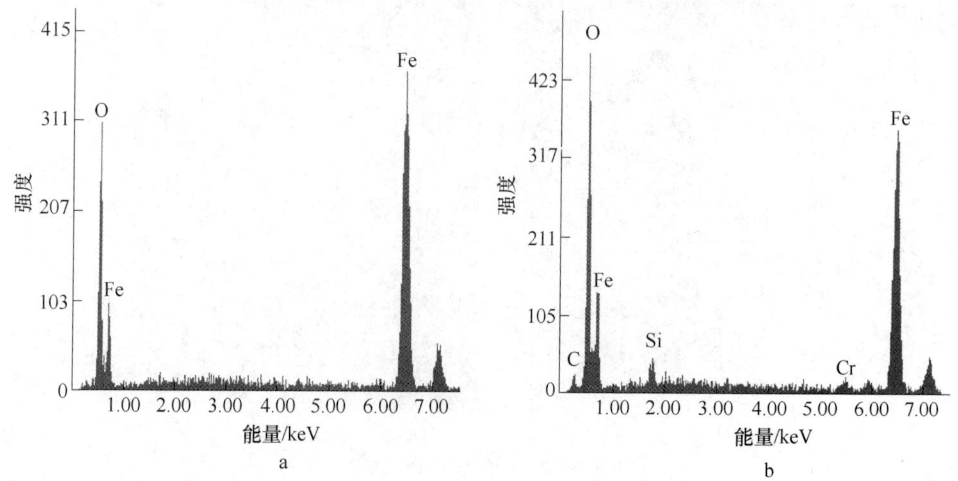

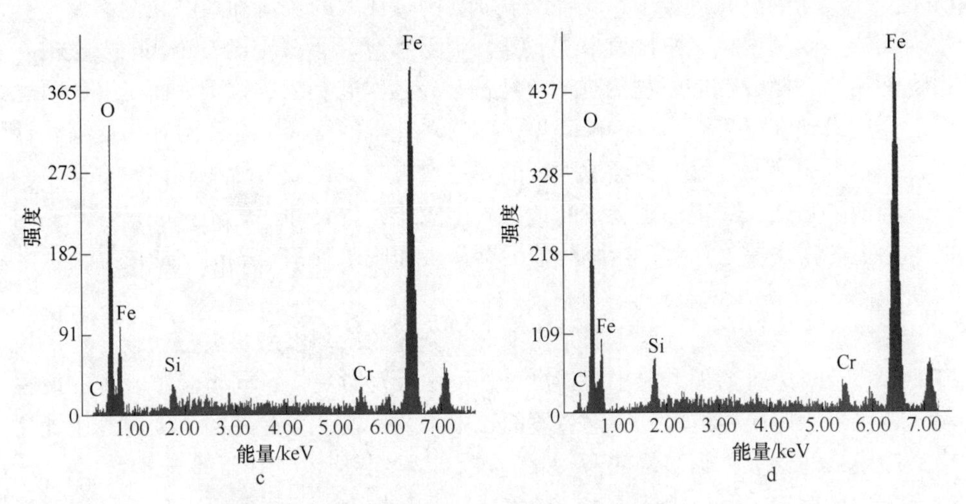

图 5-5 黏附性点状缺陷的 EDS 分析

a—1 点成分分析；b—2 点成分分析；c—3 点成分分析；d—4 点成分分析

5.1.3 黏附性点状缺陷的形成机理

钢板表面铬元素的来源主要有两个渠道：一个是钢本身的化学成分中含有的铬元素，通过扩散作用在氧化铁皮层中富集；另一个是由于轧辊本身是由高铬铁组成，在轧制过程中，辊面氧化铁皮脱落到钢板表面所致。经图 5-5 分析得知，钢板自生的氧化铁皮层中并不含有铬元素，由此推断出黏附性点状缺陷处的铬元素是由于辊面的氧化铁皮层脱落引起的，推断黏附性点缺陷的形成机理如图 5-6

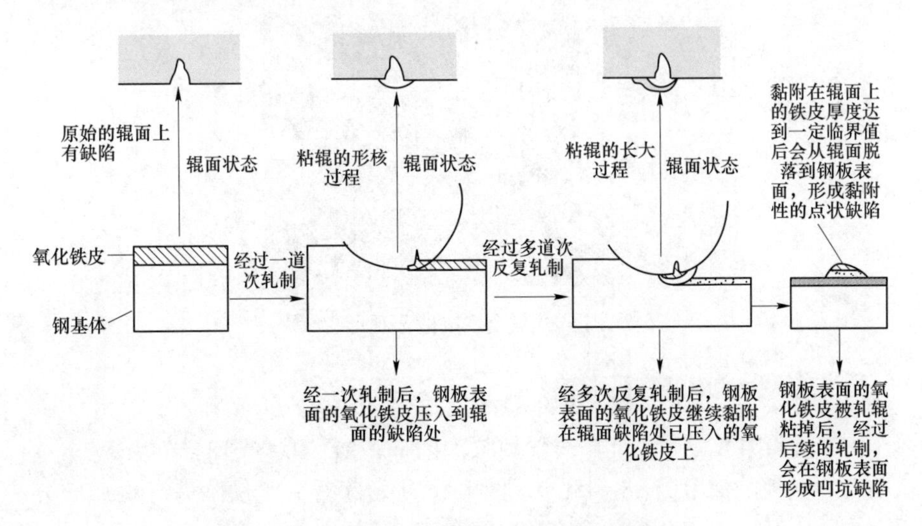

图 5-6 黏附性点状缺陷的形成机理

所示。在实际的热轧过程中，轧辊的表面会因为在大的负荷和高的轧制温度下产生表面缺陷。其中粗轧机出口温度愈高，带钢愈薄，那么轧辊表面缺陷发生的频率也愈高[5]。随着轧制过程的进行，经过某一道次轧制后，钢板表面已有的氧化铁皮会压入到轧辊表面原有的缺陷里，而这时轧辊的辊面上会黏附上一层氧化铁皮，即粘辊的形核过程。再经过后续的多道次轧制，钢板表面的氧化铁皮会不断压入辊面缺陷处，而辊面也会不断地黏附上氧化铁皮，即粘辊的长大过程。黏附在辊面上的铁皮厚度达到一定临界值后会从辊面脱落到钢板表面，形成黏附性的点状缺陷。

黏附性点状缺陷的控制方法是定期对工作辊的冷却水系统进行检查。对于堵塞的水嘴及时进行清理，对于磨损严重的刮水板及时更换；同时制定合理的烫辊制度。可采取厚规格烫辊、缓慢过渡的压下工艺：在计划允许的范围内，用计划中最厚规格的钢板烫辊缓慢向薄规格过渡，并逐渐加大工作辊冷却水量[10]。通过上述方法烫辊，可使得轧辊表面的氧化膜致密均匀，这样既可以延长轧辊的使用寿命，也可以减少钢板表面缺陷的产生；同时适当缩短磨辊和换辊时间也是消除黏附性点状缺陷的有效方法之一。

5.2　压入式氧化铁皮

5.2.1　压入式氧化铁皮的宏观形貌

压入式氧化铁皮试样均取自 A36 船板。图 5-7 所示为氧化铁皮压入的宏观形貌，成“柳叶”状或“小舟”状。图 5-7 中铁皮压入处 A，压入面呈浅灰色，并且压入的表面比较光滑。铁皮压入的 B 处是较大的凹坑口。

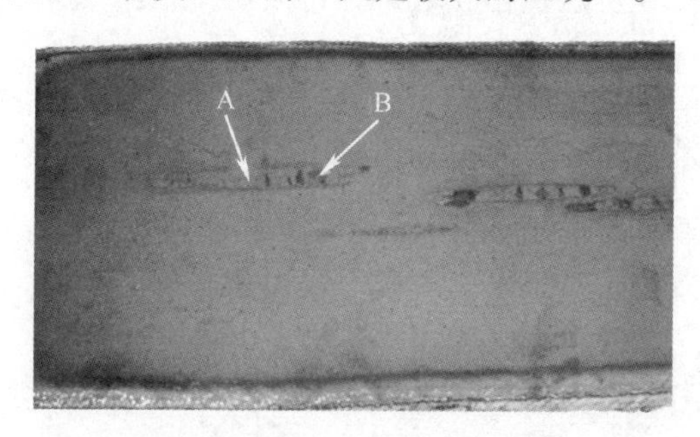

图 5-7　压入式氧化铁皮的宏观形貌

5.2.2　压入式氧化铁皮的微观形貌

图 5-8 所示为图 5-7 中 A 处压入式缺陷的断面形貌。从图 5-8a 可以看到，A 处缺陷压入的钢板的深度为 18～45μm。图 5-8b 所示为对 A 处缺陷进行的 EDS 分析的两个位置。其中 1 和 2 处的含有的元素见表 5-1。

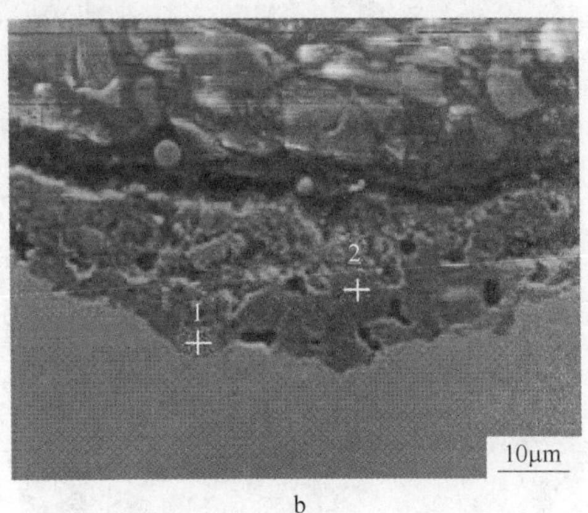

图 5-8　图 5-7 中的 A 处缺陷的断面形貌

a—断面的金相组织照片；b—断面的 SEM 照片

表 5-1　图 5-8b 中的 1 和 2 处化学成分的 EDS 分析结果

样品	O/%	Fe/%	Na/%	Al/%	Si/%	Ca/%	Mn/%
1	21.49	78.51	—	—	—	—	—
2	29.19	26.74	8.81	5.15	22.26	5.31	2.54

表 5-1 为 1 和 2 两处的成分分析结果，其中 1 处是由铁和氧两种元素组成，说明 A 处由氧化铁皮构成。由 2 处的能谱分析可以看出，除了含有铁和氧两种元素外，还有硅、铝、锰元素，特别是还含有钠和钙这两种典型保护渣的示踪元素，说明该缺陷是由氧化铁皮和保护渣构成[11]。

图 5-9 所示为图 5-7 中 B 处缺陷的断面形貌。从图 5-7 可以看到，B 处缺陷在宏观上就是一个坑洞口，并且坑口的面积较小。从图 5-9 可以看出，实际压入的物质已经延伸到钢板内部的左右两侧，形成了一个“外口小、内洞大”的缺

图 5-9　图 5-7 中的 B 处缺陷的断面形貌

陷。B处缺陷的压入深度已经超过200μm。在钢板表面一旦形成这种压入式的缺陷，其危害性是非常大的。

对B处压入式缺陷进行能谱分析，结果如图5-10所示。图5-10b为图5-10a中标注位置的断面形貌。B处压入式缺陷主要有由两部分组成。一部分是形状不规则的颗粒状物质，如图5-10b中的1位置；另一部分由填充在颗粒之间的絮状物质组成，如图5-10b中的2位置。表5-2为1和2两处的成分分析结果，形状不规则的颗粒状物质是由氧化钙和二氧化硅组成，填充在颗粒之间的絮状物质是由保护渣和氧化铁皮的混合物组成。

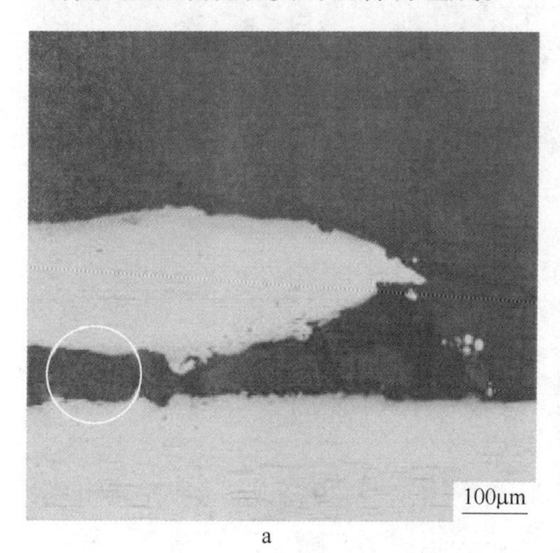

a

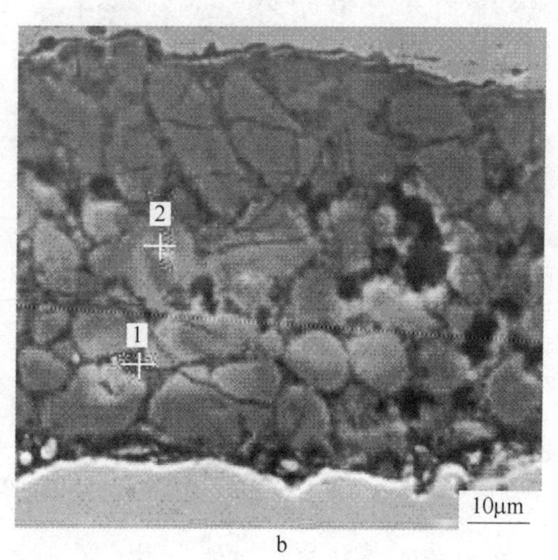

b

图5-10　图5-7中的B处缺陷的EDS分析

a—断面形貌；b—局部放大图

表5-2　图5-10b中的1和2处化学成分的EDS分析结果

样品	O/%	Si/%	Ca/%	Al/%	Na/%	Fe/%	Mn/%	C/%	Mg/%	Ba/%	Cl/%
1	25.48	19.41	55.11	—	—	—	—	—	—	—	—
2	22.26	13.22	8.10	7.16	6.30	2.39	5.16	23.18	1.62	6.63	1.44

5.2.3　压入式氧化铁皮的形成机理

由于图5-7处形成的“柳叶”状或“小舟”状的压入式缺陷的深度较浅，因此称A处的缺陷为浅层压入式氧化铁皮；相对A处而言，将B处形成的“外口小、内洞大”，并且已经压入到钢板内部的缺陷称为嵌入式氧化铁皮。

虽然浅层压入式氧化铁皮压入钢板的深度不大，但由于其数量较多，易于形成，因此会对钢板的表面质量造成很大的危害。浅层压入式铁皮又可细分成三小类。图5-11a所示为第一类浅层压入式氧化铁皮，氧化铁皮和保护渣的数量相差无几，二者呈相互包裹的状态，为第一类浅层压入式氧化铁皮。图5-11b所示为第二类浅层压入式氧化铁皮，保护渣的数量占大多数，只有很少量的氧化铁皮被大量的保护渣包裹其中。图 5-11c 所示为第三类浅层压入式氧化铁皮，氧化铁皮的数量占大多数，并且在轧制过程中已经被轧碎，但轧碎的氧化铁皮缝隙间由少量的像胶水一样的保护渣粘在一起，未发生分离。由于在高温条件下氧化铁皮具有一定的塑性，保护渣的硬度很大，在高温下几乎不发生变形，所以氧化铁皮占绝大多数的第三类浅层压入式氧化铁皮可以在高温下随着钢板发生一定的变形，它压入到钢板的深度最小，压入的深度一般为十几个微米。第二类压入的深度次之，第一类压入到钢板的深度最大，一般为几十个微米。

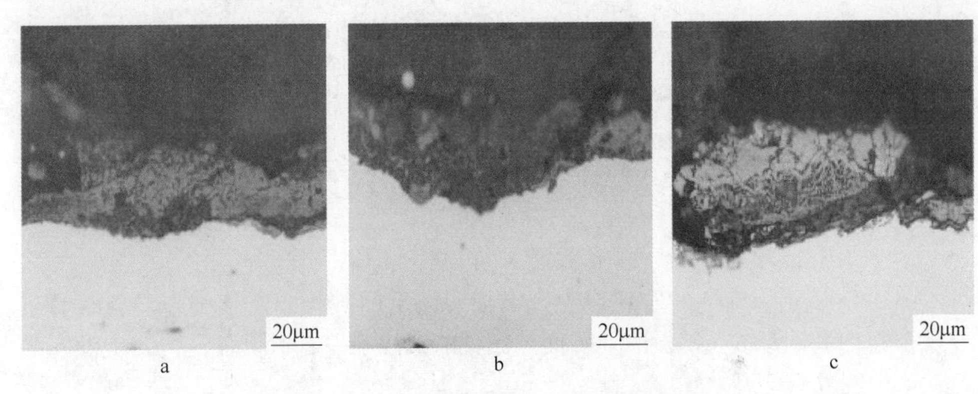

图 5-11　浅层压入式氧化铁皮的断面形貌

a—第一类；b—第二类；c—第三类

如果浅层压入式氧化铁皮的表面形貌成“柳叶”状或“小舟”状，说明这种压入式缺陷是在粗轧的可逆轧制过程形成的。B 处缺陷的断面形貌如图 5-9 所示，其压入的方向分别在钢板内部的左右两侧，说明嵌入式氧化铁皮也是在粗轧的可逆轧制过程中产生的。虽然二者都是在粗轧过程产生的，但二者的形成机理却完全不相同。图 5-12 所示为两种压入式氧化铁皮的形成机理。

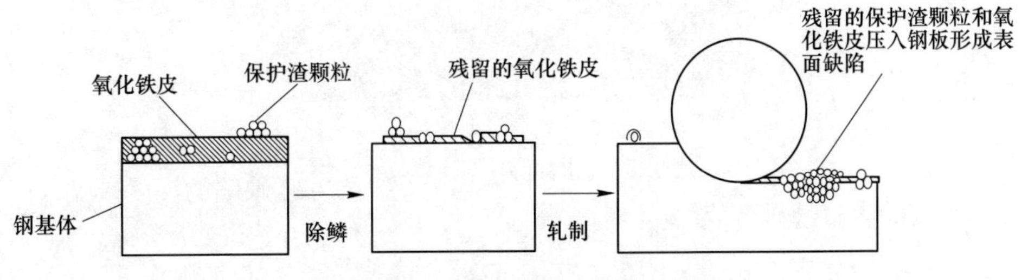

图 5-12　压入式氧化铁皮的形成机理

连铸时，在钢坯表面会黏附一些保护渣颗粒。这些保护渣有的聚集在一起形成保护渣团，有的以较小的颗粒形式存在。进入加热炉后，钢坯表面会产生较厚的炉生氧化铁皮，随着铁皮厚度的增加，炉生氧化铁皮会包覆一些粒度较小黏附在钢坯表面的保护渣，而粒度较大的保护渣团并未被炉生氧化铁皮完全包覆起来，仍有部分保护渣颗粒暴露在炉生铁皮的外表面。钢坯出加热炉后，由于粗除鳞水嘴堵塞、除鳞水嘴的角度和高度不当等原因使得除鳞水的打击力降低[12]，导致除鳞后钢板表面仍然有部分炉生氧化铁皮和保护渣颗粒没除掉。进入粗轧机后，暴露在炉生氧化铁皮外表面的保护渣被压碎，散落在钢板表面，而包覆在炉生氧化铁皮中的保护渣颗粒被压入到钢板内部。压入到钢板内部的炉生氧化铁皮和保护渣颗粒随着可逆轧制的进行压入深度会逐渐增大，并在钢板内部形成左右分别延伸的形态，最终形成嵌入式氧化铁皮。钢板在粗轧过程中，其表面会不断生长出新的氧化铁皮，即二次氧化铁皮。随着粗轧机的可逆轧制，这些新生长出的氧化铁皮与散落在钢板的保护渣颗粒会形成“柳叶”状或“小舟”状的浅层压入式的氧化铁皮。

5.3　麻坑

5.3.1　麻坑的宏观形貌

图 5-13 所示为麻坑的宏观形貌。钢板表面呈凹坑状非连续分布，肉眼易于分辨，并且主要分布在钢板的上表面。凹坑的深浅不一、形状各异，凹坑没有明显地沿轧制方向延展。

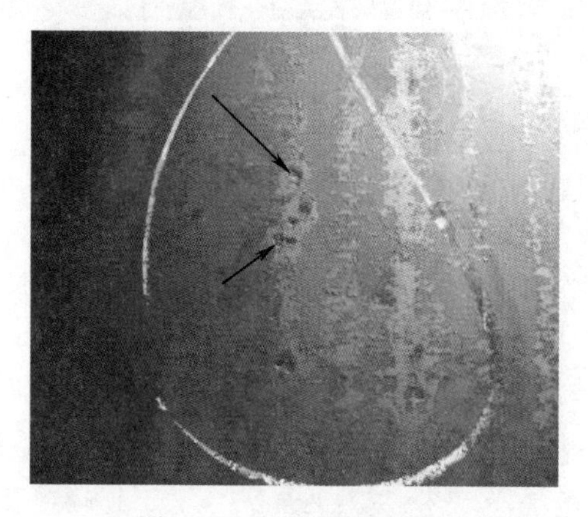

图 5-13　麻坑的宏观形貌

5.3.2　麻坑的微观形貌

5.3.2.1　麻坑缺陷的表面形貌分析

图 5-14 所示为钢板表面没形成麻坑处氧化铁皮的表面形貌。从图中可以看出，钢板表面的氧化铁皮较为平整，虽然在个别位置处形成微裂纹，但并没有形成氧化铁皮颗粒。

图 5-14 钢板表面没麻坑处的氧化铁皮形貌

图 5-15 所示为麻坑处的表面形貌。从图中可以看出，在麻坑边缘，有氧化铁皮发生断裂的痕迹，其断口处有明显的鳞状脆片并含有较多的细小颗粒，断口部位呈现明显的脆性断裂，说明麻坑缺陷是在热轧的过程中形成的一种压入式的表面缺陷。麻坑的形成过程并不是在加热炉内，也不是在轧制后的冷床上，当然也不可能在热轧后的平整阶段。因为在加热炉内和在冷床上这两个阶段，钢板表面并没有压下，而在平整阶段，钢板的压下很小，不足以形成深度较大的麻坑，所以产生麻坑的阶段应该在轧制过程中，因为在整个生产过程中，只有轧制阶段的压下量较大，有形成麻坑的可能。

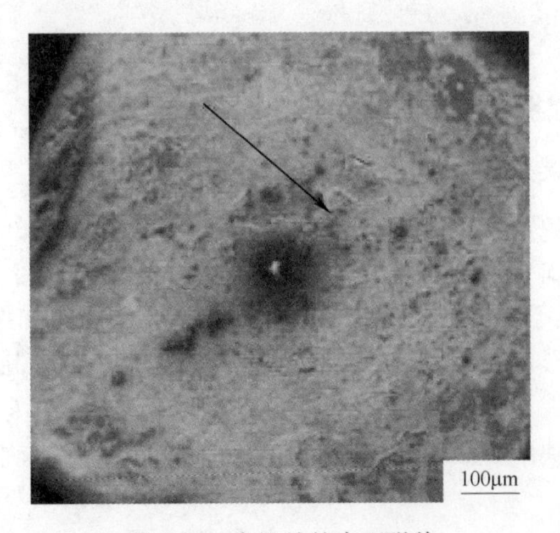

图 5-15 麻坑处的表面形貌

5.3.2.2 麻坑内部的 EDS 分析

图 5-16 所示为麻坑内部的微观表面形貌。从图中可以看出，在麻坑的内部

有大量的颗粒状物质存在，而并不像钢板表面没有麻坑处的氧化铁皮表面那样平整。经 EDS 分析得知麻坑内部的颗粒状物质是由氧化铁皮产生的。众所周知，在粗除鳞的过程中，若是保护渣颗粒未除尽，由于保护渣颗粒的硬度较大，就应该压入到钢板表面，形成压入式的缺陷。但这种缺陷经 EDS 分析后，能检测出除了铁和氧元素外还含有钠、钙或铝元素，所以从分析结果看出，麻坑缺陷的形成基本上排除了结晶器保护渣的影响。麻坑缺陷应该是氧化铁皮在轧制过程中被轧碎后压入到钢板内部形成的。

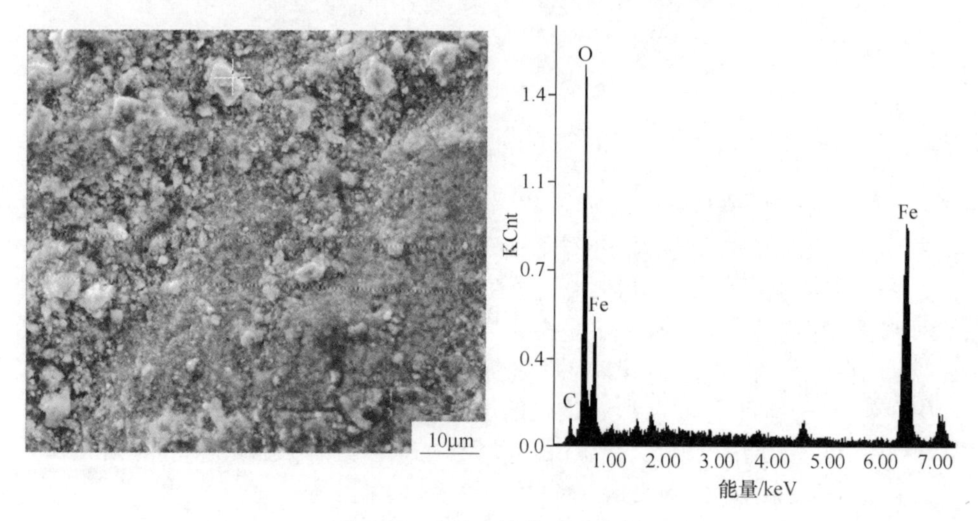

图 5-16 麻坑内部的 EDS 分析

5.3.3 麻坑的形成机理

出加热炉后，钢板表面会有一层较厚的炉生氧化铁皮，经粗除鳞后，坯料进入粗轧阶段，若钢板表面的氧化铁皮未除尽，在粗轧过程中残留的氧化铁皮会压入到钢板表面，但由于粗轧过程的压下量较大，钢板表面的温度较高，此时形成的压入缺陷也会被流动的钢基体填平。因为在粗轧过程，钢板表面缺陷若未填平，会在钢板表面形成压入缺陷。在粗轧这种大压力往复轧制的过程中，压入缺陷会被轧成“柳叶”状或“小舟”状的两头尖、中间宽的压入缺陷。通过麻坑的形态来看，麻坑缺陷并没有规则的形状，因此可以排除麻坑是在粗轧过程中形成的可能性。

钢板经过粗轧后，在辊道上进行待温。由于前一块钢板还没有精轧完，因此后一块待温的钢板即使温度已经到了规定的二阶段开轧温度，也不能进行二阶段轧制，只有继续等待前一块钢板轧完。后一块钢板在辊道上待温时，暴露在空气条件下，钢板表面势必会生产氧化铁皮。但此时生成的氧化铁皮并不是均匀的，而是在个别位置优先形成，如图 5-17 所示。由于待温时钢板表面的温度较高，这时在钢板表面形成的氧化铁皮极易形成鼓泡，鼓泡易破碎，所以在进入二阶段轧制时破碎的鼓泡易压入到钢板表面，这是麻坑形成的机理之一，因此在中间坯进入二阶段轧制前进行除鳞是非常重要的。

图 5-17　待温时钢板的表面形貌

Lundberg 报道过 900℃时 Fe_2O_3、Fe_3O_4 和 FeO 的硬度分别为 516HV、366HV 和 105HV[13]。Loung 报道过室温下三种铁的氧化物的硬度：FeO 的硬度为 460HV，Fe_3O_4 的硬度为 540HV，Fe_2O_3 的硬度为 1050HV[14]。氧化铁皮的硬度是温度的函数，并且在任何温度下，Fe_3O_4 的硬度都比渗碳体的大[15]。在二阶段轧制过程中，随着钢板表面温度的降低，使得在二阶段轧制过程中新形成的三次氧化铁皮的硬度逐渐变大。尤其是在二阶段的后期，轧制温度较低，三次氧化铁皮的硬度较大，在轧制过程中可能被轧碎后压入到钢板表面。因为在二阶段的前几道次，即使氧化铁皮被压入到钢板表面，也会因为前几道次的压下量较大，使得压入到钢板表面的氧化铁皮处被流动的钢基体填平；即使未填平，压入的缺陷也会沿着轧制方向延展。而在二阶段的后几道次，由于压下量较小，一旦氧化铁皮轧碎后压入到钢板表面，此时的钢基体已不足以填平麻坑，最终钢板表面的麻坑会保留到室温。又因为在二阶段轧制钢板表面的温度不高，压入钢板表面的氧化铁皮缺陷由于被切断了和钢基体的铁离子扩散，很容易被氧化成 Fe_3O_4 乃至 Fe_2O_3，使得缺陷处的铁皮的硬度变大，这样经过后续的压下后，显然氧化铁皮缺陷的形状变化不大，但压入的氧化铁皮会产生破碎，形成氧化铁皮颗粒。形成的破碎的氧化铁皮，在后续的平整和传输时会发生脱落，因此，在钢板表面会形成麻坑缺陷。由于在轧制过程中，氧化铁皮破碎的位置不固定，因此，由于氧化铁皮压入形成的麻坑缺陷在钢板表面的分布也没有明显的规律性。

针对这种单纯由氧化铁皮构成的麻坑的形成机理，本书提出以下几点措施：通过现场的数据，总结出麻坑的形成概率与终轧温度的关系曲线。如图 5-18 所示，终轧温度在 810～850℃之间易形成麻坑缺陷，因此在保证钢板性能的情况下，应尽可能提高钢板的终轧温度，使得钢板表面的氧化铁皮的硬度保持在较小的范围内，这样在二阶段轧制过程中氧化铁皮不易压入到钢板表面。为了保证钢板的性能，同时也为了降低氧化铁皮在冷床上的生成厚度，可适当使用层流水冷却。

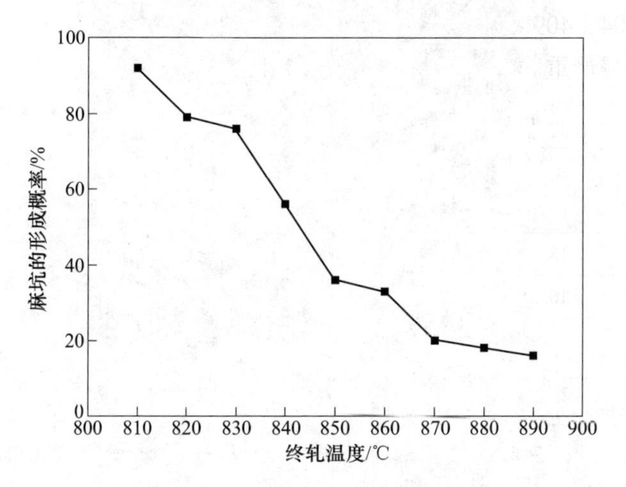

图 5-18　麻坑与终轧温度的关系曲线

在中间坯进入二阶段时，如果中间坯表面温度允许，要保证第一道次除鳞。在轧制到最后几道次时，为了避免新生成的三次氧化铁皮压入到钢板表面形成麻坑缺陷，最好在最后几道次时再进行全除鳞，同时保持系统压力在 16～20MPa。应根据钢板宽度布置精除鳞喷嘴，使高压水喷射宽度完全覆盖钢板宽度；根据钢板长度和辊道输送速度调整精除鳞周期时间，保证高压水喷射覆盖钢板全长。

5.4　不锈钢粘辊

热轧粘辊是指在带钢热轧生产过程中，轧材表面部分剥落并黏附到工作辊表面，破坏轧辊和轧材表面质量的现象。铁素体不锈钢生产过程中发生热轧粘辊较其他钢种更为严重，通常发生在粗轧最后几个道次和精轧前几个机架[16～18]。发生热轧粘辊后，铁素体不锈钢热轧退火酸洗板表面会形成沿轧向的线状表面缺陷，虽经冷轧后有所减弱，但仍有一些线状缺陷遗留到成品板。而发生热轧粘辊的工作辊表面变得粗糙不平，不能继续进行轧制。热轧粘辊的发生使轧材表面质量恶化，增加了带钢的修磨成本，同时缩短轧辊的换辊时间，降低了生产效率。热轧粘辊发生后，轧材与工作辊之间摩擦系数的改变还会使轧制力增加、带钢厚度控制出现偏差。

5.4.1　轧材材质对热轧粘辊的影响

Jin 等[19]对 4 种铁素体不锈钢和 304 奥氏体不锈钢的热轧粘辊行为进行了模拟，表 5-3 为实验钢的化学成分，图 5-19 所示为热轧粘辊增重随实验周期的变化，由图可见，实验钢按照热轧粘辊由严重到轻微的顺序依次为：430J1L、436L、430、304、409L。结合成分可以发现，随着铬含量的增加，铁素体不锈钢的热轧粘辊变得严重。

表 5-3　模拟热轧实验钢的化学成分

实验钢	Cr/%	Ni/%	Mo/%	C/%	Nb/%
430J1L	19.1	0.12	—	0.01	0.30
436L	18.7	0.01	0.96	0.021	0.26
430	16.3	0.08	0.01	0.06	—
409L	11.4	0.07	—	0.045	—
304	18.2	8.30	—	0.050	—

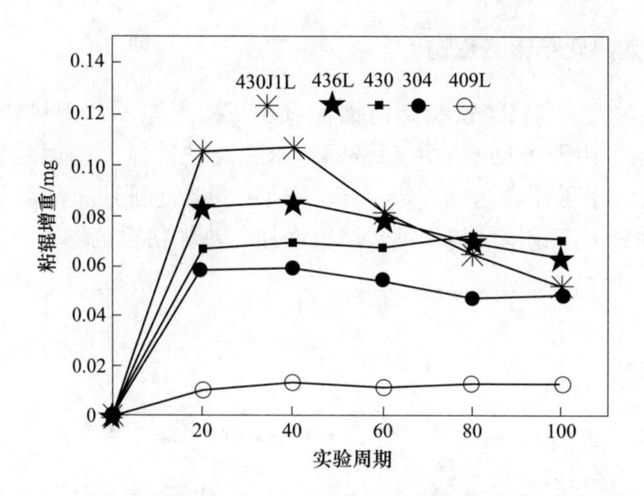

图 5-19　900℃采用高铬轧辊时热轧粘辊增重随实验周期的变化曲线

高温抗氧化性能是影响铁素体不锈钢发生热轧粘辊的另一个主要因素。Jin[20]等研究了 5 种铁素体不锈钢在 1050℃时保温时间、氧化层厚度和热轧粘辊的关系，如图 5-20 所示。由图可见，铬含量较低的 409L 和 430 在保温过程中氧化层厚度迅速增加，而铬含量较高的 445 和 446 氧化层厚度随着保温时间增加略有增加；无论哪个钢种，只要氧化层较薄，就容易发生热轧粘辊。Jin 等给出避免热轧发生粘辊的氧化层厚度为 3μm。Dae Jin[21,22]在中试实验研究中也发现氧化层可以提高铁素体不锈钢试件表面的高温硬度，避免基体与轧辊直接接触，可有效减弱热轧粘辊。因此，随着铬含量的变化，铁素体不锈钢高温抗氧化性能不同，是导致不同铬含量铁素体不锈钢热轧粘辊严重程度不同的原因。

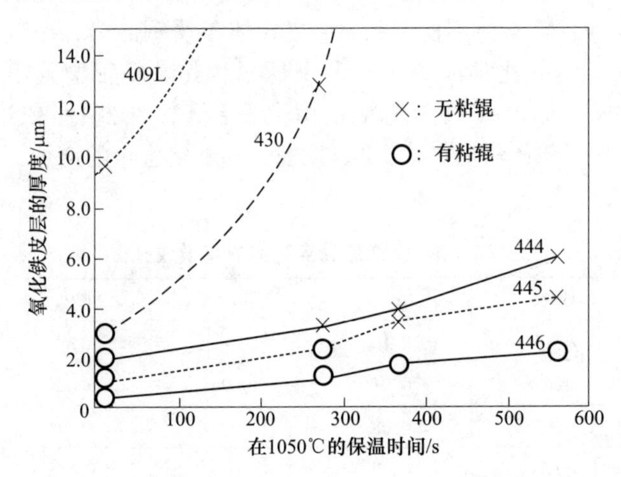

图 5-20　5 种铁素体不锈钢在 1050℃保温时氧化层厚度与热轧粘辊的关系

5.4.2　轧辊对热轧粘辊的影响

Jin 等[19]对比了高铬铸铁和高速钢辊对 430 铁素体不锈钢热轧粘辊的影响，如图 5-21 所示。由图可见，采用高铬钢轧辊生产铁素体不锈钢是发生热轧粘辊的严重程度要大于采用高速钢轧辊。Jin 等通过实验还证明，随着轧辊表面粗糙度的增加，铁素体不锈钢的热轧粘辊增重增加，热轧粘辊也越发严重。

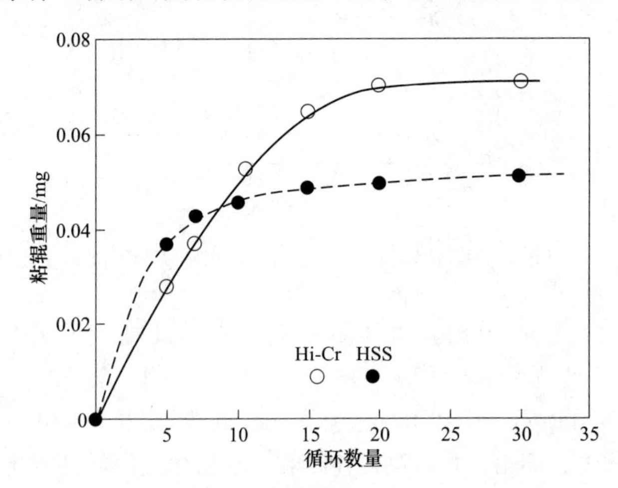

图 5-21　900℃时高铬铸铁辊与高速钢辊的黏结增重比较

Jin 等[20]在分析轧辊对热轧粘辊的影响时发现，黏结首先发生在机械打磨生成的划痕处，根据此结果，Jin 等提出了热轧粘辊的形核和长大过程，如图 5-22 所示。黏结开始发生在轧辊表面的机械划痕处，黏结碎片后轧辊表面变得更加粗糙，随着轧制的进行更多的碎片会黏结在预先发生黏结的地方。Jin 等提出的热轧粘辊形核和长大过程是在无变化条件下得到的，即便如此，它还是对热轧粘辊的发生过程给出了一个清晰的认识，对了解热轧粘辊具有重要意义。

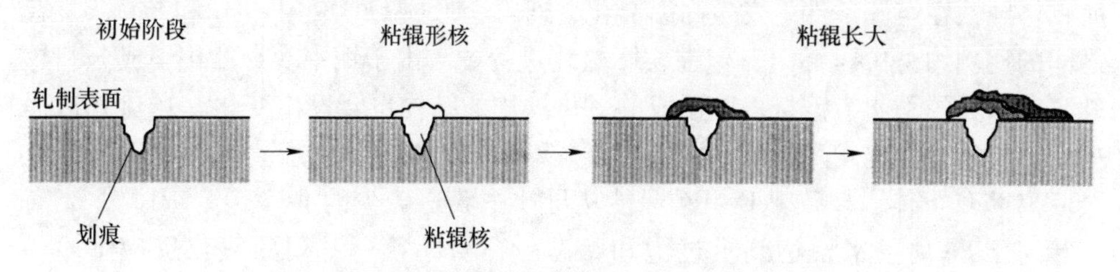

图 5-22　铁素体不锈钢热轧粘辊的形核和长大过程

5.4.3　工艺参数对热轧粘辊的影响

铁素体不锈钢的热轧粘辊行为表面为对轧制温度的敏感性。Son[23] 等指出对于 STS430J1L 和 STS436L 两种铁素体不锈钢，热轧粘辊最为严重的温度在 1000℃，并给出了变形温度对热轧粘辊的影响，如图 5-23 所示。他们指出，轧制温度对热轧粘辊的影响是基于轧材的高温强度和高温氧化两方面的作用，在高温强度低且不能够形成足够厚度氧化层的温度区间内，热轧粘辊最为严重。

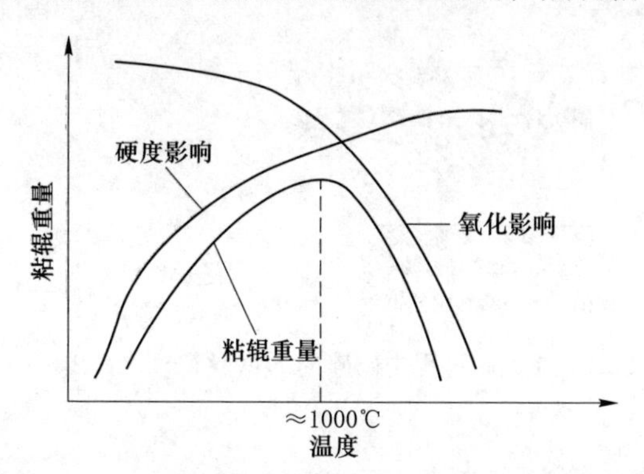

图 5-23　不同轧制温度下硬度和氧化对热轧粘辊的影响

摩擦系数、轧制速度、压下量和润滑等也会对铁素体不锈钢的热轧粘辊产生影响。Kato[24,25] 指出，热轧粘辊主要发生在轧辊的后滑区，带钢展宽过程中的变形也会促进热轧粘辊的形成，因此带钢遍布更容易发生热轧粘辊，增加摩擦系数和接触压力会加重热轧粘辊。Dae Jin[21] 指出，增加热轧润滑、提高轧制速度对热轧粘辊有减弱作用，因为这些手段促进了铁素体不锈钢表面氧化层的生成。

5.5 红色氧化铁皮

5.5.1 碳钢红色氧化铁皮

碳钢表面红色 Fe_2O_3 的形成是由热轧过程中 FeO 的破碎产生的，如图 5-24 所示。纯铁在空气条件下发生高温氧化，通常会形成 Fe_2O_3、Fe_3O_4 和 FeO，三者之间的比例约为 95∶4∶1。但在实际热轧过程中，由于钢中含有的化学成分和热轧工艺参数的不同，钢材表面形成的氧化铁皮的结构也会发生变化。在热轧过程中，如果氧化铁皮发生破碎，则 FeO 颗粒会暴露在空气条件下，同时这部分颗粒会脱离 FeO 母体，导致 FeO 颗粒只能从母体中获得较少的 Fe 离子。因此，氧离子相对于 Fe 离子来说达到了过饱和状态，容易导致一系列的氧化反应 FeO→Fe_3O_4→Fe_2O_3，最终导致氧化铁皮表面呈现红色。当 Fe_2O_3 颗粒尺寸小于 2μm 时氧化铁皮也呈现红色。

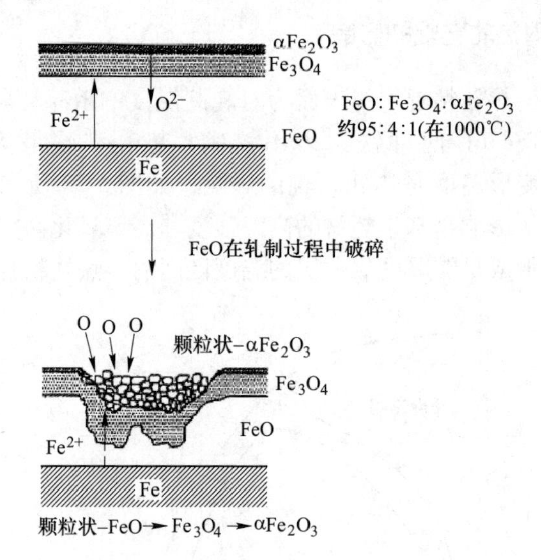

图 5-24 在轧制过程中破碎的 FeO 颗粒氧化铁皮 Fe_2O_3

5.5.2 硅钢红色氧化铁皮

对于含 Si 钢，红色氧化铁皮的形成机理与碳钢不同。Si 在高温条件下会形成硅橄榄石相（Fe_2SiO_4），它易富集在氧化铁皮与基体的结合面处以及氧化铁皮的内部，使得氧化铁皮的附着力增强，难以去除。硅橄榄石在低于 1173℃时会凝固[26]，如果不能完全除去，易导致钢板表面形成红锈及麻坑等。Tomoki Fukagawa 认为[27]，与普通碳钢相比，含 1.5%Si 的钢在 1100℃时氧化铁皮生成较少，在 1200℃时，由于硅橄榄石的形成，无疑会生成更多的氧化铁皮。高温氧化时，钢中的 Si 为选择性氧化，在 FeO（方铁石）与基体钢的界面上形成 Fe_2SiO_4（硅橄榄石），因为硅橄榄石熔点低（1173℃），形成熔融状态后便会以楔形侵入氧化铁皮与基体之间，这样氧化铁皮与基体的界面就形成了错综复杂的氧化铁皮结构[28]。日本住友工业钢铁研究实验室的 T. Fukagawa 和 H. Okada 等[29]对添加了合金元素 Si 的带钢做了研究。采用无硅、低硅和高硅含量三种带钢作为研究钢种，在各种实验条件下检测分析了带钢表面出现红色氧化铁皮现象的成因，指出由于带钢中元素 Si 的存在，会在加热炉内氧化铁皮与带钢基体之间形成 FeO/Fe_2SiO_4 橄榄石化合物，将基体与氧化层牢牢地结合在一起，导致除鳞不完全，最终因为 FeO 的继续氧化而形成表面红色氧化铁皮（Fe_2O_3）。采用降低 Si 在钢中的含量以及提高除鳞温度（使 FeO/Fe_2SiO_4 橄榄石化合物在进入除鳞机前仍为液相）等方法进行的工业实验证实能有效地去除铁皮。图 5-25 所示为含 0.09%C、0.54%Si 的钢，由于除鳞不彻底，由剩余硅橄榄石包覆着氧化铁皮经过轧制过程后破碎的氧化铁皮继续氧化产生红锈。有资料显示[30]，含 Si 量大于 0.2%的钢在进行热轧时完全防止麻点的产生是极度困难的。

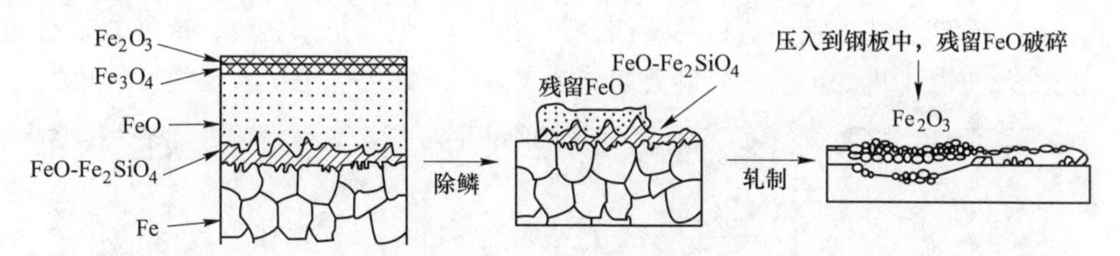

图 5-25 红色氧化铁皮的形成过程

对于碳钢来说，热轧过程中的高压水除鳞和较高的终轧温度是防止红色氧化铁皮产生的重要手段。针对硅钢来说，由于 Fe_2SiO_4 相和内氧化层的形成均会对维持氧化铁皮生长所需的 Fe 离子的扩散产生阻碍作用，导致 Fe 离子供给不足，使得氧化铁皮中容易形成高价 Fe 的氧化物，因此热轧硅钢表面易形成红色氧化铁皮。另外由于 Fe_2SiO_4 增加了热轧板表面氧化铁皮的黏附性，导致氧化铁皮不易去除干净，残留的氧化铁皮在后续轧制过程中破碎，造成其与空气接触更加充分；同时由于板带温度仍然较高，因此破碎后的氧化铁皮更容易被进一步氧化为 Fe_2O_3。Fe_2O_3 难溶于酸，因此不但会降低酸洗效率，也容易导致酸洗不净的情况，严重影响冷轧来料的表面质量。根据上面的分析，由于红色氧化铁皮的产生与氧化铁皮轧制破碎后的进步氧化密切相关，因此如果能够对热轧制后热轧硅钢板带在高温条件下的暴露于空气气氛中的时间或者其氧化温度进行控制，就会对红色氧化铁皮的产生起到抑制作用。对于热轧硅钢来说，卷取阶段热轧卷卷温依旧较高，氧化过程仍在进行，由于热轧硅钢表面的氧化铁皮处于贫氧条件，因此氧化过程将以消耗高价 Fe 氧化物的方式继续进行，将 Fe_2O_3 逐步转变为 Fe_3O_4

和 FeO，所以热轧硅钢红色氧化铁皮缺陷的控制策略应当立足于热轧后如何抑制其生长，和卷取后如何促进其转变。

5.6 翘皮

“翘皮”缺陷是材料搭叠区域为表面夹层，其形状和大小不一。这类缺陷呈带状或线状不规则地沿轧向分布在轧件的表面上，钢板边部出现较多，也有少部分位于皮下[31]。一般“翘皮”呈舌状或鱼鳞片状，有张开的和闭合的，有一部分与钢板本体相连，在对钢板进行表面检查时用肉眼即可辨认，特别小的表面夹层缺陷只有在对热轧板进行冷加工后才会显现[32]。图 5-26 所示为“翘皮”缺陷的宏观表面形貌。综合国内外研究成果，钢板表面“翘皮”缺陷产生机理可以概述为：热轧板表面“翘皮”缺陷主要来源于炼钢，即炼钢工序夹杂物[33~35]。“翘皮”缺陷形成于热轧的粗轧阶段，含有较多气泡和夹杂缺陷的连铸坯，在轧制过程中由于受到强烈延伸，铸坯表层中大量非金属夹杂物被破碎因而形成夹层状折叠[36~40]。另外，经过粗轧道次的变形，中间坯角部低温区在一定的立辊侧压作用下会产生超出板坯材料热塑性容限的变形，形成角部裂纹，这种裂纹在随后的变形过程中也会形成沿轧制方向的断续叠层，在终轧道次表现为“翘皮”。

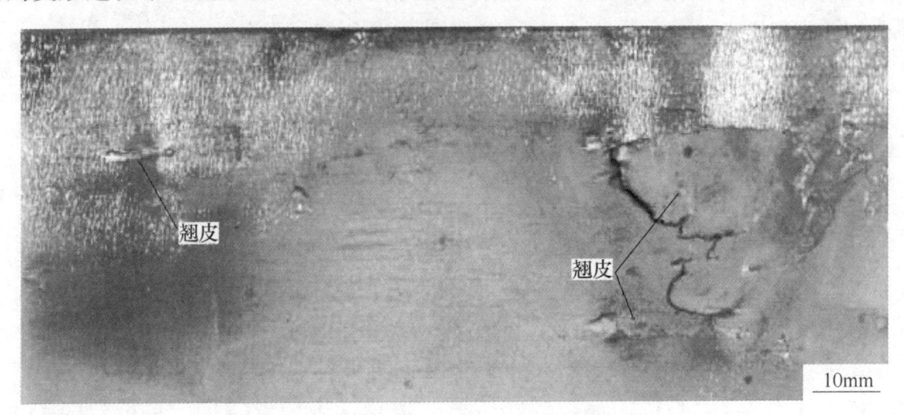

图 5-26　钢板表面“翘皮”缺陷形貌照片

5.7 麻点

麻点缺陷是在钢板表面形成局部或连续的粗糙面，分布着大小不一、形状各异的铁氧化物，脱落后呈现出深浅不同、形状各异的小凹坑或凹痕[41]，如图 5-27 所示。麻点缺陷是由于钢坯加热后表面生成的过厚的氧化铁皮（钢坯加热时有部分区域有过热现象）在轧制之前没有得到清理或清理不彻底，在轧制中氧化铁皮呈片状或块状等形态压入钢板本体，轧后氧化铁皮冷却收缩，受到震动时脱落，在钢板表面留下的大小不一、形状各异、深浅不同的小凹坑或凹痕。此外，煤气中的焦油喷射或燃烧的气体腐蚀，也会形成焦油麻点或气体腐蚀麻点[42]。对钢板表面质量的影响程度取决于麻点在钢板表面形成的凹坑或凹痕的深度及钢板对表面质量要求的严格程度。通常情况下，经过修磨清理后，其深度不超过相应标准规定者不影响使用[43]。

可以通过以下三种方式来预防麻点的产生：（1）按坯料规格及钢种的不同合理控制加热炉各段的加热温度，合理控制煤气（燃油）、空气配比、提高燃烧的充分性；（2）加热炉待温时要有效地控制烧嘴火焰的强度，避免火焰长时间对钢坯直接烧蚀；（3）保证高压水压力，确保除鳞效果。

图 5-27　钢板麻点缺陷形貌照片

5.8　龟裂

龟裂特征是钢板表面呈龟背状（网状）裂纹，一般长度较短，多呈弧形、人字形，方向各异[44]。多产生在含碳量较高或合金含量较高、合金数量较多的钢板表面，在钢板垛放期间有时会发生裂纹扩展，导致钢板判废，如图 5-28 所示。龟裂的成因：(1) 钢坯在较低温度进行火焰清理时，表面温度骤然升高引起热应力或在清理后的冷却过程中产生组织应力，使钢坯表面轻微炸裂[45]；(2) 钢坯加热温度或加热速度控制不当，造成钢坯局部过热（通常为钢坯的下加热面过热部分出现一定深度的脱碳层），降低了钢的塑性，在轧制中由于表面延伸产生龟裂；(3) 钢坯表面的网状裂纹或星形裂纹在轧制中扩展和开裂。龟裂缺陷产生的原因是，钢板的表面存在着一定的脱碳层，有时也伴随或衍生出其他形态的裂纹。就深度而言，基本都超过钢板的厚度公差之半，因此判废的可能性较高。

5.9　结疤

结疤特征在钢板表面呈现为舌状、块状、鱼鳞状压入或翘起薄片的金属片[46]。结疤缺陷可分为两种：一种是与钢的本体相连结，折合到表面上不易脱

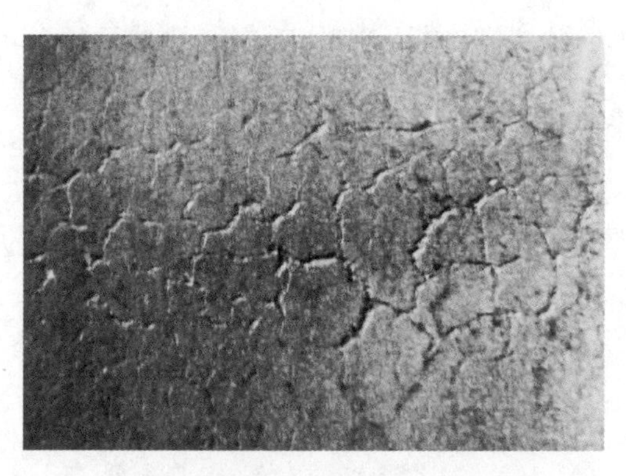

图 5-28　钢板龟裂缺陷形貌照片

落；另一种是与钢的本体无连结，但黏合到表面，易于脱落。结疤缺陷的大小不一、深浅不等，结疤下常附着较多的氧化铁皮或夹杂物，如图 5-29 所示。结疤的形成原因[47]是钢坏在高温下表面黏结了外来的金属物，如钢坯热切割时火焰切割渣铁的黏结；在辊道上输送时辊道表面黏附物（金属或金属氧化物）的压入；加热时滑轨表面黏附物的压入；加热炉底处堆积过厚的氧化渣铁的黏附在轧制过程中压入钢板表面。结疤在钢板上的分布较为分散，通常数量较少，面积有小有大，但修磨后凹痕的深度大都超过钢板的负公差之半，对钢板判定有一定的影响。

图 5-29　钢板结疤缺陷形貌照片

参 考 文 献

[1] 崔风平，房轲，唐愈．几种典型中厚板材外观缺陷的种类、形态及成因［J］．宽厚板，2006，12（5）：16~20.

[2] 沈黎晨．热轧宽厚板表面氧化铁皮的研究［J］．宽厚板，1996，2（5）：9~11.

[3] 齐慧滨，钱余海，王炜．船板表面麻坑缺陷成因及应对措施［J］．世界钢铁，2010，3（10）：39~43.

[4] Son I H，Lee J D，Choi S. Deformation behavior of the surface defects of low carbon steel in wire rod rolling［J］. Journal of Materials Processing Technology，2008，201（1）：91~96.

[5] 郭秀莉，杨大军，高晓龙．SS400 热轧带钢表面麻点缺陷攻关［J］．鞍钢技术，2003，5（2）：49~52.

[6] 赵朝晖，王景，程永固．热轧中厚板麻点缺陷的控制措施［J］．河南冶金，2009，17（4）：37~39.

[7] 姜亚飞．连铸板坯轧制中板的表面缺陷［J］．钢铁，1998，33（8）：27~30.

[8] Ray A，Mukherjee D，Dhua S K. Microstructural features of sliver defects in hot-rolled low-carbon steel sheets［J］. Journal of Materials Science Letters，1993，12（2）：1148~1150.

[9] Kiyoshi Kusabiraki，Ryoko Watanabe，Tomoharu Ikehat. High-temperature oxidation behavior and scale morphology of Si-containing steel［J］. ISIJ International，2007，47（9）：1329~1334.

[10] Zhao B，Vanka S P，Thomas B G. Numerical study of flow and heat transfer in a molten flux Layer［J］. Surface & Coatings Technology，2005，2（4）：105~118.

[11] 李对廷，路艳平，王宇．邯钢 CSP 生产线麻面翘皮缺陷的分析与控制［J］．轧钢，2005，5（4）：35~37.

[12] 邵广丰，李欣波，夏晓明．梅钢热轧带钢粗条状氧化铁皮压入攻关［J］．梅山科技，2009，7（1）：37~43.

[13] Lundberg S E，Gustafsson T. The influence of rolling temperature on roll wear investigated in a new high temperature testing［J］. Journal of Materials Processing Technology，1994，42（3）：239~291.

[14] Loung L H S，Heijkoop T. The influence of scale on friction in hot metal working［J］. Wear，1981，71（1）：93~102.

[15] Stevens P G，Iven K P，Harper P. Increased work-roll life by improved roll-cooling practice［J］. Journal of the Iron and Steel Institute，1971，209（1）：1~11.

[16] 杨连宏，刘雅政，周乐育．430 铁素体不锈钢热轧过程黏结行为对表面质量的影响［C］. 2009 全国塑性加工理论与新技术学术研究会，2009：352~355.

[17] 张丽，李鑫，郑宏光．国外铁素体不锈钢黏辊行为试验研究进展［J］．世界钢铁，2009（6）：39~46.

[18] 任贤霖，马文博．超纯铁素体不锈钢热轧生产控制方法［J］．宝钢技术，2009（6）：47~50.

[19] Jin W，Choi J Y，Lee Y Y. Effect of roll and rolling temperature on sticking behavior of ferritic stainless steels［J］. ISIJ International，1998，38（7）：739~743.

[20] Jin W，Choi J Y，Lee Y Y. Nucleation and growth process of sticking particles in ferritic stainless steel［J］. ISIJ International，2000，40（8）：789~793.

[21] Dae Jin H，Hyo Kyung S，Sunghak L，et al. Analysis and prevention of sticking occurring during hot rolling of ferritic stainless steel［J］. Materials Science and Engineering：A，2009，

507 (1-2): 66~73.

[22] Dae Jin H, Yong Jin K, Jong Seog L, et al. Effect of alloying elements on sticking behavior occurring during hot rolling of modified ferritic STS430J1L stainless steels [J]. Metallurgical and Materials Transactions A, 2009, 40 (5): 1080~1089.

[23] Son C Y, Kim C K, Ha D J, et al. Mechanisms of sticking phenomenon occurring during hot rolling of two ferritic stainless steels [J]. Metallurgical and Materials Transactions A, 2007, 38A (9): 2776~2787.

[24] Kato O, Kawanami T. Investigation of scoring of hot rolling rolls Ⅰ: an experimental method for simulation of scoring of rolls during hot strip rolling of stainless steels [J]. Journal of JSTP, 1987, 28: 264~271.

[25] Kato O, Kawanami T. Investigation of scoring of hot rolling rolls Ⅱ: propagation process of scoring of rolls during hot strip rolling of stainless steel [J]. Journal of JSTP, 1989, 30: 103~109.

[26] Yang Yu-Ling, Yang Cheng-Hsien, Lin Szu-Ning, et al. Effects of Si and its content on the scale formation on hot-rolled steel strips [J]. Materials Chemistry and Physics, 2008, 112 (4): 566~571.

[27] Tomoki Fukagawa, Hikaru Okana, Hisao Fujikawa. Effect of P on Hydraulic-descaling-ability in Si-added Hot-rolled Steel Sheets [J]. Steel and Iron, 1997, 83 (5): 19~24.

[28] Hikara Okada, Tomoki Fukagawa, Haruhiko Ishihara , et al. Prevention of red scale formation during hot rolling of steels [J]. ISIJ International, 1995, 35 (7): 886~891.

[29] Fukagawa T, Okada H, Maehara Y. Mechanism of red scale defect formation in Si-added hot-rolled steel plate [J]. ISIJ International, 1994, 34 (11): 906~911.

[30] 苏国安. 中厚板表面麻点产生原因及预防措施 [J]. 钢铁, 1999, 34 (10): 32~33.

[31] 陈新. 减少热轧钢板表面翘皮缺陷试验研究 [D]. 沈阳: 东北大学, 2006.

[32] Irving W R. Online quality control for continuously casting sels [J]. Ironmaking and Steelmaking, 1991, 17 (3): 197~202.

[33] Yano M, Kitamura S, Harashina K, et al. Improvement of RH refining technology for the production of uitra low carbon and low nitrogen steel [C]//Steelmaking Conference Proceedings, 1994, 77 (2): 117~120.

[34] Billany. Surface cracking in continuously cast products [J]. Ironmaking and Steelmaking, 1991, 18 (6): 403~410.

[35] 许健勇. 热轧来料及冷轧工艺对连轧机出口板形的影响 [J]. 宝钢技术, 2003, 5 (1): 60~64.

[36] Park D G, Levoi M P, Haneghem A I. Practical application of online hot strip inspection system at hoogovens [J]. Iron and Steel Engineer, 1995, 72 (7): 40~43.

[37] Srikanth S, Amitava Ray, Chaudhuri S K. On the occurrences of "frizzle-type" surface defects in a hot-rolled steel plate [J]. Technical Article-peer-reviewed, 2009, 9 (3): 275~281.

[38] Kimura H. Advances in high purity IF steel manufacturing technology [J]. Nippon Steel Technical Report, 1994, 2 (6): 61~65.

[39] Ray A, Mukherjee D, Dhua S K, et al. Microstructure feature of sliver defects in hot-rolled low-carbon steel sheets [J]. Journal of Materials Science Letters, 1993, 12 (1): 1148~1150.

[40] Takeuchi Shuji. Control of oscillation mark during continuous casting [C]//Steelmaking Conference Proceedings, 1991, 74: 73~77.

[41] 张维云. 中厚钢板麻点分析与处理 [J]. 宽厚板, 2009, 15 (3): 20~23.

[42] 苏国安. 中厚板表面麻点产生原因及预防措施 [J]. 钢铁, 1999, 34 (10): 32~33.

[43] Teshima T, Kubota J, Suzuki M. Influence of casting conditionson molten steel flowin continuous casting mold [J]. Tetsu-to-hagane, 1993, 79 (5): 576~579.

[44] 王雷, 张思勋, 董俊华, 等. Mn-Cu 的表面龟裂 [J]. 金属学报, 2010, 46 (6): 723~728.

[45] 刘意, 吕佐明. 热轧宽板表面龟裂问题的分析 [J]. 南方金属, 158 (2): 14~17.

[46] 董光军. 钢板结疤的原因分析与解决措施 [J]. 连铸, 2011, 2 (2): 41~43.

[47] 彭凯, 刘雅政, 谢彬, 等. 热轧板结疤缺陷成因分析 [J]. 钢铁, 2007, 42 (3): 44~46.

6 氧化铁皮对热轧钢材耐大气腐蚀行为的影响

热轧板是热轧类产品中比重最大的品种，一般作为成品直接出售或者作为后续冷轧生产的原料。绝大多数直接供货的热轧板均没有外包装，在运输和存储过程中环境的大气腐蚀和捆包进水并滞留会导致局部电化学缝隙腐蚀而使热轧钢板表面发生锈蚀或者呈现严重的“麻坑”状腐蚀形貌[1]，引发用户质量异议。Collazo[2]对带有氧化铁皮的碳钢的电化学腐蚀行为进行了研究，发现氧化铁皮会显著降低碳钢的腐蚀速率；Perez[3]利用 EIS 技术研究了 3 种不同成分的热轧钢板，发现合金元素能在氧化铁皮层中富集，从而会显著影响钢板的耐腐蚀性。Macak[4]利用 EIS 和电化学噪声检测技术研究了在高温水蒸气条件下不锈钢表面形成的氧化铁皮层，发现氧化铁皮在本质上是半导体。近年来，随着热轧板使用范围的逐步扩大以及下游企业生产管理规程和要求的提高，热轧类产品的表面锈蚀受到越来越多的关注。

钢板在精轧阶段会形成“三次氧化铁皮”，这种氧化铁皮经过卷取后会继续生长，并发生先共析反应和共析反应等一系列相变过程，导致热轧带钢表面最终获得的氧化皮组成和结构与高温状态下明显不同。显然，热轧带钢表面的最终氧化皮能够对基体提供一定的保护，热轧带钢产品的氧化层结构、腐蚀机理以及微量合金元素对耐蚀性都具有重要的影响，卷取过程中不同部位的冷却速度和供氧情况差异也会使钢卷不同部位形成的氧化膜的防护性能存在差别，对其进行研究有助于加深对热轧类产品锈蚀行为和机理的认识，并有可能通过热轧生产工艺的适当调整优化氧化皮结构，从源头改善氧化铁皮的保护性。

6.1 热轧板氧化铁皮对基体钢耐候性的影响

实验室干湿交替加速腐蚀试样取自 4 种工艺条件下的 510L 钢。将钢板表面生成的 4 种结构氧化铁皮分别命名为类型Ⅰ、类型Ⅱ、类型Ⅲ和类型Ⅳ，热轧实验工艺见表 6-1。

表 6-1 热轧带钢工艺

试样	精轧开轧温度/℃	终轧温度/℃	卷取温度/℃	取样方式
1号	1030	890	565	冷取样
2号	1020	880	580	冷取样

续表 6-1

试样	精轧开轧温度/℃	终轧温度/℃	卷取温度/℃	取样方式
3 号	1010	885	590	冷取样
4 号	1030	892	575	热取样

6.1.1 干湿交替加速腐蚀实验

为了进行对比研究，将每个试验钢分别制成表面带有氧化铁皮的和无氧化铁皮的两种试样，共 8 组，每组含有 8 个平行试样。将每组试验钢切割成 40mm×40mm 的方形，试样厚度为钢板的原始厚度。先用 800 号、1000 号、1200 号、1500 号砂纸将无氧化铁皮试样逐级打磨，并将所有试样用酒精清洗，再用丙酮去油、酒精脱水、吹干，然后贴上标签标记放入保护箱中以防表面氧化。将环氧树脂和凝固剂以 4∶1 比例混合均匀作为封闭剂将试样封闭，用 502 胶水将腐蚀表面边缘再次封闭，以防止腐蚀面扩大，仅在表面留下 30mm×30mm 的方形面作为腐蚀表面，并作标记加以区分，如图 6-1 所示为加速腐蚀实验的试样实物。制样完成，放入干燥皿备用。

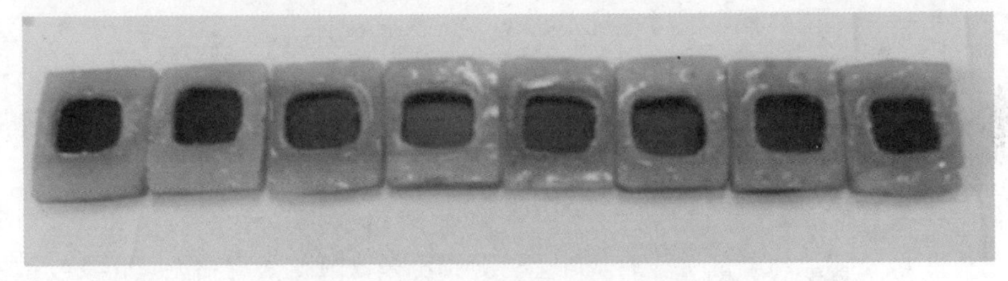

图 6-1 用作加速腐蚀实验的试样实物

干湿交替加速腐蚀实验采用的腐蚀液：0.005mol/L 的 $NaHSO_3$ 溶液，溶液的 pH 值为 4.5，腐蚀时按单位面积 40μL/cm^2 滴加；清洗液：去离子水；温度：30℃；湿度（RH）：60%；腐蚀时间：本实验历时 80 周期，每个周期 12h。

干湿交替腐蚀实验的流程：

（1）用电子天平称量试样的初始重量，并记录；

（2）称重后的试样采用微量进样器抽取腐蚀液平铺在试样的腐蚀面上；

（3）把滴加腐蚀液的试样放入恒温恒湿箱内干燥 12h；

（4）试样干燥后取出，在电子天平上称重，并记录；再用去离子水清洗试样锈层中的盐粒，以避免盐粒在腐蚀表面沉聚，但不要把锈冲洗掉。清洗 10min 后将去离子水倒掉，自然风干后采用进样器向腐蚀面添加腐蚀液，使液体均匀平铺于整个腐蚀面上。

重复步骤（3）和（4），直至完成规定的周期。试样在整个腐蚀过程中的状态如图 6-2 所示。

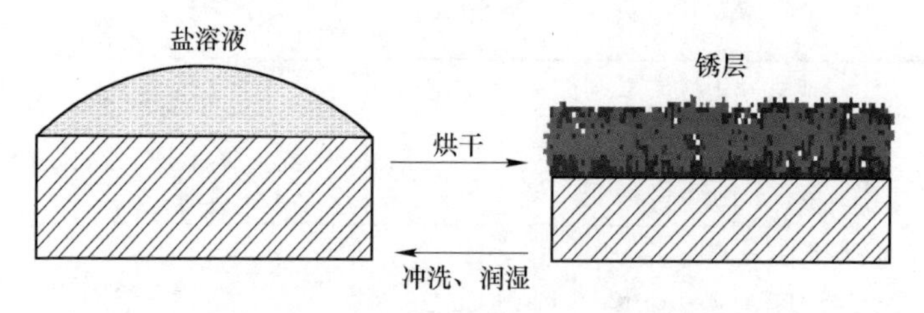

图 6-2　试样在干湿交替腐蚀过程中的状态

根据不同周期腐蚀后试样的称重数据可以绘制腐蚀增重量与腐蚀时间的关系曲线，计算公式如下：

$$\Delta W = \frac{1000(m_i - m_0)}{S} \tag{6-1}$$

式中　m_i——第 i 次试样称重质量，mg；

m_0——腐蚀前试样的原始重量，g；

S——试样的工作面积，即腐蚀面积，cm^2；

ΔW——单位面积腐蚀增重量，g/cm^2。

干湿交替加速腐蚀实验结果后，采用 SEM 和 EDS 对不同周期的锈层进行表面形貌和断面形貌的分析，采用 XRD 对不同周期的腐蚀锈层产物进行物相分析。

6.1.2　电化学实验

在干湿交替加速腐蚀实验的基础上，分别测量带氧化铁皮和无氧化铁皮试样的电极化曲线，并测量出不同试样的自腐蚀电位和自腐蚀电流。在此基础上，计算出每种类型的氧化铁皮的孔隙率，以此对不同类型的氧化铁皮的致密性和耐蚀性做进一步分析。

实验设备：CHI600B 电化学工作站；实验温度：常温 25℃；实验溶液：3% NaCl 溶液；参比电极：标准饱和甘汞电极（SCE）；辅助电极：Pt 电极；扫描电位：$-0.5 \sim 0.5\text{V}\text{vs}E_{corr}$（相对于自腐蚀电位）；电解槽：电解槽为敞口，测量过程中未充气；取样：分别取带 4 种类型氧化铁皮的未经过腐蚀的试样和与之相对应的去除氧化铁皮的基体钢试样，取试样表面 10mm×10mm 的工作面。要求工作面的光洁度要好，不能有划痕和凹坑，以免影响腐蚀实验的精度。在试样工作面的背面露出实验基体钢，清洁后焊接上带有绝缘皮的铜导线，待干燥后可作为工作电极，放入干燥皿中保存待用。电化学实验采用三电极体系，工作电极面积是 10mm×10mm 的带氧化铁皮和基体钢电极，标准饱和甘汞电极为参比电极（SCE），辅助电极为 Pt 电极，工作电极与参比电极之间采用盐桥相连。

6.1.3 氧化铁皮金相组织分析

四种氧化铁皮断面形貌如图 6-3 所示。图 6-3a 中氧化铁皮由 Fe_3O_4、共析产物（Fe_3O_4+Fe）和少量残留的 FeO 构成，其中 FeO 的共析转变量超过 70%；图 6-3b中氧化铁皮由 Fe_3O_4、共析产物和少量残留的 FeO 构成，其中 FeO 的共析转变量小于 50%；图 6-3c 中氧化铁皮由 Fe_3O_4、残留的 FeO 和先共析 Fe_3O_4 构成，在整个铁皮层中无共析转变；图 6-3d 中氧化铁皮是由 Fe_3O_4 和 FeO 层构成。

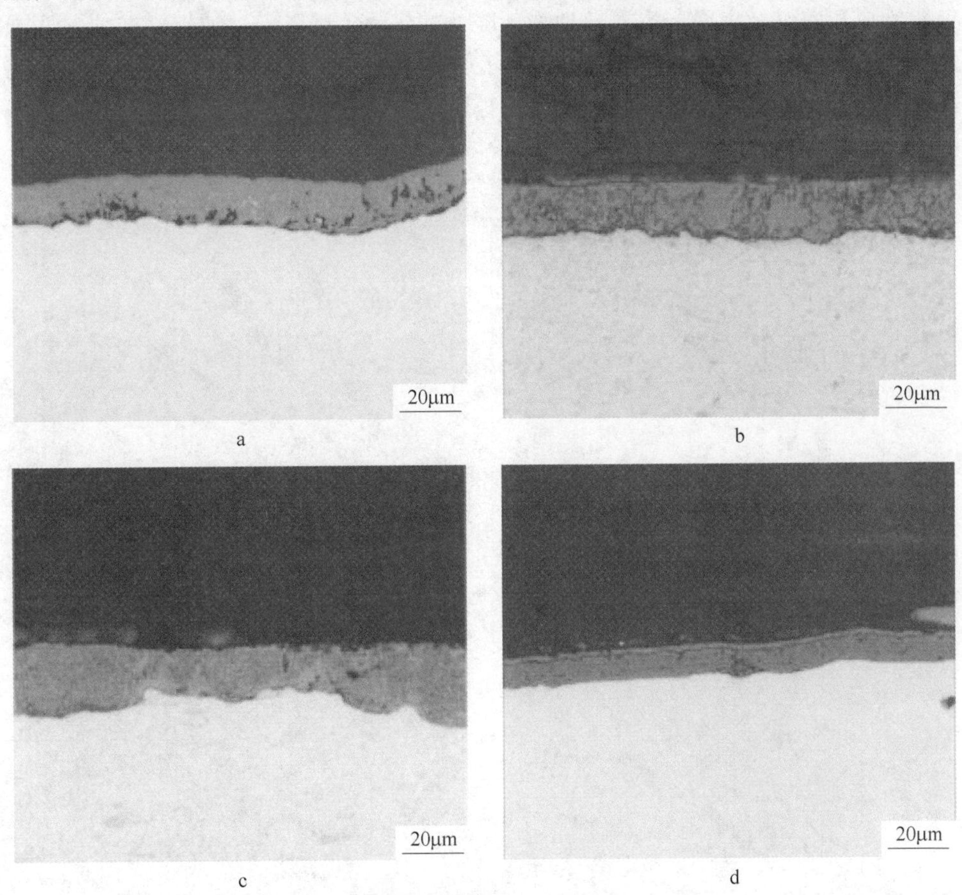

图 6-3 氧化铁皮的断面形貌

a—类型Ⅰ；b— 类型 Ⅱ；c— 类型 Ⅲ；d—类型 Ⅳ

6.1.4 腐蚀动力学分析

经过相同条件下 80 周期腐蚀后的腐蚀增重量与腐蚀时间的关系曲线如图 6-4 所示。从类型Ⅰ的腐蚀增重曲线可以看出，从腐蚀初期到腐蚀结束，带有氧化铁皮的试样的腐蚀增重量与不带铁皮的试样的增重量相差无几，说明类型 Ⅰ的氧化铁皮对基体几乎没有保护作用，起不到抵御腐蚀的效果。类型Ⅱ、类型Ⅲ和类型Ⅳ的带氧化铁皮的腐蚀增重量均小于不带铁皮的试样的增重量，并且在腐蚀初期增重量相差不大，随着腐蚀时间的延长，两者的腐蚀增重量差别逐渐增大。腐蚀 80 周期后，类型 Ⅱ铁皮试样的腐蚀增重量是不带铁皮的 1. 57 倍，类型Ⅲ是 2. 01 倍，而类型Ⅳ是 2. 74 倍。这充分说明了类型Ⅳ的氧化铁皮对基体的耐大气腐蚀性最好。文献［5］说明热轧带钢表面的氧化铁皮几乎是不导电的绝缘体，氧化铁皮覆盖钢板表面，主要起到物理屏蔽的作用，可以提高钢板表面的耐腐蚀性能。通过图 6-4 的对比可以看出，除了类型 Ⅰ以外，其余 3 种类型的氧化铁皮在基体钢的表面覆盖都可以起到减缓钢板基体腐蚀量的作用，这基本上和文献中的结论相一致。

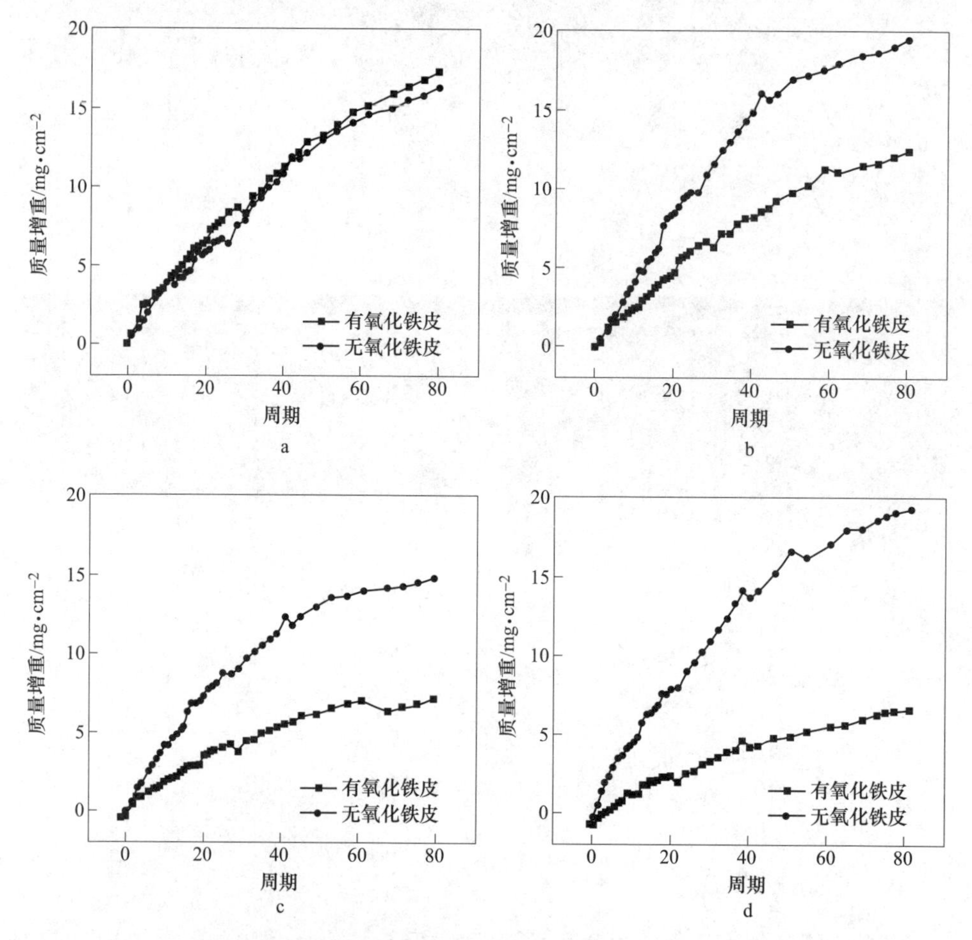

图 6-4　4 种不同类型的带氧化铁皮试样与不带铁皮试样的腐蚀增重量对比

a—类型 Ⅰ；b—类型 Ⅱ；c—类型 Ⅲ；d—类型 Ⅳ

从图 6-5 可以看出，在腐蚀的初期，由于钢板表面的氧化铁皮直接与腐蚀液接触，氧化铁皮很容易发生化学反应，因此全部试样的腐蚀速率均较大，4 种类型氧化铁皮的屏蔽作用并没有表现出来；在腐蚀的中期（40 周期），此时发生的主要是电化学反应，在氧化铁皮的表面已经生成一层锈层，锈层已经将氧化铁皮表面完全覆盖，因此生成的锈层也延缓了腐蚀作用，使得腐蚀中期的腐蚀速率较腐蚀前期有所下降；在腐蚀的后期，全部试样的腐蚀速率都在减缓，并且 4 种类型氧化铁皮之间的抗腐蚀能力差别逐渐增大。4 种氧化铁皮类型的腐蚀增重量与腐蚀时间均呈现抛物线关系。其中类型 Ⅰ 的腐蚀增重量最大，类型 Ⅳ 的腐蚀增重量最小。这个结论与上述实验的结论相一致。在上述实验中，类型 Ⅰ 的氧化铁皮基本对钢板基体没起到抗腐蚀的作用，因此类型 Ⅰ 氧化铁皮的腐蚀增重量是最大的。类型 Ⅳ 氧化铁皮对钢板基体的抗腐蚀能力最好，因此类型 Ⅳ 氧化铁皮的腐蚀增重量最小。腐蚀时间为 80 周期时，类型 Ⅰ、类型 Ⅱ、类型 Ⅲ 的腐蚀增重量分别是类型 Ⅳ 的 2.46 倍、1.75 倍和 1.21 倍。

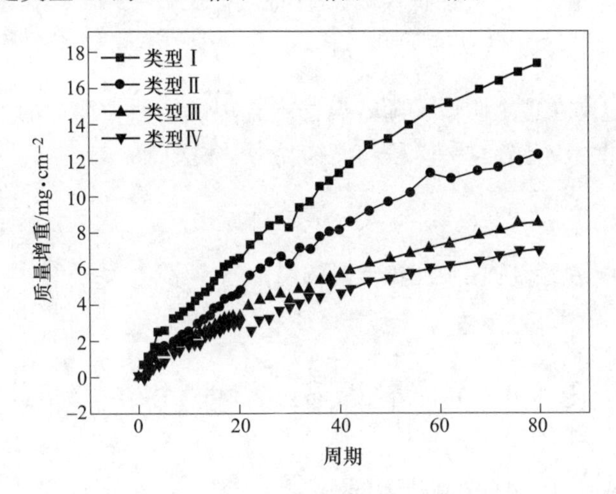

图 6-5　4 种类型的氧化铁皮试样的腐蚀增重量与腐蚀时间的关系曲线

从带有 4 种结构氧化铁皮实验钢的腐蚀增重量与腐蚀时间的关系曲线可以看出，整个的腐蚀过程可以划分为两个阶段，如图 6-6 所示。在初始阶段，腐蚀液与钢板表面的氧化铁皮直接接触，腐蚀液与氧化铁皮充分反应，迅速地生成腐蚀产物，在这一阶段，界面反应是控制性步骤。这个阶段的腐蚀动力学符合直线规律，因此腐蚀动力学模型为：

$$m(t) = K_r t \tag{6-2}$$

式中　K_r——界面反应为控制性步骤时的腐蚀速率常数。

在中后期阶段，随着腐蚀时间的增加，在腐蚀液与氧化铁皮之间形成一层有一定厚度的腐蚀产物层。当腐蚀产物层达到一定厚度时，控制性步骤由界面反应

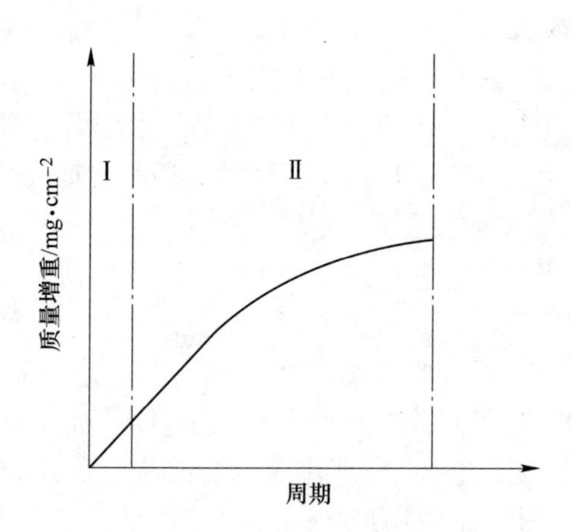

图 6-6　腐蚀过程的两个阶段

Ⅰ—界面反应为控制性步骤；Ⅱ—扩散反应为控制性步骤

转变为扩散反应。在这个阶段，随着腐蚀产物层的增厚，腐蚀的速率将会变小，符合抛物线规律，因此在这一阶段的腐蚀动力学模型为：

$$m(t) = K_d\sqrt{t} + C \tag{6-3}$$

式中　K_d——扩散反应为控制性步骤时的腐蚀速率常数；

m——质量增重；

t——时间；

C——积分常数（它表明在第二阶段的腐蚀开始前，试样表面已经有一薄层的腐蚀锈层）。

因此整个试验过程的腐蚀动力学模型为：

$$m(t) = K_r t\ ,\ t < t_c$$

$$m(t) = K_d\sqrt{t} + C\ ,\ t \geqslant t_c \tag{6-4}$$

式中　t_c——第一阶段向第二阶段转变的临界时间。

当 $t<t_c$ 时，腐蚀反应还处于第一阶段；当 $t \geqslant t_c$ 时，反应已经进入到第二阶段。图 6-7 所示为带有类型Ⅳ氧化铁皮试样的腐蚀增重实验数据和根据腐蚀动力学模型拟合出的腐蚀动力学曲线的对比。通过图 6-7 可以看出，根据腐蚀动力学模型拟合出来的结果与实验结果十分吻合，因此这个腐蚀动力学模型符合带氧化铁皮试样的整个腐蚀过程。通过拟合得出带 4 种不同类型氧化铁皮试样的腐蚀速率常数 K_r、K_d 和转变临界时间 t_c，见表 6-2。

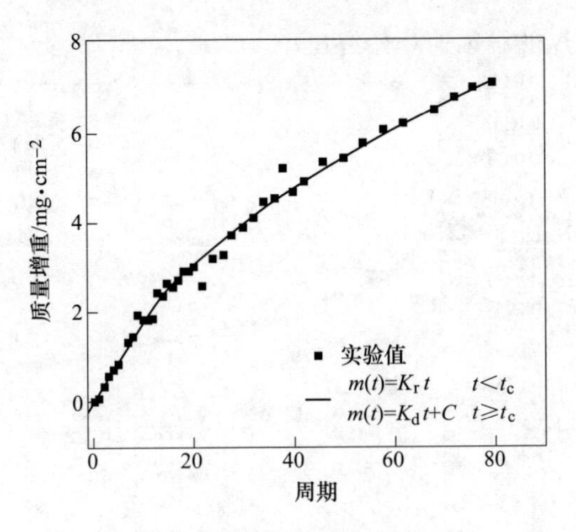

图 6-7 腐蚀增重与模型回归对比

表 6-2 腐蚀速率常数 K_r、K_d 和 t_c

试 样	K_r	K_d	t_c/周期
类型Ⅰ	0.63395	1.9422	1
类型Ⅱ	0.42622	1.46149	3
类型Ⅲ	0.34494	1.07664	4
类型Ⅳ	0.18565	0.917	8

K_r 和 K_d 值代表了腐蚀的严重程度，K_r 和 K_d 值越大，腐蚀越严重[6]。通过表 6-2 得知 $K_{r\text{I}} > K_{r\text{II}} > K_{r\text{III}} > K_{r\text{IV}}$，$K_{d\text{I}} > K_{d\text{II}} > K_{d\text{III}} > K_{d\text{IV}}$，说明带有类型Ⅰ氧化铁皮的试样腐蚀增重最大，腐蚀最严重；带有类型Ⅳ氧化铁皮的试样腐蚀增重最小，腐蚀最轻微。$t_{c\text{I}} < t_{c\text{II}} < t_{c\text{III}} < t_{c\text{IV}}$，说明类型Ⅰ氧化铁皮在腐蚀 1 周期时，试样表面就形成了一定厚度的氧化铁皮，界面反应就已经结束，随着腐蚀时间延长，腐蚀液中的 H^+、SO_4^{2-} 和 HSO_3^- 就要通过扩散作用与氧化铁皮和基体中的 Fe^{2+} 和 Fe^{3+} 发生反应。哪种氧化铁皮的临界转变时间 t_c 越短，说明这种氧化铁皮的结构越不耐腐蚀。

图 6-8 所示为具有不同结构氧化铁皮试样的腐蚀速度与腐蚀时间的关系曲线。从图中可以看出，在氧化铁皮的表面锈层一旦形成将发生锈层的氧化作用。初始形成的锈层产物和氧化铁皮保持一定的共格关系以降低表面能，使得界面处的弹性应变能较大[7]，变形较难，因此在腐蚀的初期一般存在裂纹。锈层中存在的裂纹和孔洞使得腐蚀介质容易渗入，直接接触氧化铁皮，加速腐蚀，所以在腐蚀初期带有 4 种类型氧化铁皮的试样的腐蚀速度均较大。随着腐蚀时间的延长，在腐蚀的后期，氧化铁皮表面锈层厚度增加，生成的腐蚀产物会加速锈层中缺陷的愈合，阻碍腐蚀介质继续进入，使得锈层致密化，腐蚀速率明显减小。从图 6-8 中可以看出，类型Ⅳ的铁皮的耐蚀能力明显好于其他类型的氧化铁皮，在

腐蚀介质中，类型Ⅳ的腐蚀速率始终最小。

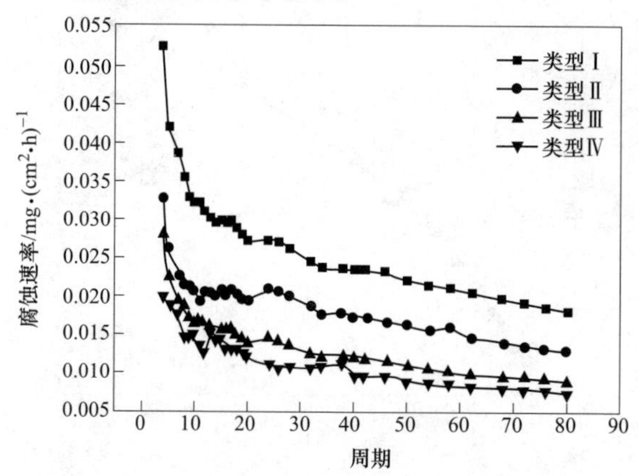

图 6-8　带 4 种类型氧化铁皮试样的腐蚀速度与时间的关系曲线

6.1.5　表面形貌分析

图 6-9 所示为带类型Ⅰ和类型Ⅳ氧化铁皮试样在不同腐蚀时间时的宏观表面

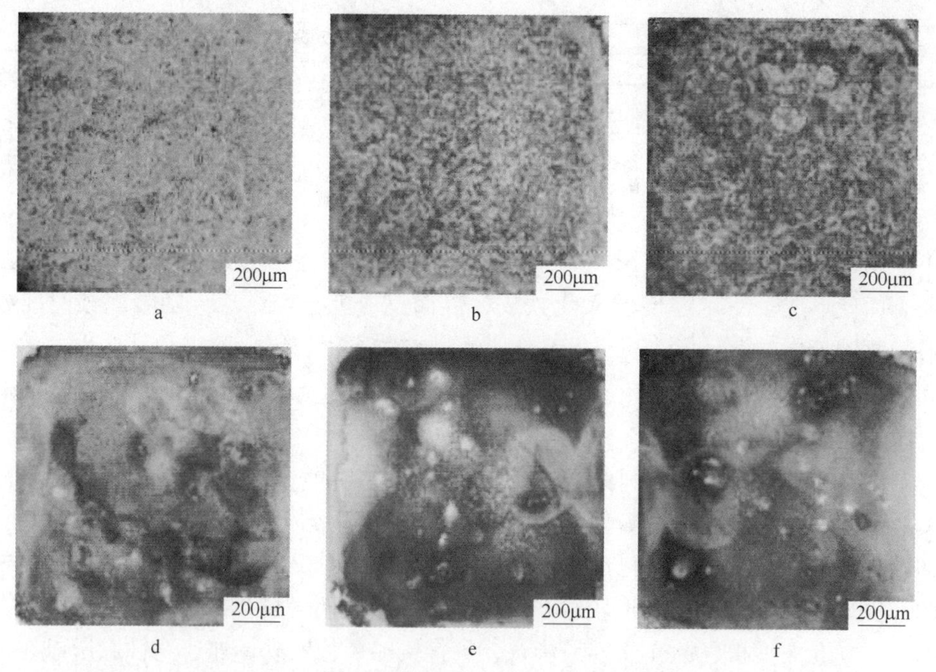

图 6-9　不同腐蚀周期带类型Ⅰ和类型Ⅳ氧化铁皮的试样锈层表面的宏观形貌

a—带类型Ⅰ氧化铁皮的试样，20 周期；b—带类型Ⅰ氧化铁皮的试样，46 周期；
c—带类型Ⅰ氧化铁皮的试样，70 周期；d—带类型Ⅳ氧化铁皮的试样，20 周期；
e—带类型Ⅳ氧化铁皮的试样，46 周期；f—带类型Ⅳ氧化铁皮的试样，70 周期
（扫描书前二维码看彩图）

形貌。腐蚀时间为20周期时，带类型Ⅰ氧化铁皮的试样表面已经覆盖了一层黄色的锈层，随着腐蚀时间的延长，锈层的颜色逐渐变深，46周期后锈层呈褐色，70周期后锈层的颜色又变成深褐色。带类型Ⅳ氧化铁皮的试样在相同的腐蚀时间内，与类型Ⅳ氧化铁皮的试样完全不同。腐蚀时间20周期时，氧化铁皮的表面并没有被锈层覆盖，只有在部分位置处有凹凸不平的腐蚀产物生成。46周期时，锈层在氧化铁皮上的覆盖面增大，但铁皮也没有被完全覆盖。时间延长至70周期时，锈层已完全覆盖氧化铁皮表面，但锈层的厚度较薄，肉眼观察还能看见蓝黑色的氧化铁皮。从宏观形貌可以看出，相同的腐蚀周期，不同类型的氧化铁皮对钢板基体的保护作用是不同的，并且差别较大，这一结论与图6-5的腐蚀增重曲线结论一致。

图6-10所示为带氧化铁皮的试样与基体钢试样经过46腐蚀周期后的宏观表

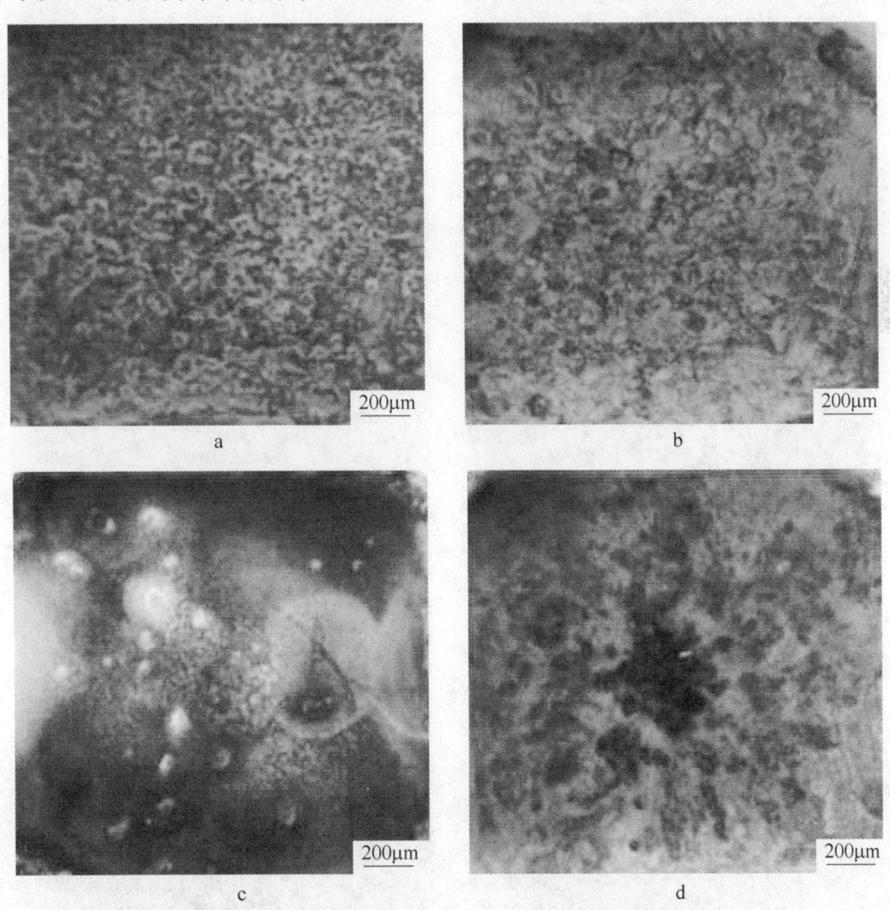

图6-10 带氧化铁皮试样与基体钢试样46周期后锈层表面的宏观形貌

a—类型Ⅰ氧化铁皮试样；b—类型Ⅰ对应裸钢试样；c—类型Ⅳ氧化铁皮试样；d—类型Ⅳ对应裸钢试样

（扫描书前二维码看彩图）

面形貌。带类型Ⅰ氧化铁皮试样的表面呈褐色，表面形成的锈层较疏松，腐蚀产物较多，呈现明显不均匀的凹凸形状。类型Ⅰ对应的基体钢的表面锈层同样呈褐色，但表面形成的锈层很致密，钢的基体表面已完全覆盖了锈层。带类型Ⅳ氧化铁皮试样的表面只有少量的腐蚀产物，但对应的基体钢的试样表面已呈褐色，部分区域发黑，说明腐蚀严重。

图 6-11 所示为腐蚀 40 周期时不同氧化铁皮类型试样腐蚀产物的微观表面形貌。带类型Ⅰ和类型Ⅱ氧化铁皮试样的表面被蜂窝状的腐蚀产物覆盖，可以看出锈层的表面很疏松，含有较多的孔洞和微裂纹，这些孔洞和裂纹为腐蚀液进一步扩散提供了通道。带类型Ⅲ和类型Ⅳ氧化铁皮试样的表面被细小的颗粒状的锈层覆盖，结合得较好并且比较致密，尤其是类型Ⅳ的锈层表面最为致密，腐蚀产物颗粒最小。因此类型Ⅲ和类型Ⅳ氧化铁皮对钢板基体的保护较好，这一结论与图 6-5 的实验结果相符合。

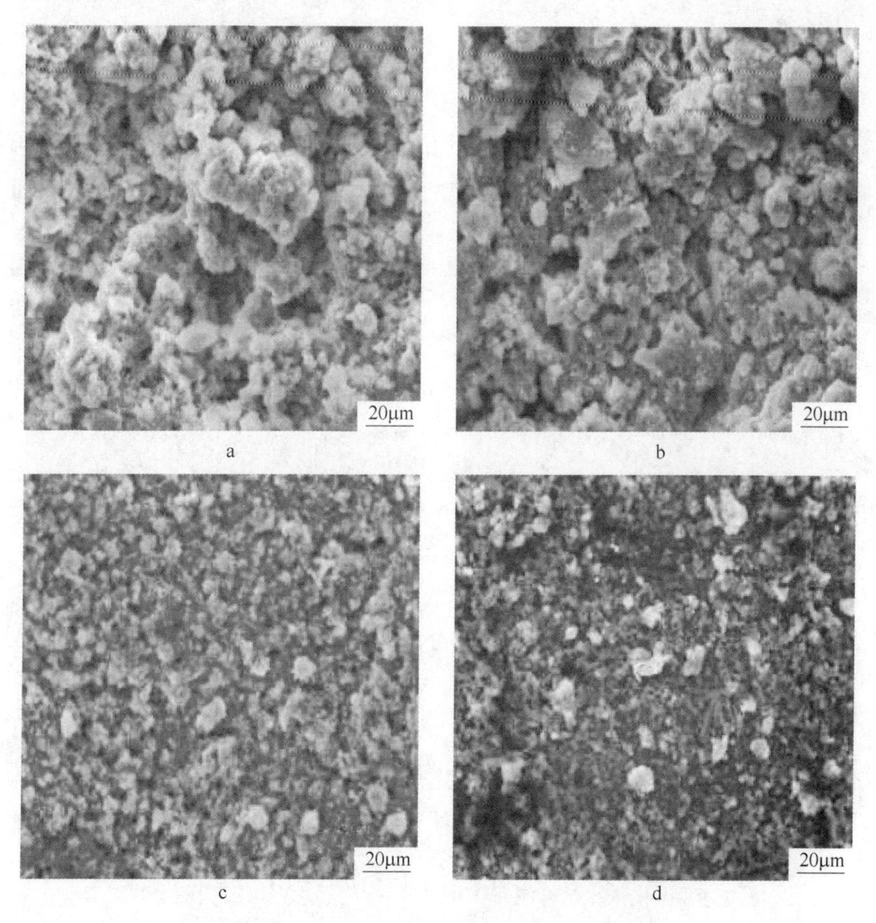

图 6-11　带氧化铁皮试样的 SEM 微观形貌

a—类型Ⅰ；b—类型Ⅱ；c—类型Ⅲ；d—类型Ⅳ

图 6-12 所示为带类型Ⅰ~Ⅳ的氧化铁皮试样和与之相对应的基体钢试样腐蚀 50 周期的微观表面形貌。两个基体钢试样的表面都出现了大量的花纹状锈斑，说明这两个试样的表面腐蚀严重，并且锈层表面含有较多的孔洞，因此试样还有进一步腐蚀的趋势。带有类型Ⅰ氧化铁皮的试样表面也出现了花纹状锈斑，说明类型Ⅰ氧化铁皮对钢板基体的保护性较差。带有类型Ⅳ的氧化铁皮试样表面非常致密，在腐蚀 50 周期后表面生成的锈层颗粒非常细小、致密，说明类型Ⅳ氧化铁皮对钢板基体的保护性极好。

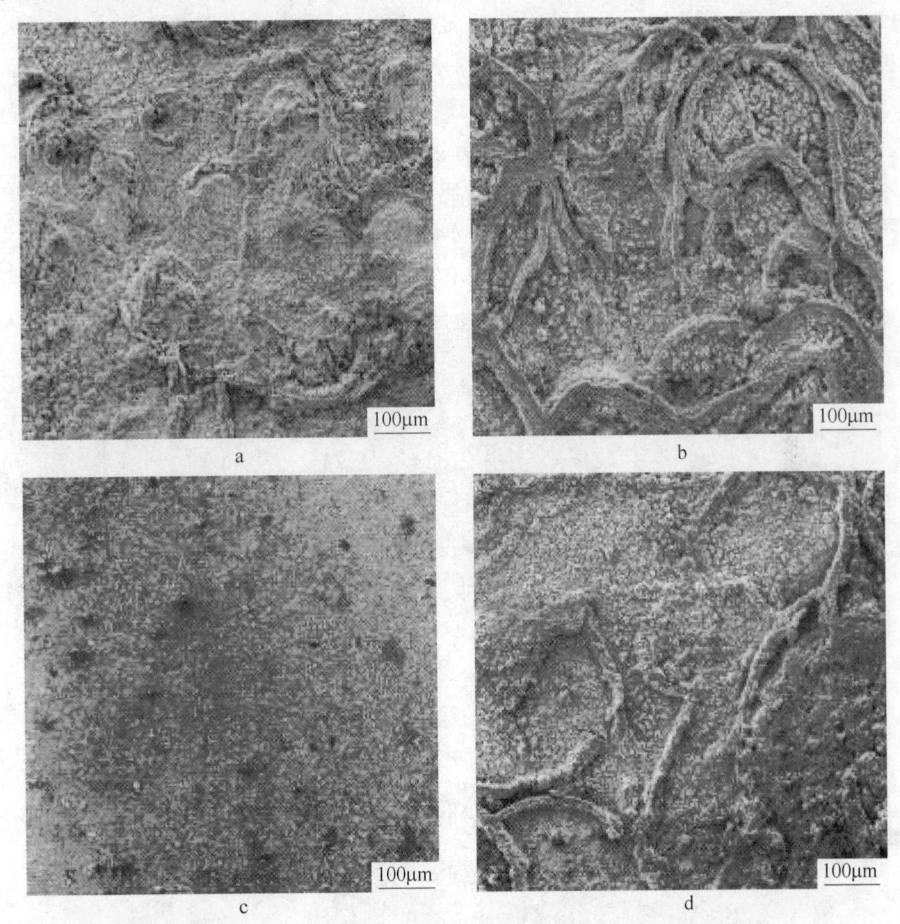

图 6-12 带氧化铁皮与裸钢试样腐蚀 50 周期后的微观表面形貌
a—类型Ⅰ；b—类型Ⅱ；c—类型Ⅲ；d—类型Ⅳ

6.1.6 断面形貌分析

图 6-13 所示为带类型Ⅰ和类型Ⅳ氧化铁皮的试样经过不同的腐蚀时间后的断面形貌。在 20 周期时，在氧化铁皮的表面已经生成了厚度约为 23μm。在氧化

铁皮表面生成的锈层称为外锈层；腐蚀液穿过氧化铁皮层并已经腐蚀基体，此处生成的锈层称为渗透锈层或内锈层。在氧化铁皮与基体的部分界面处已经有腐蚀液渗透进来腐蚀了基体，形成了渗透锈层，说明渗透区域处氧化铁皮已经失去了保护作用。腐蚀时间延长至 50 周期时，带类型Ⅰ氧化铁皮的试样的外锈层厚度增大，渗透锈层的深度也加大；腐蚀 70 周期后，外锈层的厚度增大到 49μm，渗透锈层的厚度也增大到 35μm。渗透锈层已完全覆盖整个界面，氧化铁皮已完全失去了保护作用。带类型Ⅳ氧化铁皮的试样腐蚀 20 周期后氧化铁皮表面锈层的厚度非常小，用肉眼几乎不可见，此时氧化铁皮与基体结合紧密，并没有腐蚀和渗透；时间延长至 50 周期时，外锈层厚度为 3μm，在个别界面处有腐蚀液深入，但渗透层的厚度非常小，在整个界面处氧化铁皮的保护作用明显；腐蚀 70 周期时，外锈层的厚度增大为 25μm，在部分区域也发现腐蚀液渗入，形成渗透锈层，但厚度仅为 5μm。通过断面形貌可以看出，类型Ⅳ氧化铁皮对钢板基体的保护作用明显好于类型Ⅰ氧化铁皮。腐蚀 70 周期时，带类型Ⅰ氧化铁皮试样的锈层厚度是类型Ⅳ的 2.8 倍，这一结果与腐蚀增重曲线的结果基本一致。

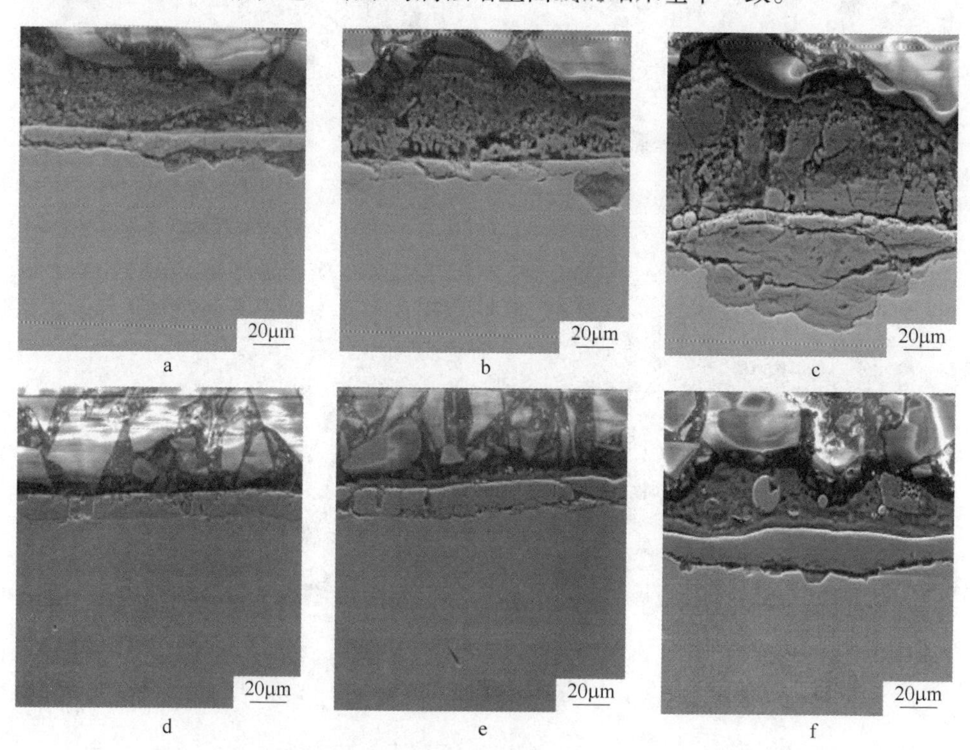

图 6-13　不同腐蚀阶段带类型Ⅰ和类型Ⅳ氧化铁皮试样的断面形貌

a—带类型Ⅰ氧化铁皮的试样，20 周期；b—带类型Ⅰ氧化铁皮的试样，50 周期；
c—带类型Ⅰ氧化铁皮的试样，70 周期；d—带类型Ⅳ氧化铁皮的试样，20 周期；
e—带类型Ⅳ氧化铁皮的试样，50 周期；f—带类型Ⅳ氧化铁皮的试样，70 周期

6.1.7　腐蚀产物分析

图 6-14 所示为具有四种结构氧化铁皮试样与各自对应的基体钢试样经过 80 周期的干湿交替腐蚀后形成的腐蚀产物的 XRD 图谱。可以看出具有 4 种结构氧化铁皮试样生成的腐蚀产物都是 γ-FeOOH、α-FeOOH 和 Fe_3O_4。目前的研究表明钢铁腐蚀产物主要有 γ-FeOOH、α-FeOOH、β-FeOOH 和 Fe_3O_4 等[8]。在干湿交替腐蚀实验的初期，在 $NaHSO_3$ 溶液的作用下，发生活化区的阳极反应为：

$$Fe_2O_3 + 6H^+ + 2e \longrightarrow 2Fe^{2+} + 3H_2O \tag{6-5}$$

$$Fe_3O_4 + 8H^+ + 2e \longrightarrow 3Fe^{2+} + 4H_2O \tag{6-6}$$

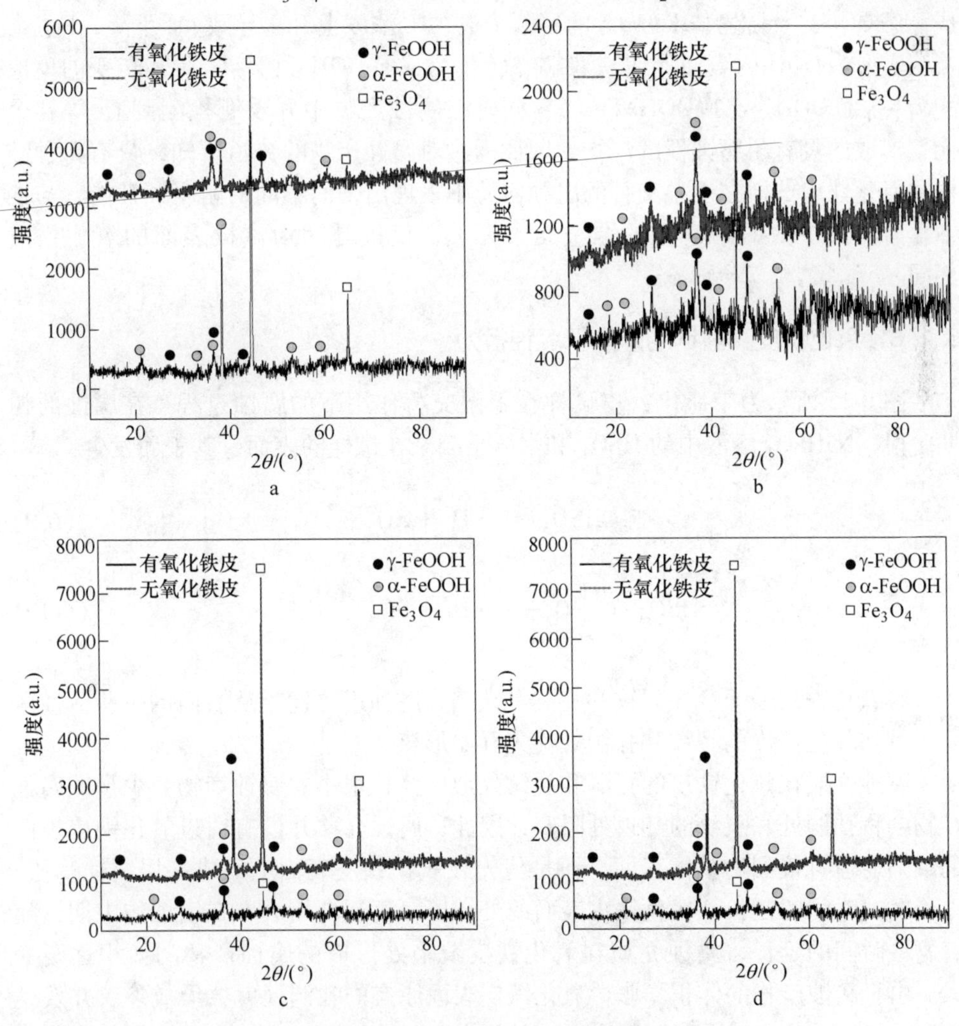

图 6-14　腐蚀产物 XRD 图谱

a—类型 Ⅰ；b—类型 Ⅱ；c—类型 Ⅲ；d—类型 Ⅳ

阴极区将发生氧的去极化作用：

$$O_2 + 2H_2O + 4e \longrightarrow 4OH^- \tag{6-7}$$

$$Fe^{2+} + 2OH^- \longrightarrow Fe(OH)_2 \tag{6-8}$$

在 O_2 和 H_2O 的参与下，$Fe(OH)_2$ 很容易被氧化成 $Fe(OH)_3$，即铁锈。当腐蚀速度较快时，很容易造成缺氧，发生反应：$Fe^{2+} \rightarrow FeO \rightarrow Fe_3O_4$，可形成 Fe_3O_4，同时 Fe 以 $[Fe(OH)_2]^+$ 形式存在。在本实验中，在干湿交替的作用下，试样表面的 pH 值将发生变化。当 pH 值接近中性时，在试样的表面会快速的形成 γ-FeOOH。伴随着 γ-FeOOH 的不断生成，H^+ 浓度上升会导致 pH 下降，Fe^{2+} 会吸附在 γ-FeOOH 的表面促使其溶解并转化为 α-FeOOH 和 Fe_3O_4，其转变的反应式为：γ-FeOOH→α-FeOOH+Fe_3O_4。同时在腐蚀产物中并没有检测到 Cr 等合金元素形成的具有耐腐蚀性的产物，因此通过对腐蚀产物的分析可知，具有 4 种结构的氧化铁皮试样在干湿交替的腐蚀实验中表现出来的不同的耐腐蚀性能，与钢中含有的极少数的耐候性的合金元素无关，仅仅是因为试样表面的氧化铁皮不同。

6.1.8 氧化铁皮实验钢的耐大气腐蚀行为

图 6-15 所示为带氧化铁皮试样在干湿交替作用下的腐蚀过程。在腐蚀的初期阶段，$NaHSO_3$ 溶液中的 HSO_3- 和水分子凝聚在试样的表面，其表面发生：

$$HSO_3^- \longrightarrow H^+ + SO_3^{2-} \tag{6-9}$$

$$HSO_3^- + \frac{1}{2}O_2 \longrightarrow H^+ + SO_4^{2-} \tag{6-10}$$

在氧化铁皮表面存在裂纹和孔洞等缺陷，腐蚀产物优先从表面的一些活性区域，例如氧化铁皮的裂纹和孔洞处优先开始形核。

腐蚀介质在氧化铁皮的孔洞和裂纹处形成体积很小的腐蚀产物。少量的腐蚀产物会将孔洞处和裂纹的开口处阻塞，因此，腐蚀介质并没有通过氧化铁皮表面的缺陷通道直接到达基体表面，而是优先在氧化铁皮表面上形成一层腐蚀锈层。随着腐蚀时间的延长，氧化铁皮表面的外锈层厚度逐渐增大。在腐蚀的中期，随着腐蚀时间的延长，腐蚀介质在氧化铁皮缺陷处形成的腐蚀产物的体积逐渐变大。由于腐蚀产物的体积膨胀，氧化铁皮表面原有的孔洞处就会形成裂纹并发生扩展，腐蚀介质会沿着断裂通道到达基体表面，这时将发生铁的自溶解反应。同一条件下氧化铁皮的稳定电位应比测得的有氧化铁皮的试样的稳定电位还要正，也比基体钢的电位正得多[9]，因此一旦有腐蚀介质侵入到钢基体的表面处，便会在钢基体处快速形成内锈层的腐蚀核，这样便形成了以腐蚀核为阳极，以氧化铁皮为阴极的小阳极-大阴极的电偶腐蚀电池；又由于氧化铁皮的电位要比基体钢的电位正得多，因此在很短的时间内基体钢上的腐蚀核会快速长大。随着腐蚀时间的继续延长，外锈层的厚度会继续长大。在氧化铁皮与基体结合面处形成的腐蚀核逐渐长大，最后会在结合面处形成一层内锈层，并且内锈层还会继续向基体处扩展，这时氧化铁皮已经完全失去了保护作用。

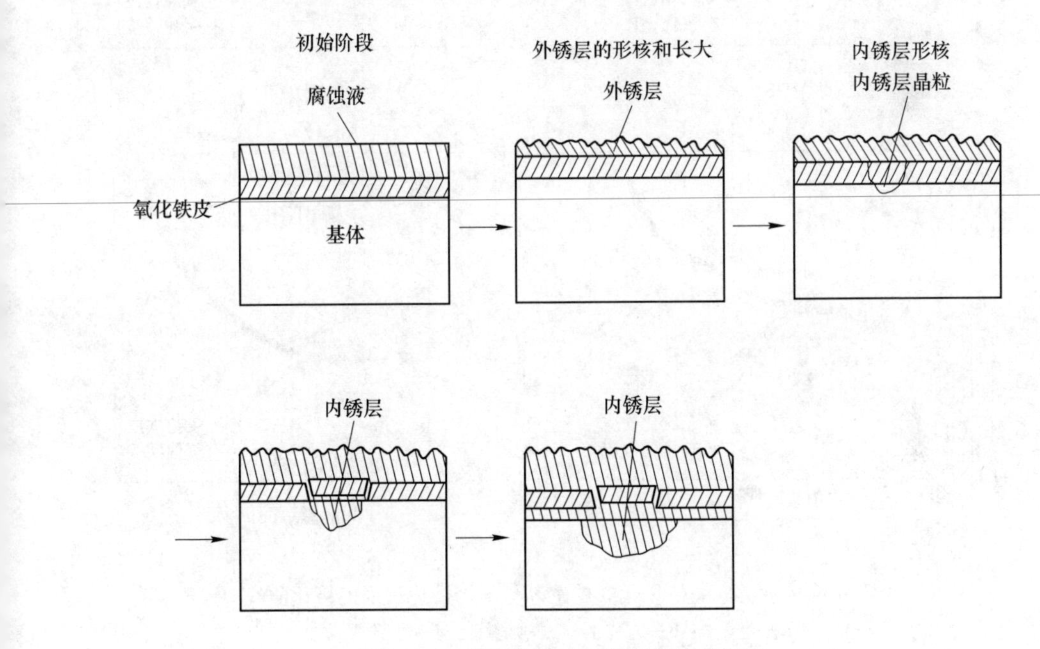

图 6-15　带氧化铁皮实验钢的腐蚀过程

6.2　热轧板氧化铁皮对基体钢腐蚀电化学行为的影响

6.2.1　极化曲线

图 6-16 所示为具有 4 种结构的氧化铁皮试样与相对应的基体试样在 3%NaCl 溶液中的极化曲线。当试样表面带有氧化铁皮时，通过极化曲线测得的自腐蚀电位和自腐蚀电流密度均为氧化铁皮与基体钢的混合电位和混合电流密度[10]。与基体钢的极化曲线相比，无论是哪种类型，氧化铁皮的极化曲线均向左移动，自腐蚀电位均正移，但移动的量有所差别。

带有 4 种类型氧化铁皮的实验钢与对应的不带氧化铁皮的基体钢在 3%NaCl 溶液中的电化学参数见表 6-3。

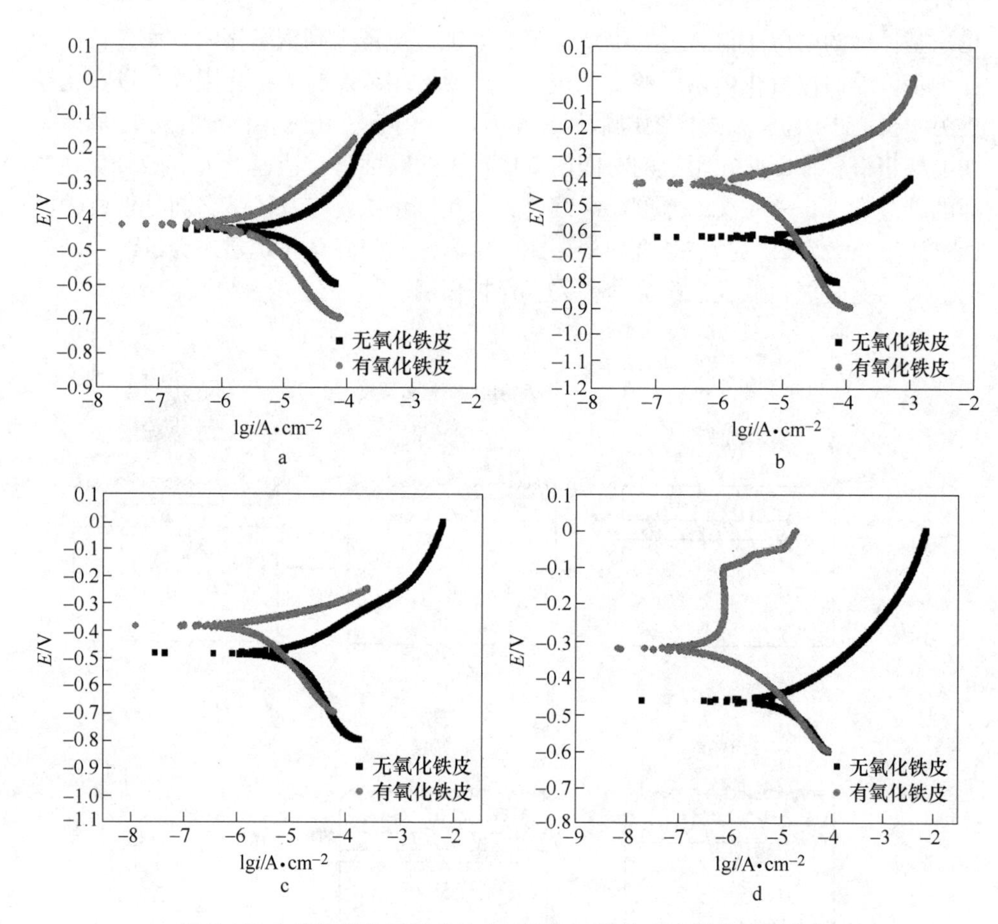

图 6-16　4 种类型的带氧化铁皮试样与不带铁皮试样的极化曲线

a—类型 Ⅰ；b—类型 Ⅱ；c—类型 Ⅲ；d—类型 Ⅳ

表 6-3　自腐蚀电位和自腐蚀电流密度

试　样	样品表面状态	腐蚀电位/V	腐蚀电流/A · cm^{-2}
类型 Ⅰ	有氧化铁皮	−0. 4240	3. 151×10^{-6}
	无氧化铁皮	−0. 4406	1. 487×10^{-5}
类型 Ⅱ	有氧化铁皮	−0. 4200	2. 099×10^{-6}
	无氧化铁皮	−0. 6258	1. 771×10^{-5}
类型 Ⅲ	有氧化铁皮	−0. 3842	1. 631×10^{-6}
	无氧化铁皮	−0. 4832	1. 539×10^{-5}
类型 Ⅳ	有氧化铁皮	−0. 3209	7. 866×10^{-7}
	无氧化铁皮	−0. 4627	1. 150×10^{-6}

图 6-17 所示为具有 4 种类型的氧化铁皮试样的极化曲线。从图 6-17 可以看出，带有类型Ⅳ氧化铁皮的试样测得的自腐蚀电位最正，自腐蚀电流密度最小，从电化学的角度说明，带有类型Ⅳ氧化铁皮的基体钢的腐蚀倾向是最小的，这与干湿交替加速腐蚀的实验结果是一致的。

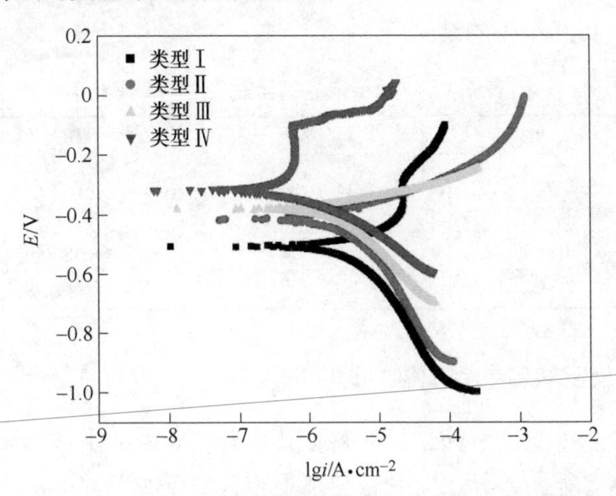

图 6-17 带有 4 种类型的氧化铁皮的试样的极化曲线

6.2.2 氧化铁皮孔隙率的测定

由于轧制过程导致氧化铁皮本身存在大量裂纹、孔洞等缺陷，故带氧化铁皮热轧钢板的腐蚀电化学行为是由介质通过这些缺陷与金属基体反应形成的。氧化铁皮的缺陷数量与腐蚀电流成正比。如果覆盖氧化铁皮完全没有缺陷，则其表面为完全绝缘状态，孔隙率为 0，该条件下腐蚀电流为 0%；如果覆盖的氧化铁皮存在完全缺陷，孔隙率为 1，即相当于无氧化铁皮的裸金属，则该条件下腐蚀电流为 100%。氧化铁皮孔隙率越高，流过的腐蚀电流越大；反之，腐蚀电流越小。因此，覆盖的氧化铁皮金属的腐蚀电流与氧化铁皮孔隙率成正比，即氧化铁皮孔隙率可以表达为[11]：

$$R_{corr,f} = I_{corr,f}/I_{corr,o} \tag{6-11}$$

式中 $I_{corr,f}$，$I_{corr,o}$ ——带氧化铁皮和不带氧化铁皮试样的腐蚀电流密度。

通过式（6-11）计算得到的不同类型氧化铁皮的孔隙率见表 6-4。通过表 6-4 可以看出，在 4 种氧化铁皮结构中，类型Ⅰ氧化铁皮的孔隙率最高，为 21.19%，而类型Ⅲ氧化铁皮的孔隙率最低，为 10.60%。其中值得一提的是，类型Ⅳ氧化铁皮的孔隙率为 12.66%，并不是最低值，因为在类型Ⅳ氧化铁皮的结构中，除了在氧化铁皮的最外侧含有一层较薄的 Fe_3O_4 外，其余的均为 FeO。由于 FeO 为 p 型金属不足的半导体，其化学式应写成 $Fe_{1-y}O$，在 FeO 中含有较多的阳离子空位和缺陷，所以类型Ⅳ氧化铁皮的孔隙率为 12.66%。但相对于类型Ⅰ氧化铁皮的孔隙率来说，其余 3 种结构的氧化铁皮的孔隙率较为接近。

通过计算 4 种结构的氧化铁皮的自腐蚀电位、腐蚀电流密度和孔隙率得知，具有不同结构氧化铁皮的基体钢，其腐蚀是氧化铁皮的电化学行为和氧化铁皮中的孔隙率的数量相互作用的结果。

表 6-4　不同结构的氧化铁皮的孔隙率

试　样	孔隙率/%
类型Ⅰ	21.19
类型Ⅱ	11.85
类型Ⅲ	10.60
类型Ⅳ	12.66

6.2.3　氧化铁皮实验钢的耐腐蚀机理

由电化学检测得知，不同结构的氧化铁皮和相对应的基体钢组成试样的腐蚀电位和腐蚀电流有很大差异，尤其是类型Ⅰ和类型Ⅳ的腐蚀电流之差达到一个数量级。原因可能是类型Ⅰ的氧化铁皮是由最外侧的很薄的一层 Fe_3O_4 和内侧的呈片层状交替存在的共析组织 Fe_3O_4 和 Fe 组成，如图 6-18 所示。由于 Fe 和 Fe_3O_4 本身存在着电位差，片层状交替存在的 Fe_3O_4 和 Fe 就构成了一个个小的腐蚀电池。由于在氧化铁皮外侧的 Fe_3O_4 层较薄，因此，共析产物中的 Fe 会析出在氧化铁皮层的表面，由于 Fe 粒子的腐蚀电位比 Fe_3O_4 的腐蚀电位更负，所以 Fe 粒子就在由共析组织组成的腐蚀微电池中成为微阳极[11]，如图 6-19 所示。图 6-19a 中 1 位置是较薄的 Fe_3O_4 层，2 位置是共析产物 Fe 粒子，图 6-19b 为 Fe 粒子。在 $NaHSO_3$ 腐蚀液的作用下，除了氧化铁皮表面的裂纹和孔洞外，这些 Fe 粒子也构成了一个个活性点。所以在较短的时间内，腐蚀液就可以在类型Ⅰ氧化铁皮的表面上将这些微阳极优先溶解掉[12]，快速地形成局部腐蚀。因此，腐蚀电位较负，自腐蚀电流较大是带有类型Ⅰ氧化铁皮的实验钢易快速腐蚀的原因之一。

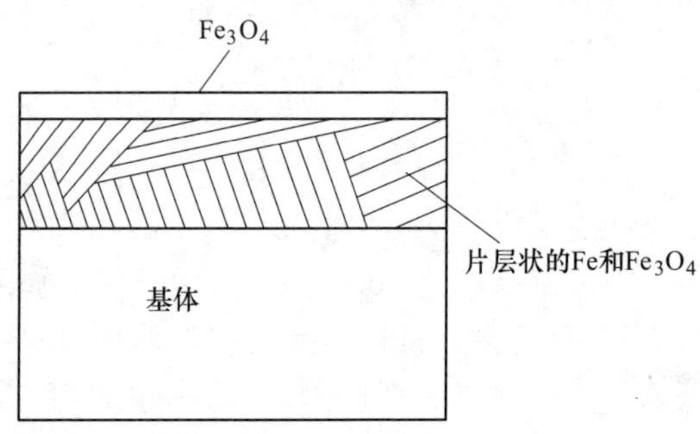

图 6-18　类型Ⅰ氧化铁皮结构

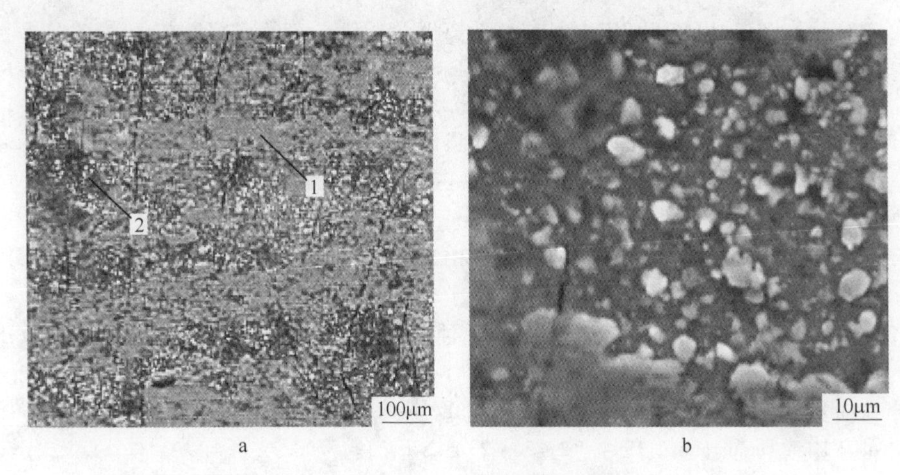

图 6-19 类型Ⅰ氧化铁皮表面形貌

a—类型Ⅰ氧化铁皮的表面形貌；b—类型Ⅰ氧化铁皮表面 Fe 粒子的形貌

由于本研究采用的试样均为现场成品取样，因此钢板表面的氧化铁皮中会产生较多的裂纹和表面缺陷。热轧钢板表面氧化铁皮中含有的裂纹和缺陷越多，腐蚀介质越容易通过裂纹扩散到基体表面，引起腐蚀过程。所以氧化铁皮的孔隙率大小也是衡量氧化铁皮耐蚀性的重要指标。通过电化学极化曲线测得的不同结构氧化铁皮的孔隙率如表 6-4 所示。可以看出类型Ⅰ氧化铁皮的孔隙率较其他 3 种结构氧化铁皮的孔隙率都大，所以综合电化学和孔隙率的原因，判定带有类型Ⅰ氧化铁皮的实验钢最容易腐蚀，这与我们的实验结果一致。值得一提的是，从腐蚀动力学的数据得知带有类型Ⅳ氧化铁皮的实验钢的腐蚀增重量最小，但通过极化曲线测得的类型Ⅳ氧化铁皮的孔隙率在 4 种结构的氧化铁皮中并不是最小的，其原因可能是：在腐蚀的过程中，带有氧化铁皮的实验钢的腐蚀主要受两个因素控制：一个是氧化铁皮与基体钢的混合腐蚀电位和自腐蚀电流，另一个因素是氧化铁皮的孔隙率。在这两个因素的共同作用下，带有氧化铁皮的基体钢在腐蚀介质中发生腐蚀。从实验结果看出，在本实验的条件下，氧化铁皮与基体钢的混合腐蚀电位和自腐蚀电流起主导作用，所以带有类型Ⅳ氧化铁皮的基体钢最耐腐蚀。

参 考 文 献

[1] 张华，钱余海，齐慧滨．汽车热轧钢板的锈蚀行为及预防措施［J］．腐蚀与防护，2008，29（6）：316~318，333.

[2] Collazo A，N'ovoa X R，P'erez C，et al. EIS study of the rust converter effectiveness under dif-

ferent conditions [J]. Electrochimica Acta, 2008, 53 (1): 7565~7574.

[3] Perez F J, Martinez L, Hierro M P, et al. Corrosion behaviour of different hot rolled steels [J]. Corrosion Science, 2006, 48 (5): 472~480.

[4] Jan Macak, Petr Sajdl, Pavel Kucera. In situ electrochemical impedance and noise measurements of corroding stainless steel in high temperature water [J]. Electrochimica Acta, 2006, 51 (7): 3566~3577.

[5] 何爱花，孟洁，王佳，等. 表面氧化膜对 B510L 热轧钢板腐蚀行为的影响 [J]. 中国腐蚀与防护学报，2008，28 (4)：197~200.

[6] 李晓刚，董超芳，肖葵，等. 金属大气腐蚀初期行为与机理 [M]. 北京：科学出版社，2009：61~67.

[7] Schutze M. An approach to a global model of the mechanical behavior of oxide scale [J]. Material of High Temperature, 1994, 12 (3): 237~247.

[8] Meng G Z, Zhang C, Cheng Y F. Effects of corrosion product deposit on the subsequent cathodic and anodicreactions of X-70 steel in near-neutral pH solution [J]. Corrosion Science, 2008, 50 (1): 3116~3122.

[9] Dong C F, Xue H B, Li X G, et al. Electrochemical corrosion behavior of hot-rolled steel under oxide scale in chloride solution [J]. Electrochimica Acta, 2009, 54 (1): 4223~4228.

[10] 曹楚南. 腐蚀电化学原理 [M]. 北京：化学工业出版社，2008：143~145.

[11] 魏宝明. 金属腐蚀理论及应用 [M]. 北京：化学工业出版社，2002：145~148.

[12] 杨熙珍，杨武. 金属腐蚀电化学热力学 [M]. 北京：化学工业出版社，1991：133~134.

7 热轧带钢免酸洗短流程制备技术

受能源和环境约束，钢铁行业的绿色可持续发展刻不容缓。全球主要钢铁企业已经充分认识到只有变革工艺流程，研发突破性技术，才能取得钢铁业的突破性进展。氢是清洁能源，随着氢气制造和存储技术的提高，低成本氢气在钢铁行业中大规模应用具有光明前景。将氢气用于钢铁制造工艺是变革性技术研发的热点之一，全球的钢铁企业相继推出许多与氢气冶金相关的研发项目。瑞典钢铁公司、安赛乐米塔尔、蒂森克虏伯集团、韩国浦项等相继开展氢炼铁技术的研发，日本早在2008年就启动了氢气还原冶炼的基础研究工作，COURSE50技术已确认可减少 CO_2 排放10%，该课题的目标是减排30%。我国的宝武集团和河钢集团在2019年先后推出自己的氢能源研究计划。作为一种替代传统酸洗的清洁除鳞方式，利用 H_2、CO等气体还原氧化铁皮除鳞开始受到学者的关注。本章主要介绍氢气还原热轧氧化铁皮的一些结果，并且利用还原退火炉将热轧氧化铁皮还原为纯铁，提高基板对锌液的润湿性，形成一种绿色高效的短流程热轧带钢免酸洗还原热镀锌工艺。

7.1 氢气还原热轧带钢表面氧化铁皮

7.1.1 热轧带钢表面氧化铁皮中的孔隙

氧化铁皮中的孔隙包括穿过整个氧化铁皮层的贯穿性裂纹、孔隙和未贯穿氧化铁皮层的孔隙和迷宫度等。图7-1所示为热轧板试样在过饱和的 $CuSO_4$ 溶液中浸泡8h后的试样表面形貌，试样表面的凸起颗粒即为质换产物Cu。图7-1a中置换Cu的分布呈现明显的条带状，可见该处氧化铁皮中的缺陷应该为贯穿性裂纹，这些裂纹导致基体金属暴露在过饱和的 $CuSO_4$ 溶液中，发生置换反应，产物为单质Cu。由于单质Cu沿着裂纹持续生长，最终造成试样表面的条带状形貌。由图7-1b可以看出，单质Cu在试样表面一簇一簇地孤立分布，表明除了贯穿性裂纹外，在氧化铁皮中还存在不连续的点状孔隙。试样表面置换生成的单质Cu除了呈条带状、簇状分布外，还有许多尺寸较小的立方体单质Cu，如图7-1c所示。这种体积微小的立方体单质Cu分布很广，但生长缓慢，其产生的机制可能是由氧化铁皮中共析组织的少量单质 α-Fe与 $CuSO_4$ 置换反应生成的。由此可见，氧化铁皮中存在大量的孔隙，包括贯穿性裂纹和孔隙，这些缺陷的存在，使氧化铁皮在氢气还原时氢气能够透过孔隙直接到达氧化铁皮与基体界面处，在表层氧化铁皮发生还原反应的同时，孔隙壁及氧化铁皮与基体界面处的氧化物也发生还原反应，同时造成氧化铁皮还原产物的复杂结构。

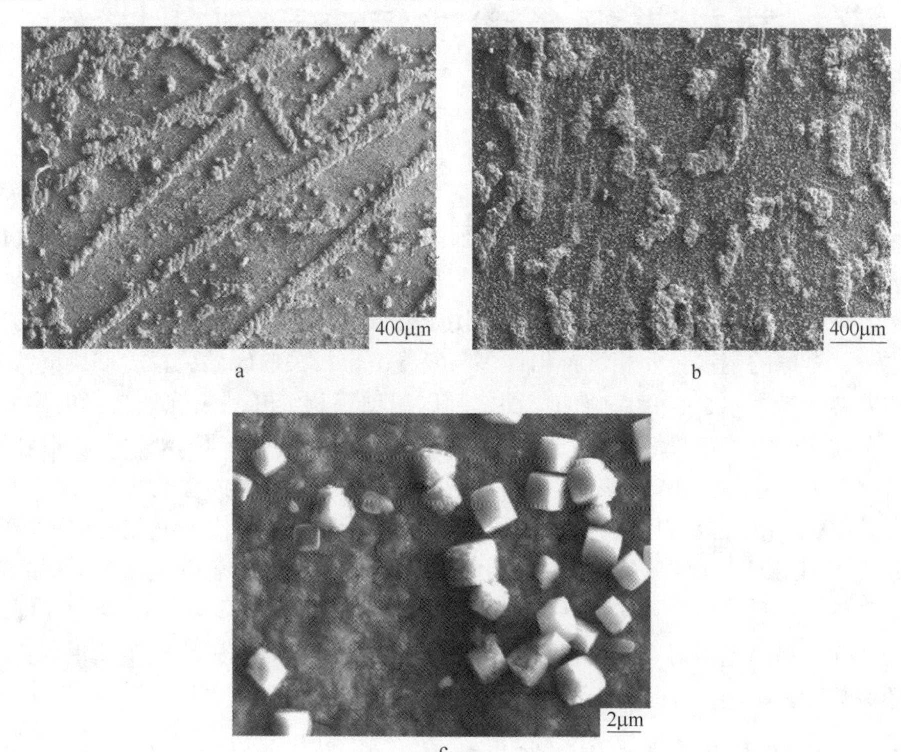

图 7-1　试样表面形貌

a　条带状分析的置换铜单质；b—点状分布的置换铜单质；c—样品表面的立方体铜单质

7.1.2　氢气还原热轧带钢表面氧化铁皮

低浓度 H_2 中氧化铁皮的还原速率相对较低，为了达到较高的生产效率，工业应用需要较高的反应速率，这就需要将试样升温至一个合理的温度进行还原反应。升温还原实验的主要目的就是为了探索氧化铁皮在低浓度 H_2 中还原时具有较高还原速率的还原温度区间。

利用 TGA 记录试样在 5%、10%、20% H_2/Ar 中升温时的质量变化，并对质量减重数据作求导处理，利用外延法确定 DTG 曲线的拐点的特征参数，得到 10% H_2/Ar 中升温还原结果。如图 7-2 所示，5%和 20% H_2/Ar 的升温还原减重曲线与 10% H_2/Ar 结果相似。用外延法确定的 DTG 曲线特征峰的特征参数见表 7-1。在 10% H_2/Ar 中温度升至 405℃以前，试样的质量基本不变，这就意味着在 405℃以前试样表面氧化铁皮基本没有发生还原反应，可见在低于 405℃的温度还原速率很低，还原反应的发生需要较长的孕育期。试样在 10% H_2/Ar 中以 10℃/min 的速率升温还原时，还原反应速率最大值出现在 496℃左右，快速还原反应结束在 551℃；但在其后的升温过程中，试样质量一直在减小，说明还原反应还在持续。由此可见，热轧带钢表面氧化铁皮在低浓度 H_2 中的较快还原反应主要发生在406℃以上，所以本节主要研究氧化铁皮在低浓度 H_2 中400~900℃温度区间的还原反应过程。

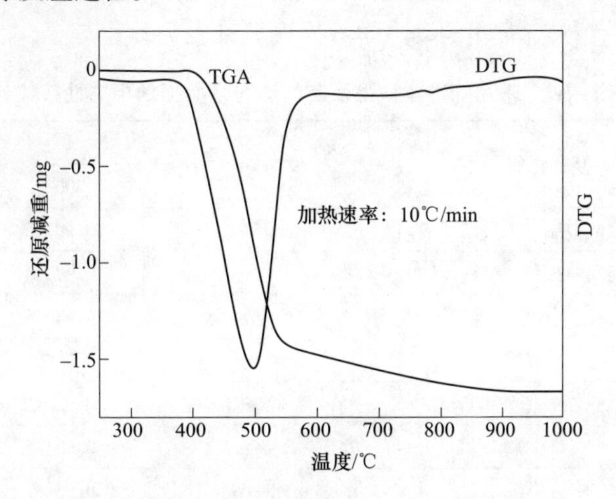

图 7-2 升温过程中的还原反应 TGA 和 DTG 曲线

表 7-1 升温过程中的还原反应 DTG 参数

还原性气氛	起始温度/℃	终止温度/℃	峰值温度/℃	峰值/mg · min^{-1}
5%H_2/Ar	461.155	631.445	581.088	0.117
10%H_2/Ar	408.802	551.997	498.969	0.151
20%H_2/Ar	408.969	498.087	458.706	0.165

利用在 10%H_2/Ar 还原性气氛中的等温还原数据研究热轧氧化铁皮在低浓度氢气中的还原动力学特征，并以此为基础明确还原反应过程的控制环节。

首先，将 t 时刻对应的减重与试样总的减重的比值定义为还原率 α：

$$\alpha = \frac{\Delta W_t}{\Delta W_{\alpha=1}} \times 100\% \tag{7-1}$$

式中，ΔW_t为 t 时刻试样减重；$\Delta W_{\alpha=1}$是指试样在 H_2 中 1000℃长时间还原，直至试样质量不再随时间变化时的减重。

对于一个气-固反应，其反应速率可定义为：

$$\frac{d\alpha}{dt} = kf(\alpha) \tag{7-2}$$

式中，t 为还原时间；α 为 t 时刻的还原率；k 为速率常数；$f(\alpha)$ 为简化的动力学模型方程。

将式（7-2）积分，有

$$g(\alpha)=\int_0^{\alpha}\frac{\mathrm{d}\alpha}{\mathrm{d}t}=kt \tag{7-3}$$

$g(\alpha)$ 方程揭示还原率 α 与 t 之间的关系，可应用于动力学数据的分析，以确定反应的控制环节[1]。常用的动力学数据模型见表 7-2。

表 7-2　常用的数学模型及其与动力学数据的相关性系数

序号	反应机制	$g(\alpha)$	相关性系数	
			500℃	800℃
1	相界面反应控制（无限大平板）	α	0.99715	0.99118
2	相界面反应控制（圆柱体）	$1-(1-\alpha)^{1/2}$	0.99204	0.99973
3	相界面反应控制（球体）	$1-(1-\alpha)^{1/3}$	0.98628	0.99944
4	一维扩散	α^2	0.9628	0.98601
5	二维扩散	$\alpha+(1-\alpha)\ln(1-\alpha)$	0.92002	0.96827
6	三维扩散	$1-3(1-\alpha)^{2/3}+2(1-\alpha)$	0.93468	0.95905
7	随机形核	$-\ln(1-\alpha)$	0.96831	0.99387
8	二维形核生长	$[-\ln(1-\alpha)]^{1/2}$	0.99926	0.99332
9	三维形核生长	$[-\ln(1-\alpha)]^{1/3}$	0.99872	0.98079

图 7-3 所示为热轧带钢表面氧化铁皮在 10% H_2/Ar 等温还原的动力学曲线（α-t 曲线）。除 400℃外，其他等温还原的动力学曲线都呈现为“S”形，整

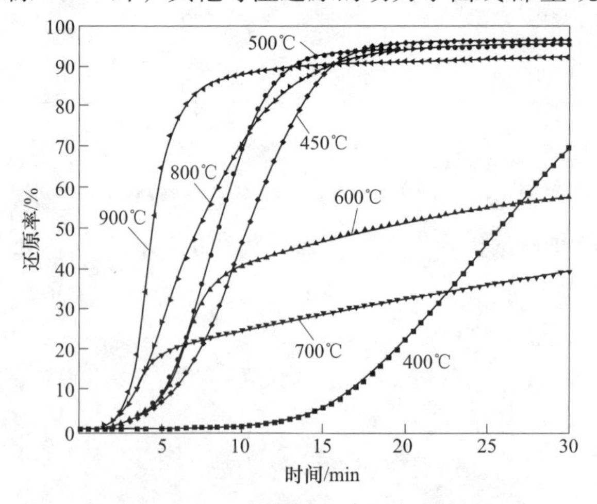

图 7-3　氧化铁皮的等温还原动力学曲线

个还原过程包括诱导期、加速期和减速期。诱导期随着温度升高而变短，在400℃还原时诱导期大约为10min，还原温度为900℃时诱导期降至2min。由于400℃的诱导期较长，而且加速期的还原反应速率较低，因此30min后还原反应仍然在进行，其还原动力学曲线全貌未能完全呈现出来。一方面，诱导期是一个客观存在的还原反应初期的特征；另一方面，它的出现也与TG设备的构造有关。为了保证在升温过程中不发生还原反应，升温段炉内为保护性气体Ar，温度升到目标后才切换至10% H_2 气路，虽然气体能够在试样周围形成吹扫，但反应初期炉内气体平均浓度达不到10%，并且需要一段时间才能到达设定的参数，这也可能是诱导期出现的一个诱因。

诱导期之后是反应进入加速期，随着反应温度的升高，还原速率增大，对于大部分还原温度，加速期从还原率8%一直持续到80%，但600℃和700℃出现特殊情况，这2个温度的还原反应加速期极短，其中600℃的还原反应加速期只持续到约30%的还原率；而700℃更低，仅发生在15%以下。关于这一特殊现象出现的原因，将在下文进行阐述。

加速期结束后还原反应进入减速期。对于450℃、500℃、800℃、900℃等温度的还原反应，由于加速期已经发生80%~90%的还原，故进入减速期后虽然还原反应仍然继续，但反应速率极低；相反，由于600℃和700℃在加速期反应率很低，在减速期仍然保持着相对较高的反应速率，因此到30min后还原率仍然在60%以下。

由式（7-3）可知，在动力学模型 $g(\alpha)$ 与还原反应时间 t 之间存在线性关系，因此可以利用数学模型与时间 t 之间的线性相关性来确定还原反应的控制环节[2, 3]。取反应加速期的数据，分别对500℃和800℃的动力学数据进行分析，确定还原反应阶段的控制环节。分别将500℃和800℃还原反应加速期还原率10%~80%的数据代入各数学模型方程，得到 $Y(\alpha)$，对 $Y(\alpha)$ 与 t 进行数据线性拟合。典型数学模型的拟合结果如图7-4所示。各数学模型与时间 t 的线性相关系数见表7-2。

由表7-2所列出的数学模型与 t 的线性相关系数可知，500℃时Avrami-Erofeyev晶粒长大模型和界面反应模型，以及其他几个模型与 t 的相关系数都很高，这也从侧面说明了还原反应是由气相扩散、内扩散、界面反应以及晶粒形核与长大等多个环节共同组成的。但相关性最高的是二维晶粒形核与长大模型，由此可见，在500℃还原时，还原反应中速率最慢是晶粒的形核与长大，所以该环节控制了整个还原反应进程的速率。相反在800℃还原时，界面反应数学模型与 t 的相关系数最高，说明该温度下的还原反应是由界面反应控制的。

7.1.3 氧化还原产物结构

通过还原动力学分析，可知温度是影响还原反应的重要因素。对于气-固反

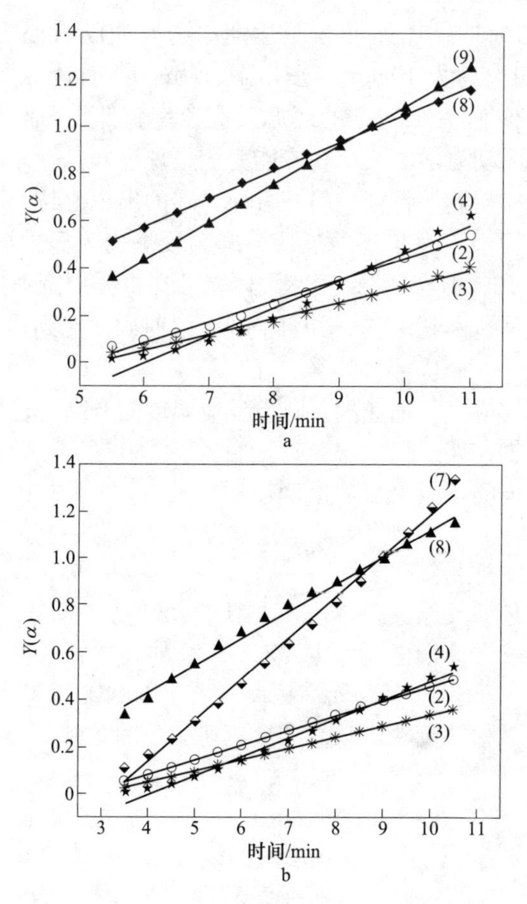

图 7-4　动力学数据的模型处理

a—500℃；b—800℃

应，温度不仅影响着气体在气相边界层的外扩散和在固态生成物中的内扩散以及在固体表面的吸附行为，同时直接决定着界面化学反应的速率。除此之外，温度还是影响还原产物形貌的重要因素。

600℃以下温度的还原反应产物为多孔铁，其典型断面结构如图 7-5 所示。在 600℃以上温度的还原反应产物为致密铁。在 600～700℃时，还原反应只发生在样品表层氧化铁皮和氧化铁皮内层的一些缺陷位置，并在试样表面形成了完整的致密铁层。这层还原产物将试样包裹，阻碍了气体反应物与固体反应物的接触，H_2 只能通过扩散到达内层化物，还原反应才能继续，这可能导致 600℃ 和 700℃还原速率低。800℃还原时的还原产物出现两种：一种为表层氧化铁皮还原产物-致密铁，厚度较薄，将内部氧化物覆盖；另一种为靠近基体的内层氧化铁皮还原产物含有大尺寸孔洞的致密铁，直径大约 1μm 的孔洞。

为了进一步分析还原产物的特征，利用 EPMA 分析还原产物的形貌及元素分

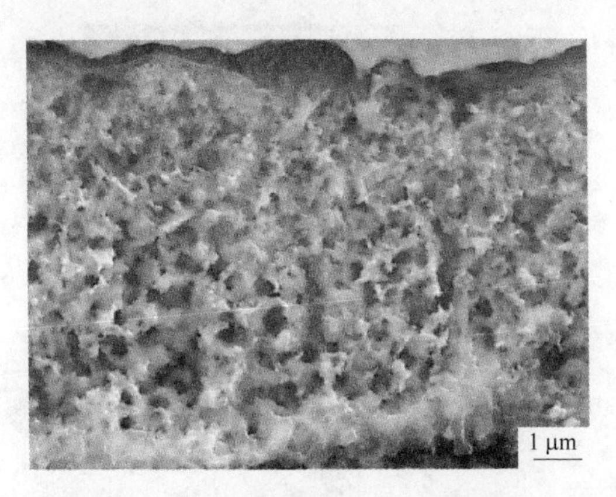

图 7-5　500℃还原产物形貌细节（4%硝酸酒精溶液腐蚀）

布特征。图 7-6a 所示为在 10% H_2 中 500℃还原 30min 的试样断面形貌，可以清楚地观察到还原产物的多孔形貌，由 Fe 元素分析结果可知试样表面大部分的氧化铁皮已经被还原为纯铁；从 O 元素面扫描结果来看，在多孔状还原铁中还残留着部分 O 元素，分布相对均匀，说明在多孔铁中还残留着氧化物。图 7-6b 所示为在 700℃还原的试样表面氧化铁皮的断面形貌及元素分布，700℃还原 30min 后，还原反应只发生在试样的表层氧化铁皮中，还原产物为致密铁，剩余氧化物被致密铁覆盖，由于升温和等温还原过程的氧化铁皮发生逆向转变，由单一的 FeO 相构成，并且在 FeO 中出现了大量的孔洞。800℃还原 30min 后，大部分氧化铁皮已经被还原纯铁，但也有少数还原氧化物残余，被还原纯铁包裹，如图 7-6c 所示。

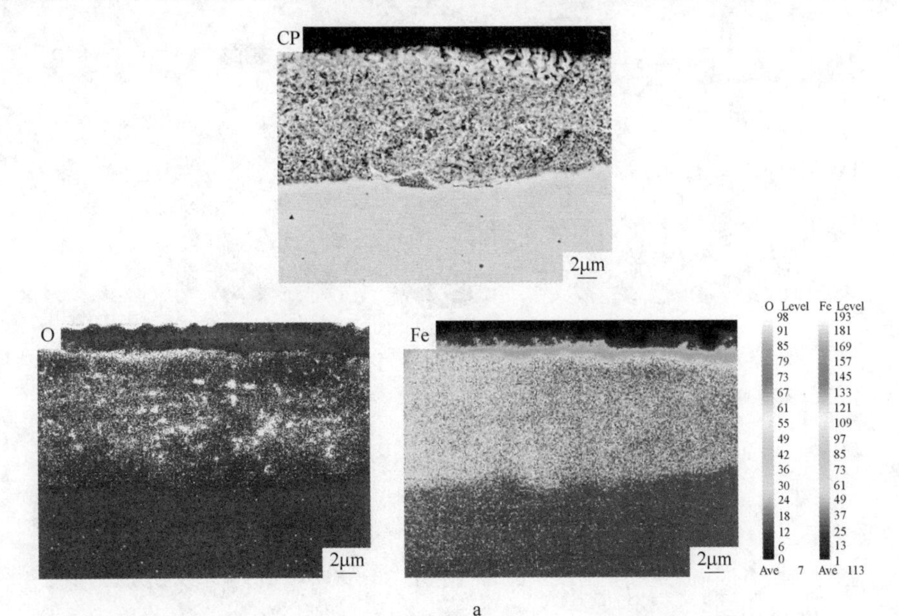

a

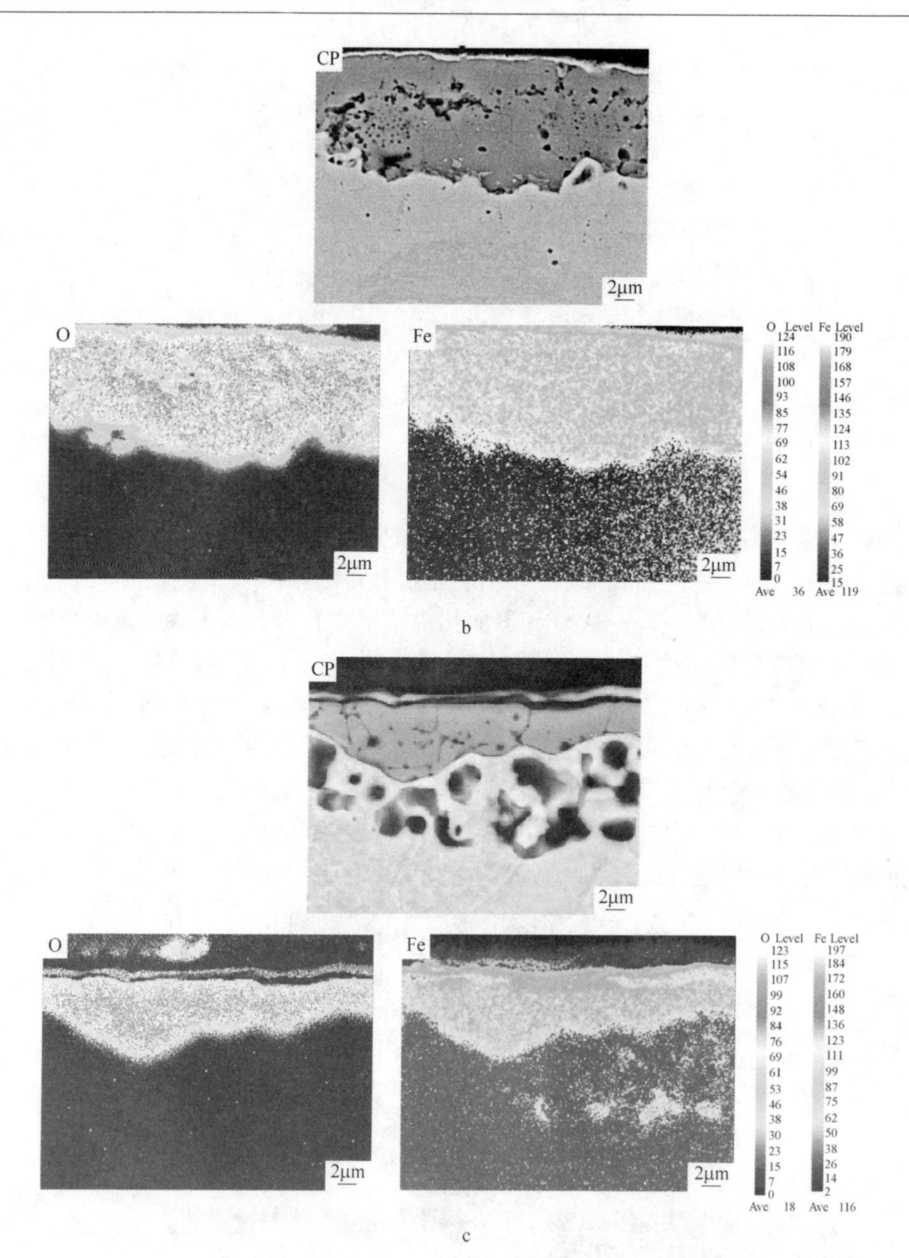

图 7-6　不同温度还原层与基体界面处元素分布 EPMA 图谱

a—500℃；b—700℃；c—800℃

（扫描书前二维码看彩图）

氧化铁皮在 10%H_2 中的等温还原动力学曲线呈现出“S”形曲线的特征，反应初期反应速率极低，继而进入反应加速期，最后阶段为还原反应减速期。温度作为重要反应参数，影响着反应诱导期的长短和还原反应加速期的反应速率，并且由上文结果可知，氧化铁皮的还原产物结构也随着温度变化。为了更明了地观察还原反应随着温度和时间的变化，对热轧氧化铁皮在 10%H_2 中还原时的还原率随反应温度和时间的变化规律进行统计，结果如图 7-7 所示。在还原反应初期，还原率随着温度升高而增大；在反应初期，气体反应物透过固态还原产物的内扩散阻力相对较弱，此时的还原反应的控制环节应是界面化学反应或者形核与长大，而高温更利于这两个过程，所以高温更利于还原反应的进行；还原反应持续 6min 后，还原率与温度之间的关系出现转变，500℃和 800℃的还原率持续快速增大，而在 600℃和 700℃的还原率增长缓慢，这与图 7-3 中动力学结果相同；还原 10min 后，在 600~700℃这个温度区间出现了还原率的低谷，而还原产物的

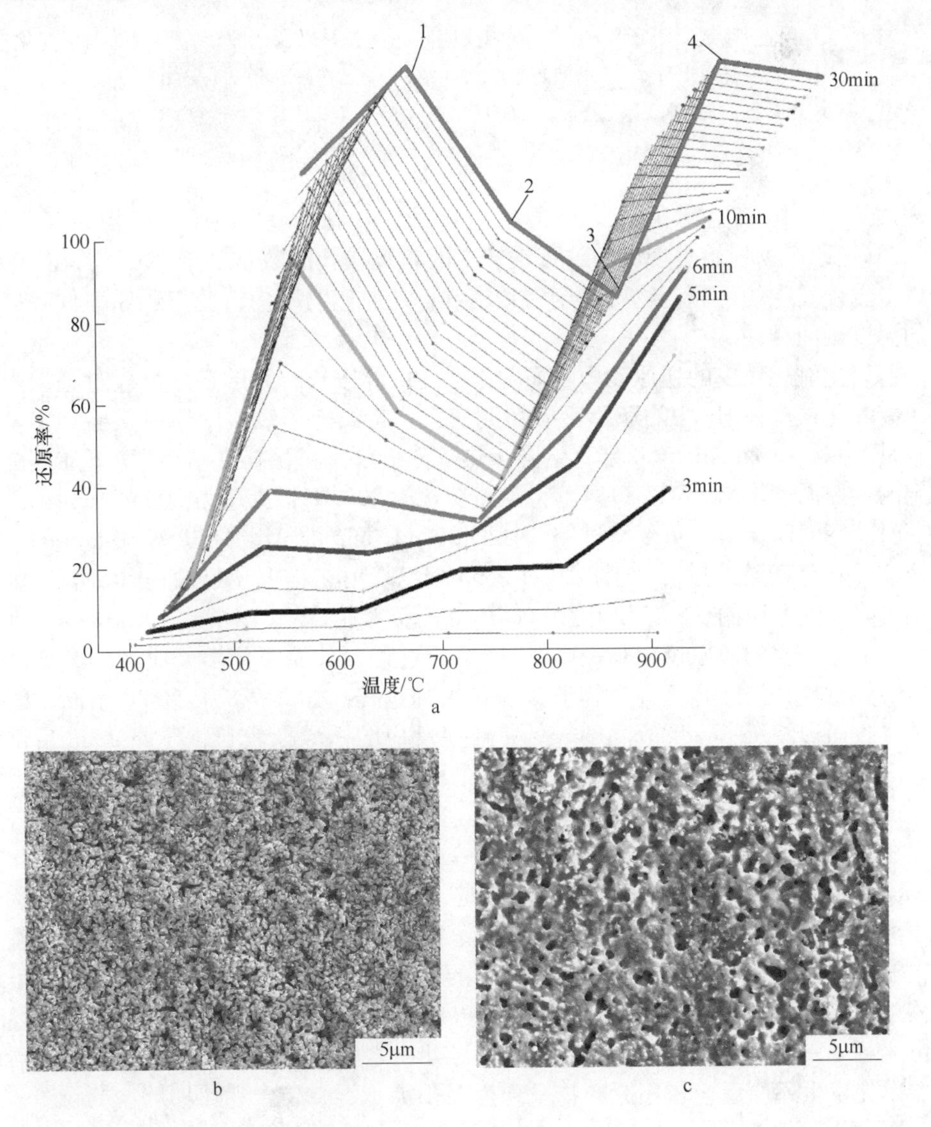

a
b　c

图 7-7　10% H_2 气氛下还原率与温度和反应时间的关系以及还原产物形貌随温度变化

a—还原率与温度和时间的关系；b—图 a 中点 1 还原产物形貌，500℃；
c—图 a 中点 2 还原产物形貌，600℃；d—图 a 中点 3 还原产物形貌，700℃；
e—图 a 中点 4 还原产物形貌，800℃

表面形貌也随着温度变化，如图 7-7b～e 所示。在 500℃ 还原时产物为多孔铁；600℃ 还原产物开始表现出向致密铁转变的趋势，孔洞数量小于 500℃；在 700℃ 以上温度发生的还原产物则完全为致密铁，还原产物结构转变与还原率低谷出现的温度区间相同。

以上氧化铁皮的还原动力学研究的是 30min 较长时间的还原反应过程，为了研究氧化铁皮在 H_2 中的还原反应初期变化，特设定了短时间还原实验。实验设备是 Setsys Evolution 1750 型高温同步热重分析仪。将试样在 Ar 环境下加热至设定的还原温度（500℃和 800℃），气路切换为 20%H_2，流速为 200mL/min，经过短时间等温还原后，重新将气路切换回 200mL/min 的 Ar，并以 99℃/min 的冷速快速冷却至室温，利用 ZEISS ULTRA 55 型场发射扫描电子显微镜（SEM）观察不同时间还原后的试样表面形貌，结果如图 7-8 所示。

氧化铁皮的还原过程是一个气-固反应过程，其界面化学反应是一个结晶化学转变过程，同样有反应产物形核和长大的过程。如图 7-8 中 500℃ 不同时间的试样表面形貌所示，反应温度较低，还原反应的诱导期较长，还原 2min 后试样表面形貌并未发生明显的变化，但 H 在氧化物表面吸附，与 Fe_3O_4 中的 O 反应生成 H_2O，并从氧化物表面脱附，势必造成 Fe 离子的浓度升高。由于表面区域存在 Fe 离子浓度梯度，将驱动 Fe 离子在氧化物表面和内部的迁移，使得氧化物表面结构重新排布。还原反应至 180s 时，试样表面出现大量凹坑，是多孔状还原纯铁的雏形，但在反应初期氧化铁皮表面的还原反应并不均匀，而是优先发生在一些区域，通常在试样表面氧化物中的位错、晶格缺陷等能量较高的位置是形核首先发生的区域。当还原时间达到 240s 后，试样表面完全呈现出多孔状形貌。由此可见，低温还原需要一个较长的诱导期，之后在试样表面缺陷等能量较高位置率先发生还原反应，还原产物呈现为多孔状。

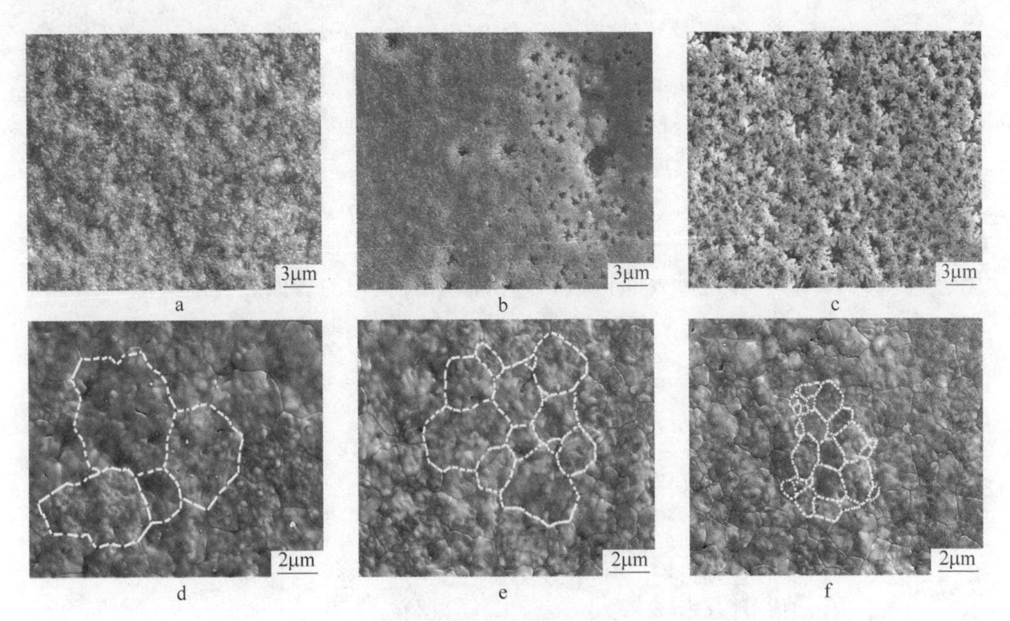

图 7-8 氢气还原氧化铁皮反应进程

a—500℃还原 120s；b—500℃还原 180s；c—500℃还原 240s；
d—800℃还原 10s；e—800℃还原 20s；f—800℃还原 30s

相对于 500℃，800℃还原的诱导期很短。还原 10s 后带钢表面的外观形貌就表现出晶粒的特征，晶界很清晰；再进行长时间的还原，试样表面形貌并未发生大的变化。与图 7-7c 中 30min 还原后产物形貌相比，长时间还原过程中表面还原纯铁不断阶梯长大，造成表面起伏。可见，800℃的还原反应只有极短的诱导期，还原反应就在试样的整个表面展开，还原产物致密铁很快就将试样表面覆盖，气体反应物就只有通过晶界等通道扩散至固体反应物表面才能继续发生还原反应。Bahgat 和 Sasaki[4~7]研究了在 FeO 还原过程中晶界对于表面重构和还原纯铁形核的影响，由于晶界作为 Fe^{2+} 的快速扩散通道，能使还原反应产生的过剩 Fe^{2+} 快速转移，使偏离晶界的区域更容易发生表面重构，而邻近晶界的区域更容易形成纯 Fe 晶核与长大。相似地，由于晶界在氧化铁皮表层 Fe_3O_4 的还原过程中起着重要作用，可使远离晶界区域发生表面重构，而靠近晶界区域发生形核与长大，这就使原始的 Fe_3O_4 的晶界突显出来。需要注意的是，800℃还原时，还原纯铁呈现出类似的晶粒尺寸随着时间延长而减小，对于这一现象的出现，相关的研究结果报道的较少。从试样表面的形貌来看，其特征与再结晶过程极为相似，有新晶粒生成，使其晶粒发生细化。随着还原反应的持续，表面纯铁长大，最终成为图 7-7d 中 800℃在 30min 还原后的表面形貌。

还原产物的形貌极大地影响还原反应的速率，关于致密铁和多孔铁相关的复杂化学还原过程及固体扩散过程必须研究清楚。Hayes 系统研究了氧化铁在多种条件下的还原反应，建立了气体还原固体氧化铁时的产物结构准则[8]。还原性气体（H_2）通过扩散到达固体反应物（Fe_3O_4、FeO 等）表面并发生吸附，吸附 H 与氧化物晶格中的 O 反应，生成 H_2O。O 从氧化物表面脱离后，原来与 O 离子配对的 Fe 离子剩余，这就造成附近位置处的阳离子浓度升高，使得气相/氧化物界面（$C_{界面}$）与内部氧化物（$C_{内部}$）之间出现阳离子的浓度梯度，该过程示意图如图 7-9 所示，界面与内部氧化物之间的阳离子浓度为阳离子的扩散提供了驱动力，过剩的 Fe 离子会通过表面扩散和体扩散向氧化物的表面和内部扩散。

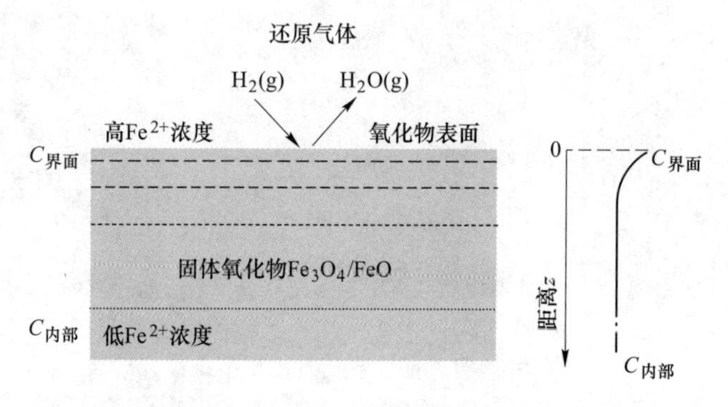

图 7-9　氧化物表面的气-固反应过程示意图[8]

气-固反应的反应界面推进过程与金属凝固过程相似，Hayes[8]结合成熟的金属凝固理论研究了气-固反应过程中氧化物界面变化的规律。为了分析固体氧化物在还原过程发生的界面不规则现象，将氧化物与 H_2 反应的过程简化处理，首先只考虑气体与氧化物反应的过程，先不考虑固体反应产物；之后随着反应的进行，气体/氧化物界面将沿着垂直于界面的 z 方向向氧化物内层推进，因此出现不规格界面的条件为：

$$(\mathrm{d}C/\mathrm{d}z)_{z=0} < (C_{界面} - C_{内部})v/D \tag{7-4}$$

式中　$(\mathrm{d}C/\mathrm{d}z)_{z=0}$——反应界面处氧化物中的阳离子浓度梯度；

$C_{界面}$，$C_{内部}$——反应界面和固体反应物中的阳离子浓度；

v——反应界面的推进速度；

D——阳离子在固体氧化物中的扩散系数。

又因 $(\mathrm{d}C/\mathrm{d}z)_{z=0} = \Delta G/\mathrm{d}z$ [9]，故式（7-4）又可表达为：

$$\Delta G/\mathrm{d}z < (C_{界面} - C_{内部})v/D \tag{7-5}$$

当界面推进速率 v 较快，而阳离子在固体反应物中的扩散速率 D 较小，并且在界面氧化物与内部氧化物之间存在较高的浓度梯度时，不规则界面更容易出现。气-固反应过程中的氧化物不规则界面的形成过程如图 7-10 所示。

通常在还原纯铁形核之前，氧化物中可能已经出现光滑平面界面、管道和孔洞等。随着还原进行，在固体氧化物表面出现纯铁形核后，一方面气体/氧化物

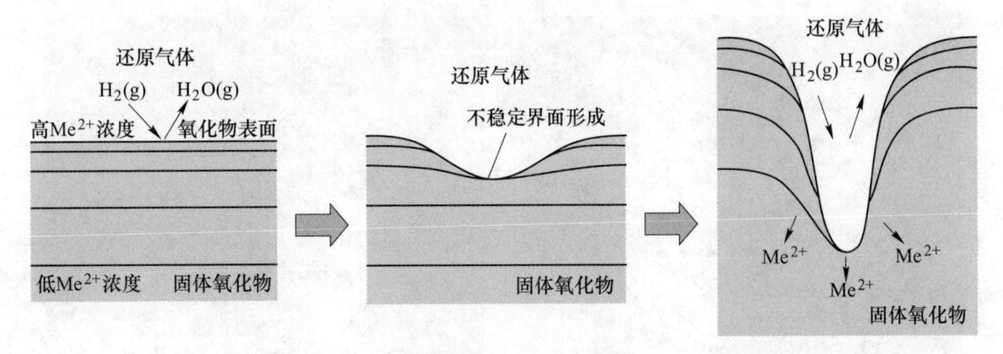

图 7-10 气-固反应过程中氧化物的不稳定界面形成过程[8]

界面要沿垂直于反应界面的方向向内部氧化物中推进，界面推进速率为 v_O；另一方面固体反应产物纯铁在固体反应物表面生长，纯铁的生长平行于气体/氧化物界面，速率为 v_M，这两个速度之间的差异就导致了还原纯铁结构的多样化。

如果 $v_O>v_M$，即气体/氧化物之间的反应界面向内推进速率大于纯铁平行方向上的生长速率，那么氧化物将一直暴露在还原性气体中。如果氧化物中形成树枝状或者蜂窝状的孔洞，那么在孔洞尖端氧化物始终暴露在还原性气体中，形成树枝状多孔铁结构。

如果 $v_O<v_M$，即纯铁生长速率大于反应界面的推进速率，那么在固体氧化物表面会产生一层纯铁，将剩余的氧化物覆盖，还原反应的继续进行就依赖于 H_2 透过固体纯铁层的扩散和 O 通过纯铁层向外的扩散才能进行。

如果 $v_O=v_M$，氧化物与纯铁层都暴露在气体中，则孔洞与金属共同生长。

热轧带钢表面氧化铁皮在 5%、10%、20% H_2/Ar 这三种低浓度氢气中的还原产物是相似的，主要包括以下四类：

第一类为低于 600℃还原时 Fe_3O_4 的还原产物——多孔铁，这种多孔铁中包含有尺寸均匀的孔洞，孔径小于 0.5μm。

第二类为高于 620℃还原时 Fe_3O_4 的还原产物——致密铁，这层还原纯铁结构相对致密，其表面形貌有类似晶粒的特征，由于致密铁结构致密，使得 H_2 的扩散缓慢，所以致密铁覆盖下的氧化物还原反应缓慢，30min 还原后，表层致密铁的厚度很薄。

第三类还原反应产物是在高温还原时靠近基体的内层 FeO 的还原产物，这种还原纯铁也是致密铁，但其间伴随分布有大孔径的孔洞，孔径尺寸约为 1μm，如图 7-11a 所示，在 650℃还原时，表面 Fe_3O_4 的还原产物为致密铁，而内层 FeO 的还原纯铁中存在较多的孔洞。

第四类还原反应产物为须状铁，如图 7-11b 所示，这类须状铁只在裂纹壁的还原产物中出现，表层氧化铁皮还原产物中并未出现。

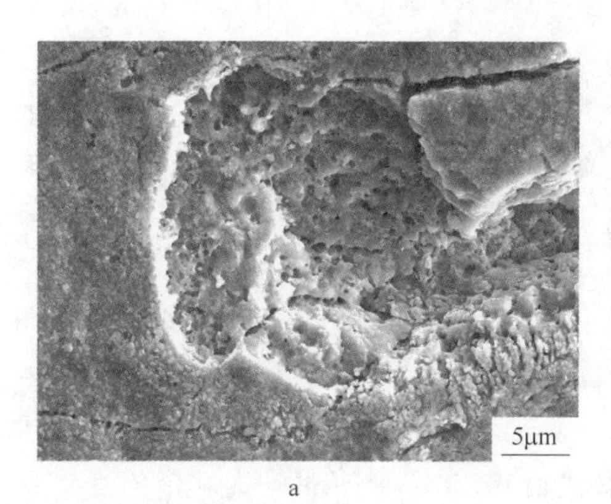

a

b

图 7-11　特殊还原产物形貌
a—650℃在 10%H_2 中还原的多孔铁；b—600℃在 10%H_2 中还原的须状铁

由于不同温度下还原反应产物的差异，使得后续的还原反应的机制发生改变。对于低温还原反应，由于还原产物是多孔铁，使得还原纯铁中的孔洞成为客观上 H_2 向固体反应转移的通道，这种扩散阻力非常小，所以低温还原反应的控制环节是界面化学反应和纯铁晶体的形核和长大。相反地，对于高温（>600℃）还原反应，由于外层 Fe_3O_4 的还原反应产物是致密铁，这层致密铁将内层氧化物包覆，H_2 只有通过体扩散和晶界等缺陷的扩散才能到达内层氧化物的表面，然后才能发生还原反应，所以 H_2 在固体还原产物中的扩散就极大地影响了还原反应进程，这可能就是造成在 600 和 700℃还原时还原速率和还原率低的原因。反观 800℃的还原产物断面形貌，表层致密铁的厚度略有增大，更多的还原反应发生在靠近基体一侧的 FeO 中，这些还原反应产物呈现致密状，但其间分布着许多大尺寸孔洞。这可能是 800℃还原反应速率上升的原因。靠近基体侧的 FeO 主要是升温过程中由共析组织逆向转变产生的，逆向转变产生的 FeO 中伴随分布着大量的孔洞，这种疏松的结构更利于还原反应的进行，并且氧化铁皮与基体的界面分布大量的空位、孔洞等缺陷，H_2 更容易通过界面向内扩散，此外，金属基体的存在也为还原反应过程中还原产物纯铁的形核提供了形核源；FeO 在这个温度下的还原反应产物纯铁中存在大量的大尺寸的孔洞，这些孔洞又能为 H_2 和 H_2O 提供扩散通道，综合以上的特征，靠近基体侧的 FeO 更容易被还原。

7.1.4　氧化铁皮组织对还原反应的影响

600~700℃温度区间是氧化铁皮中共析组织和先共析组织向 FeO 转变的温度，而还原反应的还原率低谷也恰好出现在这一温度区间，为了验证组织转变对于氧化铁皮还原的影响，特设计了 3 组实验：第一组为等温还原实验，第二组是先逆向转变再还原实验，第三组为先在 700℃还原 10min 后再升温至 800℃还原的实验，三组实验的结果（α-t 曲线）如图 7-12 所示。

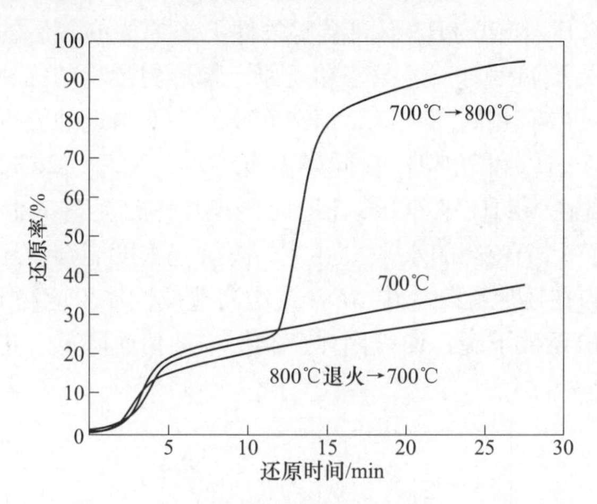

图 7-12 组织和温度对还原反应的影响

与直接在 700℃等温还原相比，先升温至 800℃退火处理再冷却至 700℃还原的实验结果与 700℃等温还原相近，略低于 700℃等温还原结果，可见高温退火过程中的组织转变对于还原反应是有影响的，而且高温退火过程还可以降低 Fe_3O_4 和 $Fe_{1-y}O$ 的缺陷浓度，故而其还原率略低于等温还原结果。

试样先在 700℃还原 10min，还原率达到约 18%时，还原反应就已经进入减速期，反应速率较低；之后随着温度升高至 800℃，还原率又急剧升高，直至还原率达到 80%后还原反应速率才逐渐降低。由此可见，温度对于还原反应具有显著的促进作用。

由这三组实验结果对比可知，温度对还原反应的影响大于氧化铁皮组织的影响。

7.1.5 还原性气体成分对还原反应的影响

还原性气体中的氢分压是影响还原反应的重要参数，共选用 3 种不同浓度的 H_2/Ar 混合气体（5%H_2、10%H_2、20%H_2）进行等温还原实验和连续升温过程中的氢气还原实验。结果表明，在 5%H_2 中的升温还原过程中，还原反应起始温度约为 461℃，而 10%H_2 和 20%H_2 反应起始温度在 410℃左右，可见增大氢分压能够降低还原反应的起始温度。随着还原性气体中的氢分压的提高，还原反应的终止温度也有向低温偏移的规律，同样的升温速度条件下，终止温度的降低说明氢分压的提高加快了还原反应速率，缩短了反应时间。DTG 曲线的峰值对应的是 TGA 中快速还原反应段曲线斜率的拐点，也即还原速率的最大值，由表 7-1 可知，还原气体中氢气浓度越高，DTG 曲线的峰值反应速率越高。

还原性气体中氢分压对于还原反应的影响还体现在对还原率的影响上。图 7-13 所示为 5%H_2 和 20%H_2 不同温度条件下还原 30min 后的还原减重对比结果。如同上文中关于温度对于还原率和还原产物形貌影响的描述，这两种还原性气体的等温还原反应有相同的规律，都在 600~700℃附近的温度区域出现还原率的最小值。对比 5%H_2 和 20%H_2 在同样温度下的还原率，20%H_2 的还原减重都大于 5%H_2，并且在 5%H_2 中 600℃还原时的还原率已经进入低谷，而在 20%H_2 中还原时还能保持一个较高的水平，可见，高氢气浓度能够使还原率低谷向高温段偏移。Rau 认为在还原性气体中 Ar 含量增高造成气体反应物 H_2 和产物 H_2O 在固体产物中的扩散系数下降，使得固体产物层中的传质降低，也会影响还原反应的进行[10]。

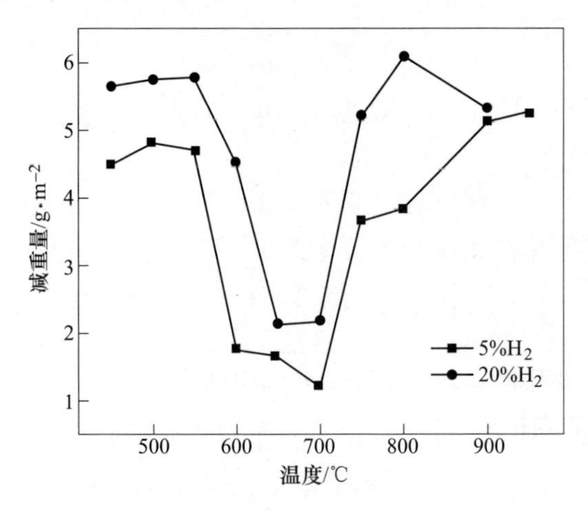

图 7-13　氢气浓度对还原减重的影响

Hayes[11]研究了 H_2O/H_2 体系中气固反应的驱动力。氧化铁的还原过程根本上是 O 从固相变为气相的过程，作者用如下方程式表达氧化物的还原反应：

$$O(s) \longrightarrow O(g) \tag{7-6}$$

该反应的吉布斯自由能为：

$$\Delta G_{\text{reaction}} = RT\ln\left[\frac{a_0(g)}{a_0(s)}\right] \tag{7-7}$$

式中　$a_0(g)$，$a_0(s)$——气体和氧化物中的氧活度。

对于还原性气体 H_2/Ar 体系，氧活度与气体成分之间的关系可通过下面反应建立：

$$0.5O_2(g) + H_2(g) \longrightarrow H_2O(g) \tag{7-8}$$

$$\Delta G = \Delta G^{\ominus} + RT\ln\left[\left(\frac{1}{a_0(g)}\right)\cdot\left(\frac{P_{H_2O}}{P_{H_2}}\right)\right]_{\text{gas}} \tag{7-9}$$

其中，$a_0(g)=P_{O_2}^{1/2}$，P_{H_2O} 为 H_2O 的蒸气压；P_{H_2} 为 H_2/Ar 混合气体中 H_2 分压。在平衡条件下，$\Delta G=0$，上式可转变为：

$$RT\ln a_0(g)=\Delta G^{\ominus}+RT\ln\left(\frac{P_{H_2O}}{P_{H_2}}\right)_{gas} \tag{7-10}$$

而对于氧化物与气相之间的反应平衡状态，则有：

$$RT\ln a_0(s)=\Delta G^{\ominus}+RT\ln\left(\frac{P_{H_2O}}{P_{H_2}}\right)_{OX} \tag{7-11}$$

式中 $(P_{H_2O}/P_{H_2})_{OX}$ ——温度 T(K) 还原氧化物时，还原反应达到平衡状态时的 H_2O 与 H_2 的蒸气压比值。

将式（7-10）和式（7-11）代入式（7-7）中，得反应的热力学驱动力为：

$$\Delta G_{reaction}=RT\ln\left[\left(\frac{P_{H_2}}{P_{H_2O}}\right)_{OX}\cdot\left(\frac{P_{H_2O}}{P_{H_2}}\right)_{gas}\right] \tag{7-12}$$

由此可见，还原性气体中氢气分压 P_{H_2} 越大，则驱动力 $\Delta G_{reaction}$ 越大。

7.1.6 氧化铁皮的气体还原反应进程

热轧带钢表面氧化铁皮的还原过程是一个气-固反应过程，其还原进程如图 7-14 所示。带钢表面氧化铁皮在 H_2 中的还原过程包括 H_2 气相边界层扩散、H_2 在固态产物中的内扩散、H_2 与氧化铁的界面化学反应以及气体反应产物向外的扩散过程。

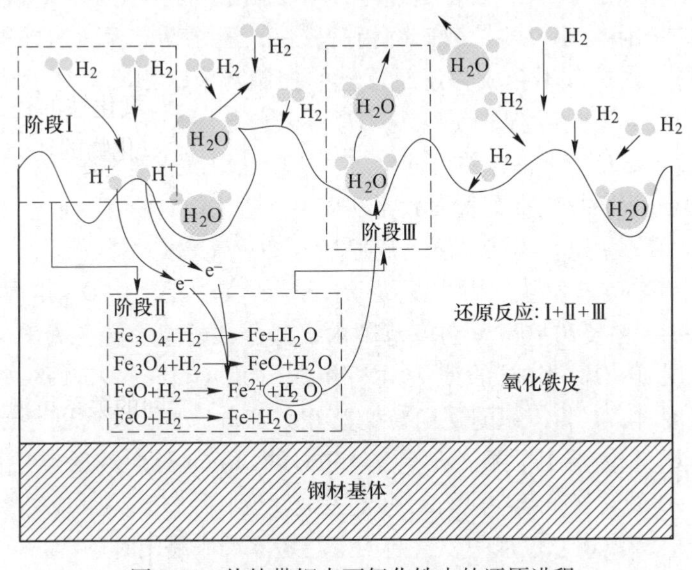

图 7-14 热轧带钢表面氧化铁皮的还原进程

为了简化氧化铁皮的还原过程，假设热轧带钢表面氧化铁皮是理想的致密氧化物，那么这层氧化铁皮可视为无限大平板，在还原反应初期，H_2 首先通过气相边界层扩散，到达氧化铁皮表面，并发生吸附，吸附的 H 与氧化铁皮表层的 Fe_3O_4 晶格中的 O^{2-}结合形成 H_2O，这些吸附的 H_2O 反应物表面脱附，完成还原反应过程，该过程可用式（7-13）~式（7-15）表达：

$$H_2(g) \longrightarrow 2H(ads) \tag{7-13}$$

$$2H(ads) + O^{2-}(ads) \longrightarrow H_2O(ads) + 2e \tag{7-14}$$

$$H_2O(ads) \longrightarrow H_2O(g) \tag{7-15}$$

由升温过程中氧化铁皮的逆向组织转变的研究结果可知，升温过程中，当温度高过 570℃时共析组织（Fe_3O_4/Fe）和先共析 Fe_3O_4 会逆向转变为 FeO，但是如果不在高温区长时间保温，氧化铁皮的外层一直是 Fe_3O_4。Fe_3O_4 是 p 型半导体，尽管其阳离子空位缺陷较少，但在高温会出现一定的化学计量变化。不同的是低于 570℃时，Fe_3O_4 的还原反应是一步完成：

$$Fe_3O_4 + H_2 \longrightarrow 3Fe + H_2O \tag{7-16}$$

温度高于 570℃时，Fe_3O_4 的还原反应出现中间产物 FeO，其还原要经两步完成：

$$Fe_3O_4 + H_2 \longrightarrow 3FeO + H_2O \tag{7-17}$$

$$FeO + H_2 \longrightarrow Fe + H_2O \tag{7-18}$$

随着还原反应进行，还原纯铁在氧化铁皮表面形核并长大，形成一层固态还原产物层，将剩余的氧化铁皮覆盖，并将固态反应物（氧化铁皮）与气体反应物（H_2）隔离，还原反应的持续进行就依靠 H_2 透过纯铁层向内的扩散。此后，还原纯铁的结构决定了 H_2 内扩散的速率，对于低于 600℃还原时形成的多孔铁，H_2 在其中的扩散阻力小，内扩散速率相对较快，还原反应界面的推进在多个方向上同时进行，内扩散不会成为还原反应的控制环节；相反，对于 600℃还原，由于表层 Fe_3O_4 的还原产物是致密铁，H_2 在其中扩散阻力较大，还原反应界面单一沿着垂直于试样表面的法线方向推进，所以还原反应速率较低。

由于升温过程中热轧带钢表面氧化铁皮中共析组织（Fe_3O_4/Fe）和 Fe_3O_4 逆向转变为 $Fe_{1-y}O$，所以，不同温度下还原反应的反应物是不同的。低于 570℃还原时，逆向转变尚未发生，参与还原的反应物是外层 Fe_3O_4 和内层共析组织（Fe_3O_4/Fe）；在 570~650℃温度范围内，部分共析组织转变为 $Fe_{1-y}O$，固体反应物是外层 Fe_3O_4、内层的残余共析组织（Fe_3O_4/Fe）和 $Fe_{1-y}O$；升温至 650℃以上温度时，共析组织的逆向转变已经大部分完成，此时的还原反应物主要是外层 Fe_3O_4 和内层 $Fe_{1-y}O$。在高于 650℃的 30min 长时间等温还原过程中，Fe_3O_4 向 $Fe_{1-y}O$ 的转变持续在进行，直至完全转变，所以还原反应剩余氧化物为 $Fe_{1-y}O$。可见，高温还原过程中，逆向相变与还原反应是同时进行的。

实际中的热轧氧化铁皮并非是理想的致密结构，其中分布着诸多如裂纹、孔隙等缺陷，这些缺陷成为气体反应物 H_2 向内层氧化物中传输的通道。因此，在氧化铁皮外层 Fe_3O_4 发生还原反应的同时，在缺陷位置也同时发生还原反应，包括裂纹、孔隙的内壁和末端位置的氧化物，如图 7-15 所示，这些内部氧化物主要是 $Fe_{1-y}O$，其还原反应按式（7-18）进行。

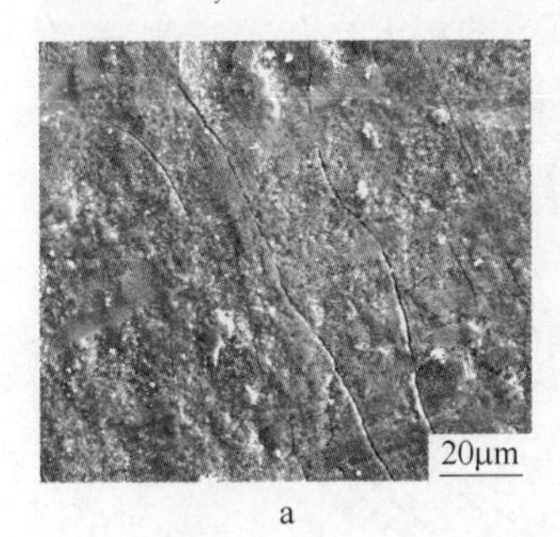

a

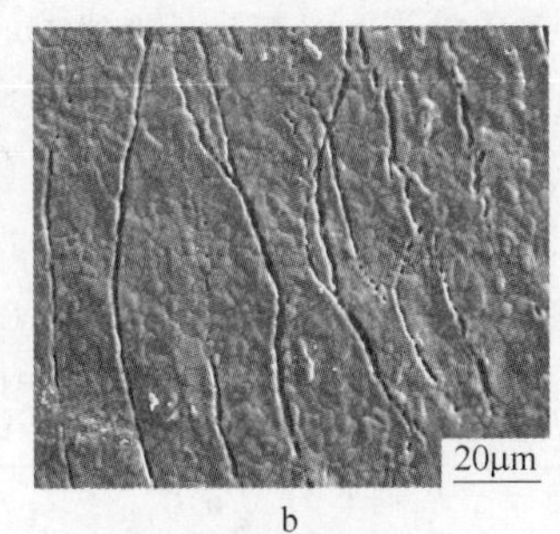

b

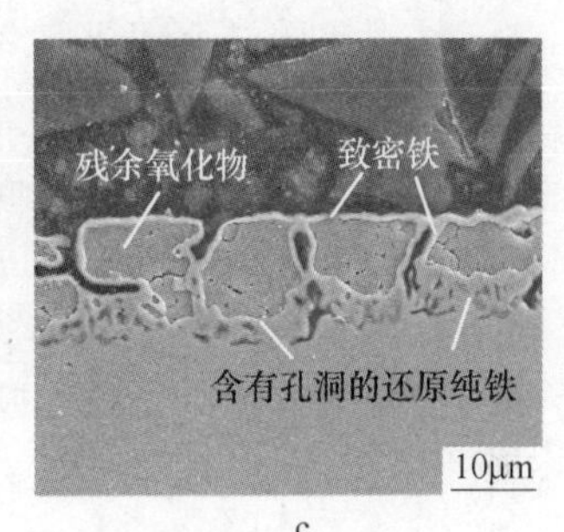

c

图 7-15 缺陷位置的还原反应产物

a—试样原始表面形貌；b—还原后表面形貌；c—还原层断面形貌

7.2 免酸洗还原热镀锌工艺研究

还原热镀锌实验在 Iwatani Europe Gmbh 生产的热镀锌模拟试验机上进行，实验设备实物与结构如图 7-16 所示。热镀锌模拟试验机由几个部分组成，最上方

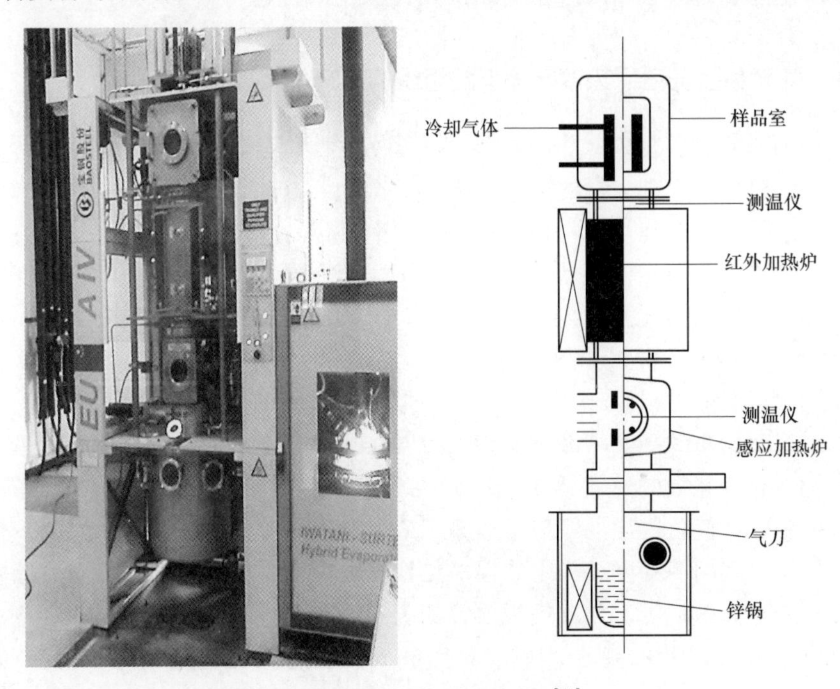

图 7-16 热镀锌模拟试验机[12]

为放试样的腔室，试样由此放入，镀锌完成后试样回到该腔室，并经喷气冷却到室温；下方为红外加热炉，还原退火工艺在此炉内进行，实验初期，首先将炉内抽真空，然后按不同流量通入 H_2 和 N_2 气体；红外加热炉下方为高频加热炉；高频加热炉下方为气刀，用以控制锌层厚度；设备最下方为锌锅。

从镀锌试样上随机取 25mm×120mm 大小的矩形试样，通过 T 弯实验测试镀层的黏附性，实验过程如图 7-17 所示，首先在万能力学实验机上将矩形试样弯曲到锐角，然后取出试样插入台钳，将试样的弯曲部分压紧，即为 0T 弯曲，用肉眼观察 T 弯试样的弯角是否出现开裂，并用专用胶带贴在弯角位置，迅速用力撕下胶带，检查胶带上是否留有脱落的镀层；试样绕 0T 弯曲部位继续作 180°弯曲，折叠中央有一个试样厚度则为 1T 弯曲；依此逐次做 2T、3T 弯曲。

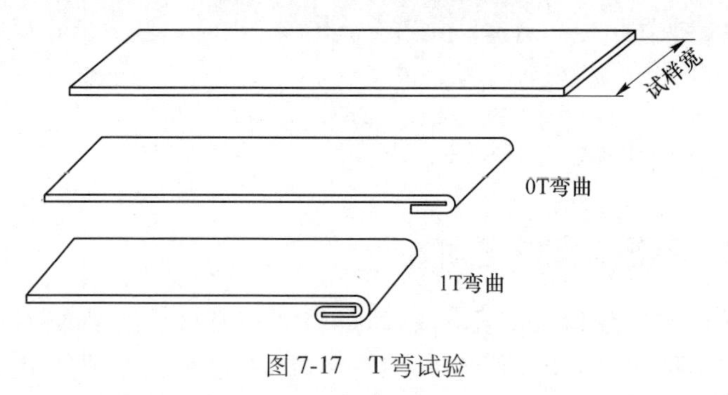

图 7-17　T 弯试验

7.2.1　Al 对免酸洗还原热镀锌板镀层组织的影响

不加铝热镀锌时，由于 Fe 与 Zn 相互扩散，使镀层中 Zn_xFe_y 合金相快速生长，最终的镀层中出现大量的 Γ、ζ、δ 等合金相。这些合金相的延展性极差，如果合金层过厚，那么在热镀锌板的成形过程中，容易出现锌层脱落。所以在热镀锌生产中希望合金层尽可能薄，以获得良好的镀层成形性。经过几十年的研究，发现在锌液中添加铝元素可以有效抑制 Zn_xFe_y 合金相的出现。在加铝热镀锌时，由于 Al 元素对 Fe 具有比 Zn 更高的亲和力，Al 率先与 Fe 反应生成 Fe-Al 合金层，这层合金层能够阻碍 Zn 与 Fe 的相互扩散，从而抑制 Zn_xFe_y 合金相的产生；同时这层薄而均质的中间层能够牢固地附着在基体表面，提高镀层的黏附性。在常规酸洗板和冷轧板的热镀锌工艺中，要求在锌液中加入 0.16%～0.25%的 Al，以形成抑制层，优化镀层的组织和性能。在热轧带钢免酸洗还原热镀锌工艺中，由于热轧原板表面粗糙度较大，表面氧化铁皮被氢气还原后的海绵铁进一步加剧镀锌原板的表面粗糙度，因此常规镀锌工艺添加 0.2%左右的 Al 已经不能满足免酸洗还原热镀锌工艺的要求，必须对锌液成分进行优化，提高 Al 含量，减少 Zn_xFe_y 合金相的产生。

锌液中 0.2%Al 的含量仍然相对较低，易造成免酸洗还原热镀锌镀层组织混乱。图 7-18 所示为在 20%H_2 中还原 3min，在含有 0.2%Al 的锌液中热浸镀 3s 后的镀锌组织。由于热轧带钢表面的粗糙度较大，低温（<600℃）还原的多孔铁增大了试样表面的粗糙度，0.2%Al 明显含量不足，所以最终的镀层中含有大量的 ζ、δ 合金相，如图 7-18a 所示。而对于高温还原的试样，如图 7-18b 所示，其表面还原产物为致密铁，由于还原率较低，残余大量的氧化铁皮，这些氧化铁皮起到了抑制层的作用，所以其镀层组织大部分是 η 相；但是由于 Al 含量仍然较低，未能形成有效的抑制层，故在界面处仍然形成了棒状 ζ 相。Zn-Fe 合金相的出现直接影响了镀层的黏附性。在 550℃还原的热镀锌板的镀层中出现了大量的 ζ、δ 合金相，所以其镀层的黏附性极差，当冷弯至 90°时，镀层已经出现大片脱落，如图 7-18c 所示。800℃还原的热镀锌板，尽管 Al 含量极低，但是残余氧化铁皮充当了抑制层，对 Zn 和 Fe 的扩散起阻碍作用，从而减少了 Zn-Fe 合金相的产生，这种镀层组织具有相对较好的黏附性，如图 7-18d 所示，2T 试样的弯角部位无肉眼可见的明显裂纹。

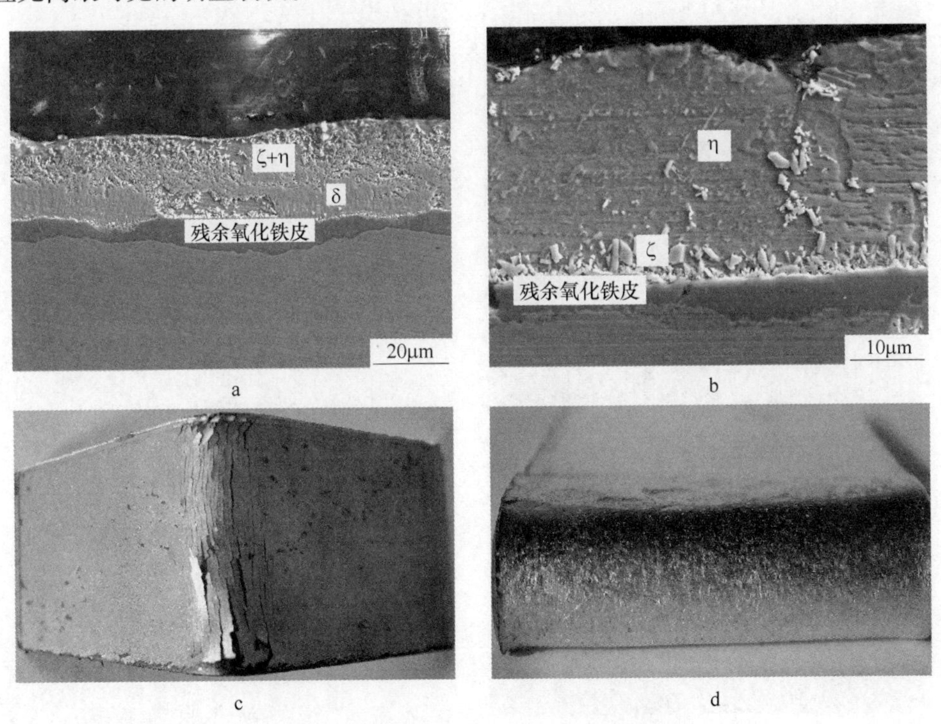

图 7-18　镀层断面典型形貌和 T 弯试样

a—550℃还原镀锌板断面形貌；b—800℃还原镀锌板断面形貌；

c—550℃还原镀锌板 90°弯曲试样；d—800℃还原镀锌板 2T 冷弯试样

将热轧原板在 50%H_2-N_2 中 800℃还原 3min，然后浸入含有 0.2%Al 的锌锅 3s，用 EPMA 分析热镀锌板表面的镀层组织及元素的分布规律，结果如图 7-19 所示。由 O 和 Fe 元素面扫描结果可知，试样表面的氧化铁皮已经大部分被还原

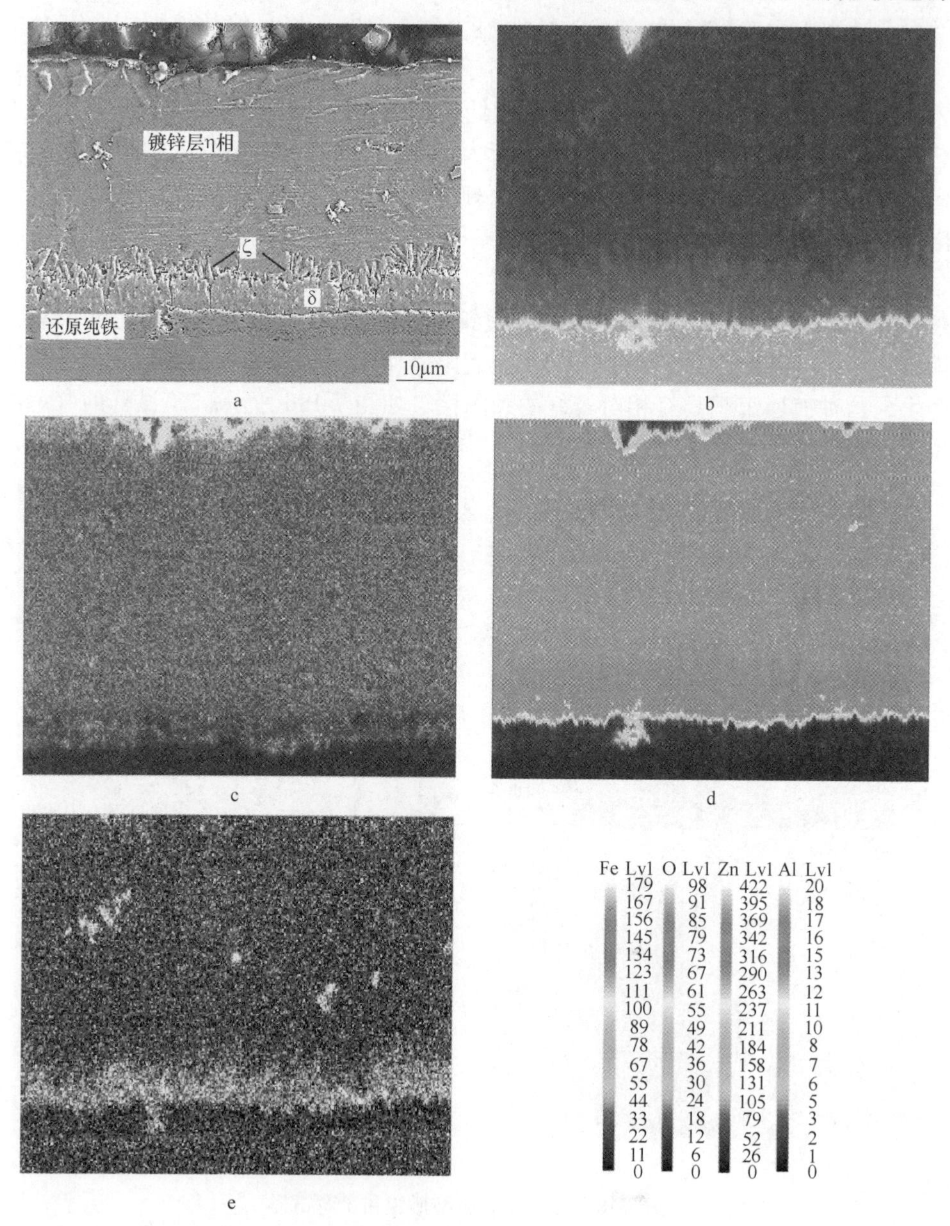

图 7-19　镀层断面元素分析

（扫描书前二维码看彩图）

a—断面形貌；b—Fe；c—O；d—Zn；e—Al

为纯铁，但是在镀层与基体界面处的 Al 元素的面扫描结果中，Al 主要存在于靠近界面处的 δ、ζ 相中，未形成明显的层状富集。由此可见，在该工艺条件下，Al 含量 0.2%仍然相对不足，未能形成有效的 Fe_2Al_5 抑制层，Al 元素主要固溶在 Zn-Fe 合金相中，这也是界面处 Zn-Fe 合金相大量出现的原因。这种结构的镀层的附着性较差，在 T 弯试验时会产生大量裂纹和镀层剥落。

逐渐增加锌液中的 Al 元素含量，最终发现当铝含量达到 0.6%时镀层组织均匀性最好。热轧带钢升温至 800℃在 20% H_2-N_2 中还原 3min，然后浸入含有 0.6%Al 的锌锅 3s，快速冷却至室温，镀层断面组织和元素分析结果如图 7-20 所示。通过 O 和 Fe 元素分布状况的面扫描结果可以看出，试样表面仍然有大量的氧化铁皮残留，但是还原反应同时在试样表面和氧化铁皮/基体的界面两个方向上进行，所以上下两层还原纯铁将残余的氧化铁皮夹裹，形成纯 Fe/氧化铁皮/纯 Fe 的三层结构。Al 元素在锌层与基板界面有明显的富集，可见，当提高 Al 含量至 0.6%后，Al 含量充裕，能够满足热轧带钢表面状态的需要，在热浸镀过程中形成有效的 Fe_2Al_5 抑制层，从而阻止 Zn_xFe_y 合金相的产生，最终的镀层中只有 η 相。

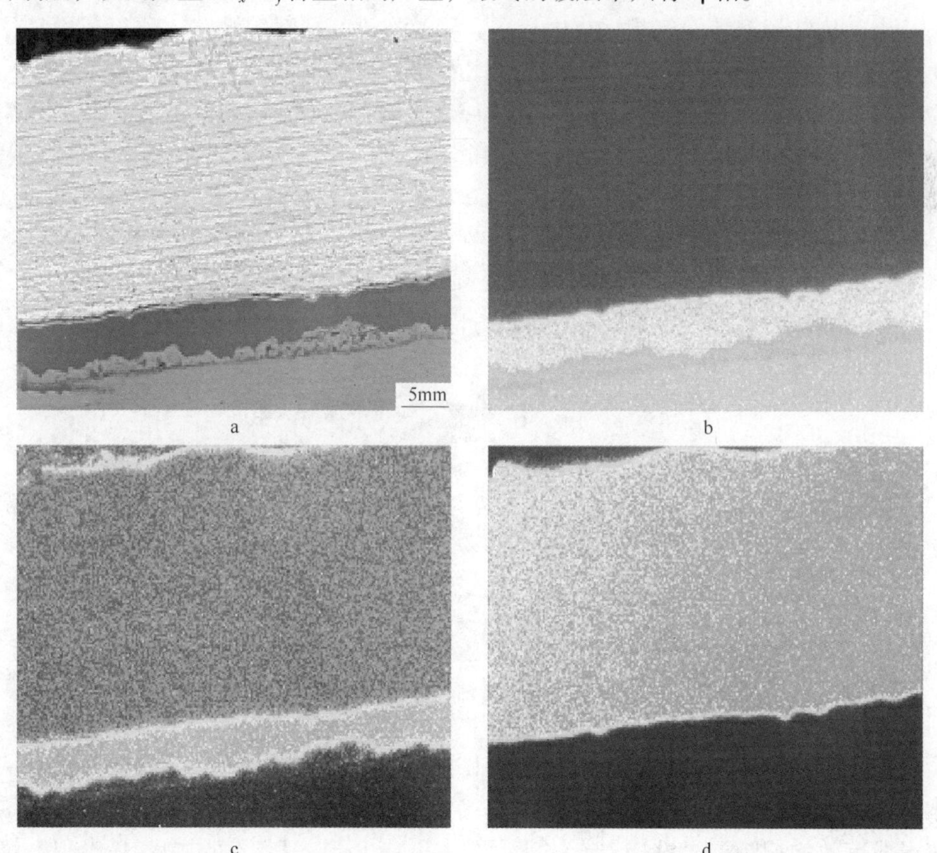

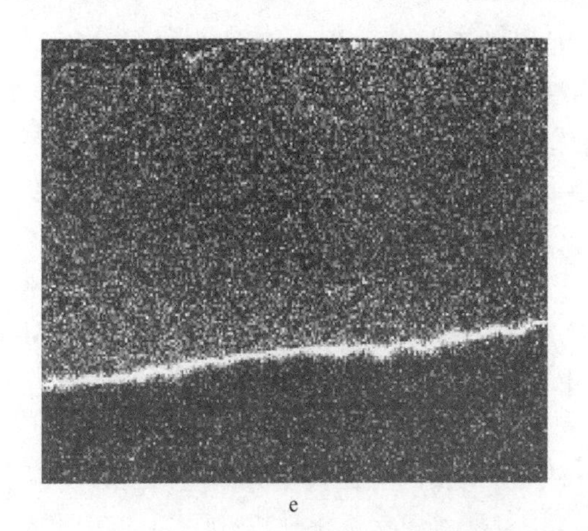

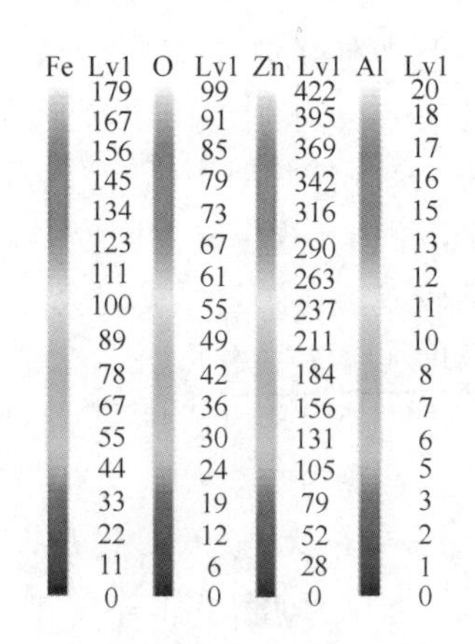

e

图 7-20　热镀锌板镀层成分分析结果

a—表面形貌；b—Fe；c—O；d—Zn；e—Al

（扫描书前二维码看彩图）

由于热轧带钢表面氧化铁皮中存在大量的裂纹、孔隙等缺陷，所以还原气体 H_2 能够通过这些通道到达氧化铁皮/基体的界面，进而与内层的 FeO 发生还原反应。由于 FeO 的反应产物纯铁中包含了许多孔洞，减小了气体反应物和产物在固体产物层中的扩散阻力，这样就促使内部还原反应快速进行，最终形成纯 Fe/氧化铁皮/纯 Fe 的三层结构。氧化铁皮与基体的界面上存在大量的空穴、孔洞等，是氧化铁皮在基体附着成形时的薄弱环节。而内部 FeO 的还原反应产物 Fe 在基体上形核长大，减小表面能，有利于提高黏附性。这种组织的镀层的黏附性良好，经由 180°冷弯后，在 2T 弯曲试样的弯角部位未出现肉眼可见的开裂和剥落，如图 7-21 所示。

图 7-21　热轧还原热镀锌板的 2T 弯曲试样弯角

铝元素在锌液里的作用是形成 Fe_2Al_5 抑制层，阻止 Zn-Fe 合金相的产生。从本节两种含量 0.2%Al、0.6%Al 的镀锌结果来看，0.2%Al 含量相对不足，不足以形成有效的抑制层，试样浸入锌液后，由于缺少 Fe_2Al_5，镀层中容易出现大量的锌铁合金相。在锌液中镀层的形成过程如图 7-22 所示。

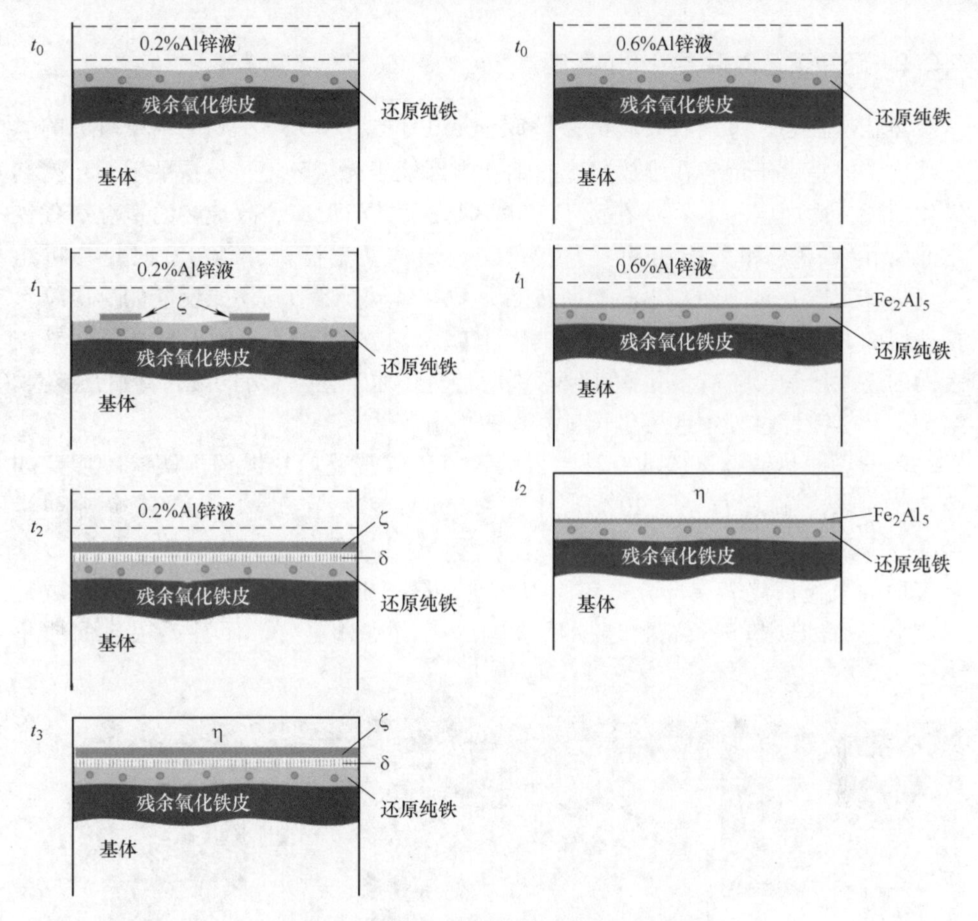

图 7-22 不同 Al 含量锌液中镀层形成过程

对于还原率较高的试样，即试样表面氧化铁皮大部分被还原为纯铁，假设试样进入锌锅时刻为 t_0，镀层组织随着时间变化，根据 Marder[13] 的研究结果，基板进入锌锅后，在还原纯铁的表面首先发生 ζ 相的形核（t_1），紧接着在 ζ 相与还原纯铁的界面处形成 δ 相（t_2），这两层的出现并没有明显的时间差，两相很快生长形成层状结构（t_3）（$t_0<t_1<t_2<t_3$）；而对于还原率较低的试样，氧化铁皮表面只发生少量的还原，还原纯铁量较少，则在锌锅中只形成少量的棒状 ζ 相，还原纯铁的数量较少，不足以支持 δ 相的形成，而大量残余氧化铁皮呈层状分布，阻碍了 Fe 和 Zn 的合金化反应，所以其镀层主要由纯锌相（η）组成，只在镀层与试样界面上分布着少量的棒状 ζ 相。将锌液中 Al 含量提高至 0.6%，试样进入锌锅后，Al 能够很快与试样表面的还原纯铁反应形成 Fe_2Al_5，这层均匀而致密的合金层能够阻止 Zn 和 Fe 的相互扩散，从而抑制 δ、ζ 等合金相的出现，使最终的镀层组织由均匀的 η 相组成。

7.2.2　还原工艺对镀层组织的影响

热轧过程中，带钢表面通常会形成一层由 $Fe_{1-y}O$、Fe_3O_4 和 Fe_2O_3 组成的氧化铁皮，但是由于钢卷在堆放空冷时钢卷内部处于无氧环境，外层的 Fe_2O_3 持续氧化消耗，而内层的 $Fe_{1-y}O$ 在低于 570℃时发生共析反应，故最终的室温氧化铁皮通常由 Fe_3O_4 和共析组织（Fe_3O_4/Fe）组成。温度高于 570℃时，共析组织（Fe_3O_4/Fe）和 Fe_3O_4 逐渐逆向转变为 $Fe_{1-y}O$，所以参与还原反应的反应物包括外层的 Fe_3O_4、共析组织和高温时逆向转变产物 $Fe_{1-y}O$。不同温度下氧化铁皮表面的还原产物形貌有多孔铁和致密铁两种。还原工艺会影响还原产物的形貌和结构，及热镀锌过程中镀层生长过程和镀层附着性。

用于还原热镀锌试验的钢种为低碳钢，免酸洗还原热镀锌板实验物照片如图 7-23 所示，试样首先在 20%H_2 中还原 3min，然后在 0.12%Al 的锌锅中热浸镀 3s。试样只有下部分浸入锌锅，上半部分为还原状态。经 3min 还原后，基板表面的氧化铁皮表层部分被还原为纯铁，呈现出金属光泽，随着还原温度的升高，还原纯铁趋于致密，还原后带钢的表面质量更好，而且镀层表面质量更优。

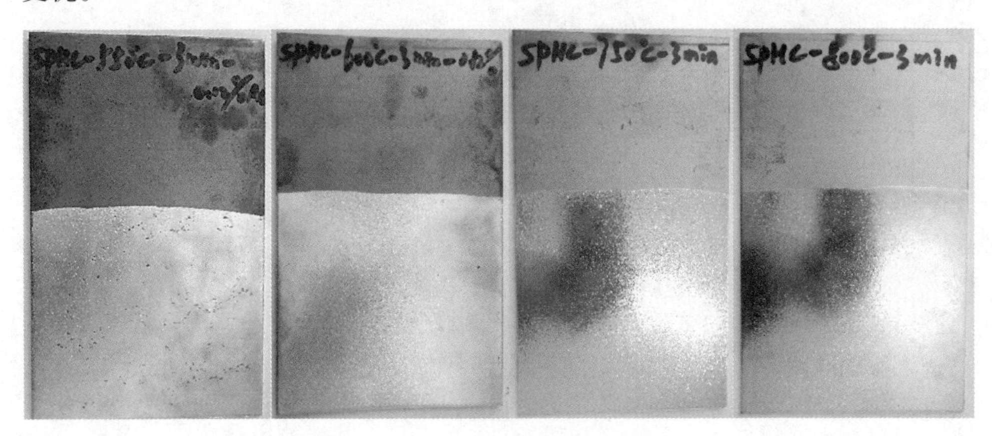

图 7-23　还原热镀锌试样实物照片

以热轧低碳钢为原料，经不同温度还原后试样的表面形貌、断面形貌以及热镀锌板的镀层微观形貌如图 7-24 所示。在低于 600℃温度还原时，氧化铁皮的还原产物为多孔铁，经还原后试样表面分布着大量的孔洞，由于这些孔洞的存在，造成热镀锌原板表面粗糙，表面积增大；锌液中仅含 0.12%的铝，含量很低，再加上热轧原板表面粗糙度大，在热镀锌时不足以形成抑制层，使得镀层中 δ、ζ 等锌铁合金相迅速生长，最终镀层由靠近氧化铁皮界面的栅状 δ 相和外层 ζ 与 η 混合相组成，如图 7-24a-2、b-2 所示。这种组织镀层的黏附性极差，冷弯时镀层呈大片状脱落。还原温度升高至650℃以上，还原产物表面呈现为致密状，如图7-24c、d所示，还原后试样表面质量较好，但是由于致密铁的形成，造成还原率较低，所以在试样表面有大量的氧化铁皮残留，如图7-24c-1、d-1所示。由于热轧原板表面粗糙度大，而且锌液中铝含量较低，在锌锅中表面少量的还原纯铁会与锌反应生成少量的棒状的ζ相，如图7-24c-2、d-2所示，残余氧化铁皮会阻碍Zn和Fe的扩散，从而阻止合金相的产生。

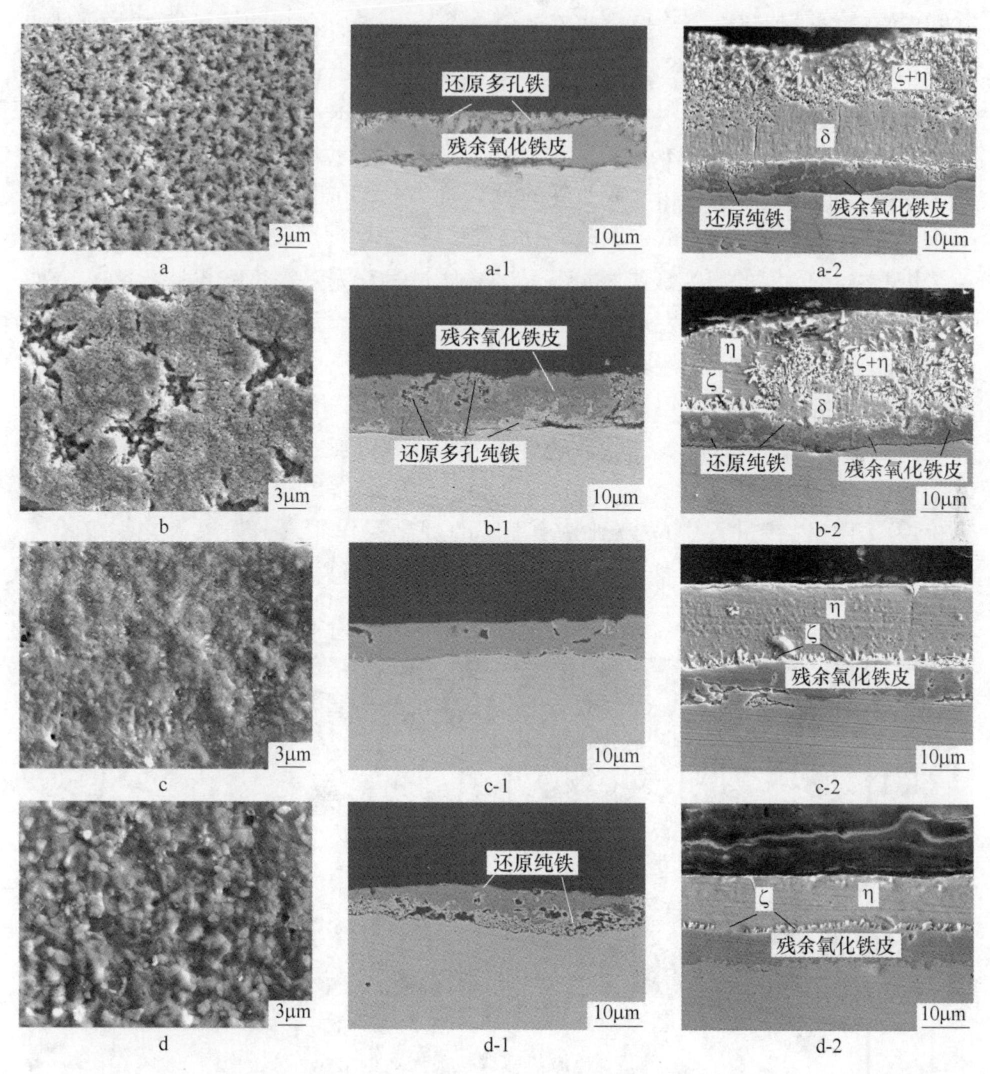

图7-24　还原工艺对镀层组织的影响

a，a-1，a-2—550℃；b，b-1，b-2—600℃；c，c-1，c-2—750℃；d，d-1，d-2—800℃

热轧带钢表面通常会被一层厚度约6~10μm的氧化铁皮覆盖，在低浓度H_2

中短时间还原很难将氧化铁皮完全还原为纯铁，最终的断面形貌中，容易残余一些氧化物，这些氧化物对于镀层组织的黏附性有重要的影响。

图 7-25 所示为热轧带钢免酸洗还原热镀锌板镀层的典型组织，试样首先在 50%H_2 中还原 3min，然后在 0.2%Al 的锌锅中热浸镀 3s。在氧化铁皮被完全还原的部位，如图 7-25a 所示，由于热轧带钢表面粗糙，0.2%Al 含量相对不足，试样进入锌锅后未能形成有效地抑制层（Fe_2Al_5），因此锌液中的 Zn 与还原纯 Fe 可以无阻碍充分扩散反应，形成典型的包含 δ、ζ、η 合金相的层状组织。同时如图 7-25b 所示，图中中间区域的氧化铁皮被完全还原，该区域 δ、ζ 合金相快速生长，形成类似的爆发组织，两侧有少量氧化铁皮残余，由于氧化铁皮表面部分被还原为纯 Fe，所以在锌锅中 ζ 相能够快速在试样表面形核并长大，但表面还原纯铁较少，不足以提供 δ 相形成所需的 Fe，而残余的氧化铁皮又以阻碍物的形式阻止了 Zn 与 Fe 的相互扩散，因此起到了类似 Fe_2Al_5 抑制层的物理阻碍作用，这一结论与 Jordan[14] 的研究成果相同。Jordan 通过研究完整氧化铁皮层作为一个抑制层对镀层组织的影响，发现完整的氧化铁皮层在热镀锌过程中可起到抑制层的作用，作为一个物理阻碍层阻止铁和锌的接触反应，从而避免热镀锌过程中锌铁合金相的产生；但这种作用是暂时的，只对短时间镀锌有效，因为氧化铁皮层中存在裂纹、微孔洞等缺陷，这些缺陷可作为 Zn 扩散的通道，一旦 Zn 与基体金属铁接触，就会快速形成 δ 相、ζ 相等合金相，形成爆发组织。由此可见，完整的氧化铁皮在热镀锌过程中可起到一定程度的抑制层作用，但如果氧化铁皮不连续，那么在不连续部位可能会出现锌铁合金相的快速生长，造成镀层组织的不均匀。

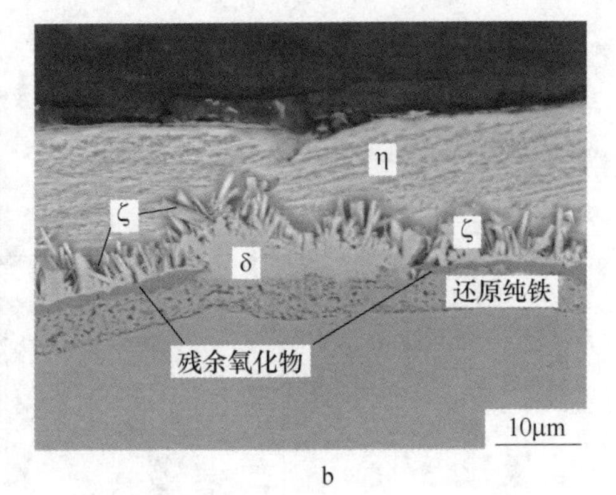

图 7-25　还原热镀锌板镀层典型组织

a—无氧化铁皮残余；b—有氧化铁皮残余

如果还原不充分，那么试样表面将残留有较多的氧化铁皮，这些氧化铁皮将影响镀层的成型性。图 7-26 所示为冷弯试样弯角部位的断面形貌，由于氧化物的常温脆性，不易发生塑性变形，故受力容易出现断裂。在弯曲过程中，由于受平行方向上的拉应力，氧化铁皮易发生断裂，而表面的纯锌镀层的延展性良好，故仍然保持完整性。由此可见，残余氧化铁皮对于镀层的成型性是一个不利因素，需通过调整还原工艺将其还原，提高镀层的成型性。

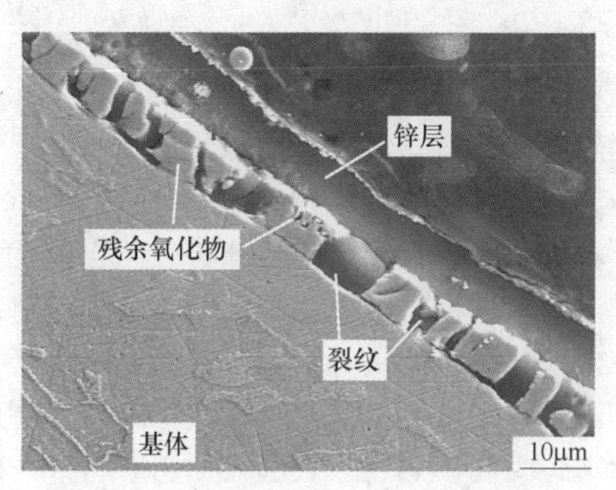

图 7-26 T弯试样弯角部位断面形貌

由于残余氧化铁皮对镀层组织和附着性的影响，还原工艺影响着免酸洗还原热镀锌板的镀层组织和性能。将实验用低碳钢在 20%H_2-N_2 不同温度条件下还原 3min，在 0.6%Al-Zn 锌液中热浸镀 3s 获得热镀锌试样，从试样上取样检测统计还原率并做 2T 弯曲试验，结果如图 7-27 所示。还原温度决定了还原纯铁的形貌，因此在 600~700℃温度区间出现还原率低谷，发生在 550℃和 800℃的还原反应还原率较高，能够达到 30%左右。由于在 600℃还原产物为致密状，因此随着还原率的升高，热镀锌板的镀层附着性提高，800℃还原的热镀锌的镀层附着性最好；550℃还原反应的还原率较高，但是由于在该温度下还原的反应产物是

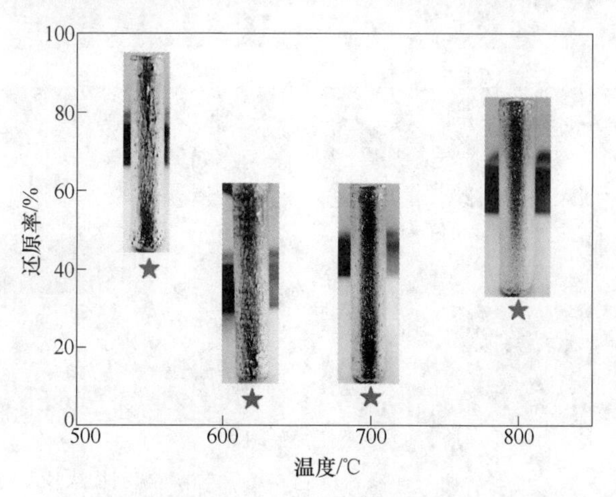

图 7-27 还原温度与还原率及镀层附着性的关系

多孔状海绵铁，这种分布着粗大孔洞的组织本身的附着性较差，还会增大基板的粗糙度，造成 Al 含量相对不足，形成脆性的 Zn-Fe 合金相，因此 550℃ 还原的热镀锌板镀层附着性较差。提高还原率的手段包括延长还原时间、提高还原性气体 H_2 浓度等。

7.2.3 原板表面状态对镀层组织的影响

热镀锌原板的表面状态是影响镀层组织均匀性的重要因素。对于冷轧板或酸洗板，其原板表面的条状结疤、原板划伤、孔洞等缺陷将影响镀锌后镀层组织和镀层表面状态。与冷轧板和酸洗板相比，热轧板表面粗糙度大，并且在氧化铁皮的高温生长过程和层流冷却过程中由于生长应力和热收缩引起的内应力容易造成带钢表面氧化铁皮中出现孔隙、裂纹等缺陷；并且由于带钢表面氧化铁皮的常温脆性，在带钢开卷、矫直过程中氧化铁皮极易发生断裂，产生裂纹，将进一步恶化热轧带钢的表面状态，因此，热轧原板的表面状态将极大地影响镀锌后镀锌板的表面质量。图 7-28 所示为还原热镀锌板的镀层表面形貌，图 7-28a 为镀层良好部位的表面形貌，该处镀层为纯锌相（η），其表面平整，晶界清晰；图 7-28b 为还原热镀锌缺陷位置的表面形貌，在这些位置形成了大量的凸起。

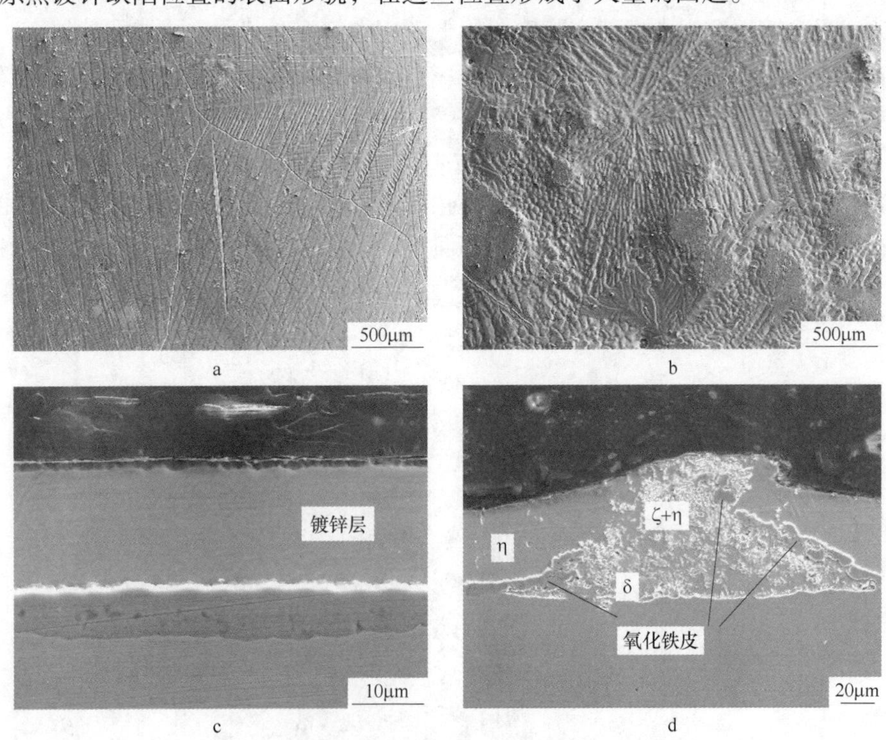

图 7-28 还原热镀锌板表面和断面形貌

a，c—正常部位；b，d—凸起部位

通过对断面组织的检测发现，这些凸起部位对应的镀层组织混乱，包括 δ、ζ 等合金相，正是由于这些合金相的快速生长，造成缺陷位置的组织凸起。如图 7-28c 所示，在镀层良好部位，还原后的氧化铁皮组织完整，0.6%Al 能够在试样表面形成 Fe_2Al_5 抑制层，从而避免 Zn-Fe 合金相的产生，镀层完全为 η 相组织，镀层组织、厚度均匀性良好。当热轧原板表面氧化铁皮存在缺陷时，Zn 能够通过这些缺陷与基板金属 Fe 反应，从而形成 δ、ζ 等合金相，这些合金相的生长速率很快，快速生长的合金组织会将氧化铁皮从基体界面顶起，使得氧化物进入到镀层中，并且合金组织的生长速率高过 η 相，在局部区域形成凸起，如图 7-28d 所示。

存在表面缺陷的试样在热浸镀过程中，表面镀层组织的演变过程的示意图如图 7-29 所示。如图 7-29 中（1）所示，在热轧带钢表面氧化铁皮存在裂纹、孔洞等孔隙，在还原过程中，这些缺陷成为 H_2 向内转变的通道，还原反应同时发生在试样表面及这些缺陷周围的氧化物中，最终形成图 7-29 中（2）所示不规则的还原产物组织。由于氧化铁还原为纯铁，是一个体积收缩的过程，所以这些缺

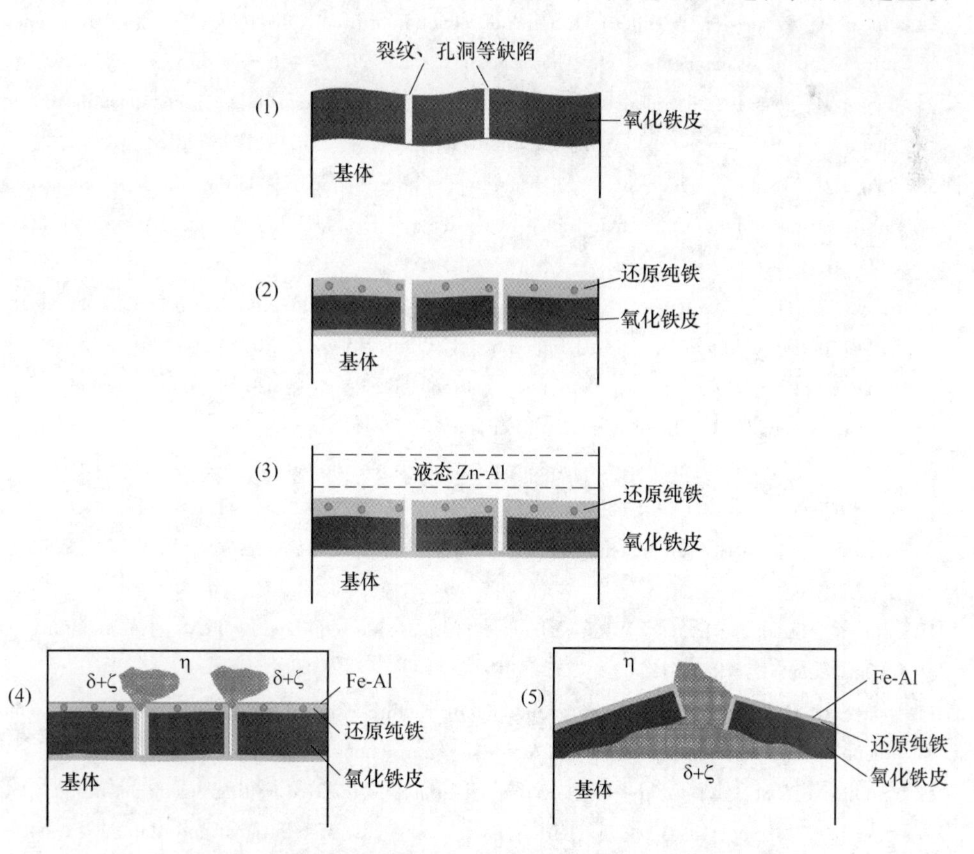

图 7-29　原板表面状态对镀层组织的影响机理示意图

陷经还原后不会愈合。当这种带有缺陷的试样进入锌液后，由于缺陷位置 Al 含量相对不足，同时又有充足的 Fe 供应，因此 Zn 和 Fe 能够快速反应形成 δ、ζ 合金相，如图 7-29 中（4）所示。而对于某些氧化铁皮与基体结合不紧密的位置，δ、ζ 合金相的快速生长还可能将氧化铁皮顶起，使这些破碎的氧化物进入镀层中，如图7-29 中（5）所示。如此一来，在缺陷位置容易形成 Fe-Zn 合金，而这些快速生长的合金相极易造成镀层的表面凸起。

参 考 文 献

[1] Lin H, Chen Y, Li C. The mechanism of reduction of iron oxide by hydrogen [J]. Thermochimica Acta, 2003, 400 (1): 61~67.

[2] Pineau A, Kanari N, Gaballah I. Kinetics of reduction of iron oxides by H_2 Part Ⅰ: Low temperature reduction of hematite [J]. Thermochimica Acta, 2006, 447 (1): 89~100.

[3] Pineau A, Kanari N, Gaballah I. Kinetics of reduction of iron oxides by H_2 Part Ⅱ. Low temperature reduction of magnetite [J]. Thermochimica Acta, 2007, 456 (2): 75~88.

[4] Bahgat M, Sasaki Y, Hijino S, et al. The effect of grain boundaries on iron nucleation during wüstite reduction process [J]. ISIJ International, 2004, 44 (12): 2023~2028.

[5] Bahgat M, Sasaki Y, Iguchi M, et al. The effect of grain boundaries on the surface rearrangement during wüstite reduction within its range of existence [J]. ISIJ International, 2005, 45 (5): 657~661.

[6] Sasaki Y, Bahgat M, Iguchi M, et al. The preferable growth direction of iron nuclei on wüstite surface during reduction [J]. ISIJ International, 2005, 45 (8): 1077~1083.

[7] Bahgat M, Sasaki Y, Ishii K. Correlation between surface structure and iron nucleation in the wustite reduction [J]. Steel Research International, 2004, 75 (2): 113~121.

[8] Hayes P C. Stability criteria for product microstructures rormed on gaseous reduction of solid metal oxides [J]. Metallurgical and Materials Transactions B, 2009, 41 (1): 19~34.

[9] Kurz W, Fisher D J. Fundamentals of Solidification [M]. Aedermannsdorf: Trans Tech Publications, 1986.

[10] Rau M, Rieck D, Evans J W. Investigation of iron oxide reduction by TEM [J]. Metallurgical Transactions B, 1987, 18 (1): 257~278.

[11] Hayes P C. Stability criteria for product microstructures formed on gaseous reduction of solid metal oxides [J]. Metallurgical and Materials Transactions B, 2010, 41 (1): 19~34.

[12] Bellhouse E M, McDermid J R. Selective oxidation and reactive wetting during hot-dip galvanizing of a 1. 0 pct Al-0. 5 pct Si TRIP-assisted steel [J]. Metallurgical and Materials Transactions A, 2012, 43 (7): 2426~2441.

[13] Marder A R. The metallurgy of zinc-coated steel [J]. Progress in Materials Science, 2000, 45 (3): 191~271.

[14] Jordan C, Marder A. The effect of iron oxide as an inhibition layer on iron-zinc reactions during hot-dip galvanizing [J]. Metallurgical and Materials Transactions B, 1998, 29 (2): 479~484.

8 热轧钢材氧化铁皮控制技术应用

本章在前面各章获得的主要研究成果的基础上，确定了针对不同规格、不同级别钢种的氧化铁皮的控制路线，并结合各个工厂的实际现场情况，进行了一系列的工业试制，以实现由实验室向工业生产现场的转移。在工业生产过程中严格控制各种工艺参数，最终的试轧结果既满足了各个钢种的各项性能，同时也满足了现场对钢板表面质量的要求。

8.1 薄规格（厚度≤6mm）的免酸洗钢试制

8.1.1 试验材料的成分和轧制工艺

工业试制采用的钢种为汽车大梁钢 HY490，原有 HY490 的化学成分见表 8-1。实验钢原有的热轧工艺见表 8-2。

表 8-1 实验钢原有的化学成分

试样	C/%	Mn/%	Si/%	P/%	S/%	Als/%
HY490	0.05~0.10	1.00~1.20	0.1~0.25	≤0.025	≤0.015	≥0.015

表 8-2 实验钢原有的热轧工艺

试样	厚度/mm	开轧温度/℃	终轧温度/℃	卷取温度/℃
HY490	6	1040~1070	900~920	600~650

F. Velasco[1] 提出，当钢中 Si 的含量在 0.2%以上时，在轧制过程中，在钢基体与氧化铁皮的界面处易形成 Fe_2SiO_4 和 FeO 的共析产物。尤其是温度在 1173℃以上时，Fe_2SiO_4 呈现液态；液态 Fe_2SiO_4 容易沿着基体的晶界渗透到钢板内部，并且对 FeO 起到包覆作用，所以随着温度下降，在除鳞过程中，被 Fe_2SiO_4 包覆的 FeO 不易被除掉，在后续的轧制过程中，FeO 容易被轧碎；破碎的 FeO 在卷取冷却过程中，易被氧化成 Fe_2O_3，即形成红色氧化铁皮。免酸洗钢要求钢板表面的氧化铁皮不能成红色，氧化铁皮中的 Fe_3O_4 含量在整个氧化铁皮层中占 70%以上。因此，消除钢板表面的红色氧化铁皮是生产免酸洗钢的主要任务之一。针对实验钢中 Si 的含量在 0.3%左右，提出 Si 在允许的范围内尽量降到 0.20%以下。调整后实验钢的化学成分见表 8-3。

表 8-3 实验钢改进后的化学成分

试样	C/%	Mn/%	Si/%	P/%	S/%	Als/%
HY490	0.05~0.10	1.00~1.20	≤0.10	≤0.025	≤0.015	≥0.015

适当调整开轧和终轧温度、合理制定卷取温度和缩短轧制道次间隔时间是控制氧化铁皮厚度和结构的有效手段。通过实验室的研究结果，对现场的热轧工艺进行调整，见表 8-4。

表 8-4 实验钢改进后的热轧工艺

试样	厚度/mm	开轧温度/℃	终轧温度/℃	卷取温度/℃
HY490	6	1000~1030	870~890	550~590

针对现场的工艺情况，要求在试轧过程中轧线全长除鳞，保证除鳞水压力不小于 18MPa，层流冷却采用前段冷却方式；在允许的范围内尽量提高轧制速度和精轧机架 F7 的抛钢速度。

8.1.2 工业试制结果及分析

分别对现场原有的生产工艺和改进后的生产工艺的钢卷进行取样分析。取样位置分别是沿板宽的中心、1/4 处和边部。在两种生产工艺下，氧化铁皮的断面形貌如图 8-1 所示。原始工艺条件下，钢板边部的氧化铁皮中有较多的 FeO 残留，并且未观察到有共析的 Fe 和 Fe_3O_4 的混合物出现；钢板 1/4 处的氧化铁皮中，有大量的 FeO 残留，残留量接近 50%；在铁皮的最外侧虽然有一层 Fe_3O_4 层，但未发现有共析混合物。因此，整个铁皮的 Fe_3O_4 含量与免酸洗钢要求的 Fe_3O_4 占 70%的比例相差甚远，钢板中心处的氧化铁皮中有大量的 FeO 残留，并且氧化铁皮与基体结合的不够紧密。改进工艺后，钢板边部的氧化铁皮中 FeO 已大部分转变成共析产物，只有在靠近基体侧有少量的 FeO 残留；钢板 1/4 处氧化铁皮与基体结合得非常好，并且氧化铁皮的厚度均匀；外侧独立的 Fe_3O_4 层和共析转变后生成的 Fe_3O_4，加起来的总量也超过了 80%；在整个氧化铁皮中也发现了有残留的 FeO 的存在；钢板中心的氧化铁皮与基体的结合较牢固，并且氧化铁皮仅在靠近基体侧有少量的 FeO 残留。在热轧过程中控制氧化铁皮的结构实际上就是控制铁皮层中 Fe_2O_3、Fe_3O_4 和 FeO 所占的比例和厚度[2]。在热轧的过程中，由于温度较高，整个氧化铁皮层中主要以 FeO 居多。但通过调整热轧工艺参数尤其是卷取温度可以有效地控制铁皮中 Fe_2O_3、Fe_3O_4 和 FeO 各自所占比例和厚度的。图 8-2 所示为在两种不同的工艺下钢卷各个部分氧化铁皮层中 Fe_3O_4 所占比例。

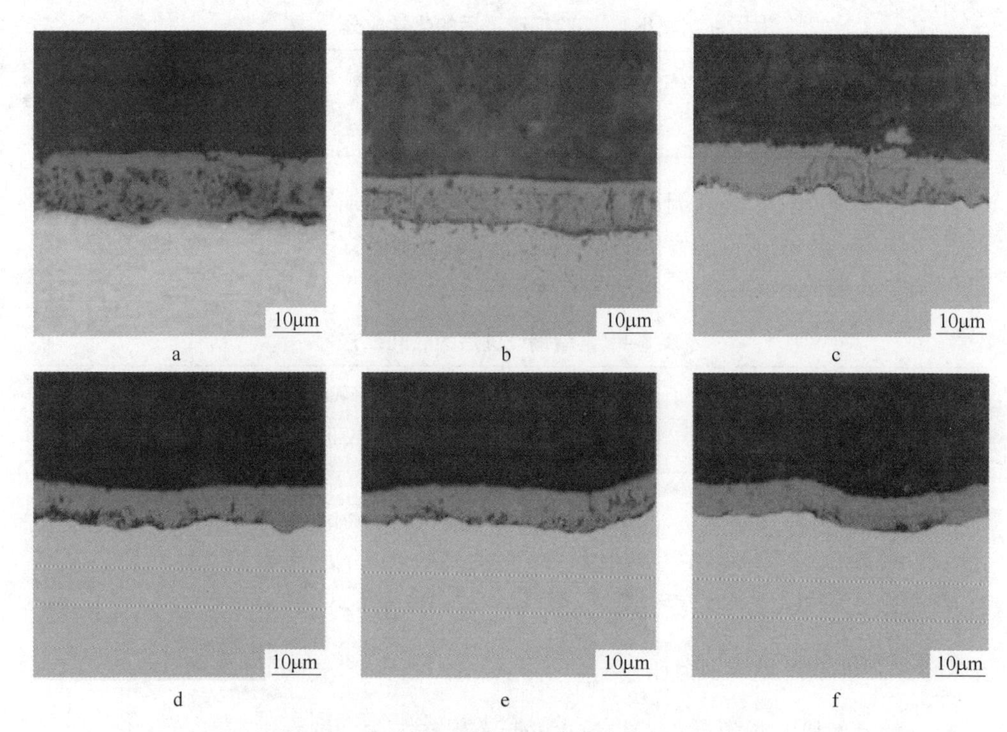

图 8-1　实验钢不同位置氧化铁皮的断面形貌

a—原始工艺钢板边部；b—原始工艺钢板 1/4 处；c—原始工艺钢板中部；
d—改进工艺钢板边部；e—改进工艺钢板 1/4 处；f—改进工艺钢板中部

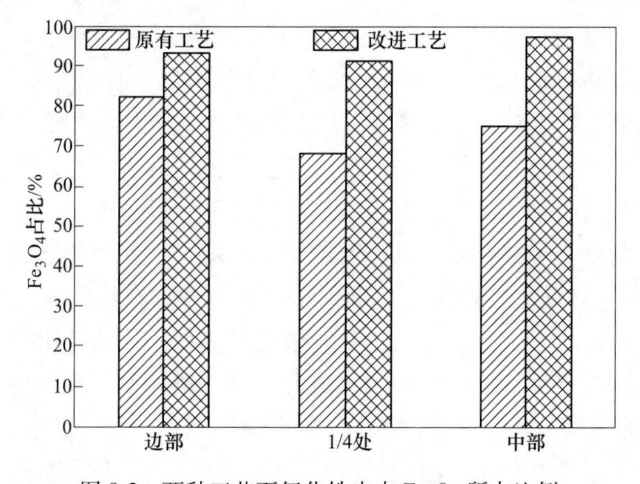

图 8-2　两种工艺下氧化铁皮中 Fe_3O_4 所占比例

图 8-3 所示分别为原始工艺和改进工艺条件下钢卷边部、1/4 处和中心冷弯实验后，弯曲面处氧化铁皮的脱落情况。从图 8-3 中可以看出，试样弯曲处的外

表面没有肉眼可见的裂纹。在原始条件下，钢板表面氧化铁皮的脱落情况较改进工艺的严重，并且在原始工艺下带钢的尾部氧化铁皮呈现片状脱落，说明氧化铁皮与基体的黏附性不好。改进工艺后，试样弯曲处外表面的氧化铁皮都没有呈片状脱落的现象，主要以细粉末状的形式存在。

图 8-3 实验钢不同位置弯曲试样实物照片

a—原始工艺钢板边部；b—原始工艺钢板 1/4 处；c—原始工艺钢板中部；
d—改进工艺钢板边部；e—改进工艺钢板 1/4 处；f—改进工艺钢板中部

（扫描书前二维码看彩图）

8.2 厚规格（厚度≥8mm）的免酸洗钢试制

常规的免酸洗工艺主要针对的是 510L 钢，采用的是低温卷取工艺，这对于高强度热轧钢材的性能尤其是塑性（延伸率指标）能否满足还有待进一步考虑，因此如何协调高强度热轧钢材的控轧控冷工艺与免酸洗钢生产工艺相适应是本项目亟待解决的主要问题之一，这方面国内外一直未涉足高强免酸洗钢的开发。

高强度厚规格（8mm 以上）的热轧带钢时，热轧钢材性能要求更高、更严格，而且高强度热轧钢材深加工过程中氧化铁皮起粉等问题会造成严重环境污染和人员健康问题，但国内外一直未涉足高强免酸洗钢的开发；同时目前汽车生产企业对汽车用大梁板后续深加工工序不同，主要有以下两种生产工序：一种是带有涂油工序的（图 8-4a），另一种是不带有涂油工序，经开卷矫直后直接定尺的（图 8-4b），两种工序的主要差别在于是否存在涂油工序，前述常规的 510L 钢正是针对第一种工序条件下生产的免酸洗钢，而无涂油工序的生产工艺更容易产生氧化铁皮的脱落，目前还尚未开发出更适合其生产特点的免酸洗钢。在本项目研发中需要针对后续加工工艺特点进行氧化铁皮控制。

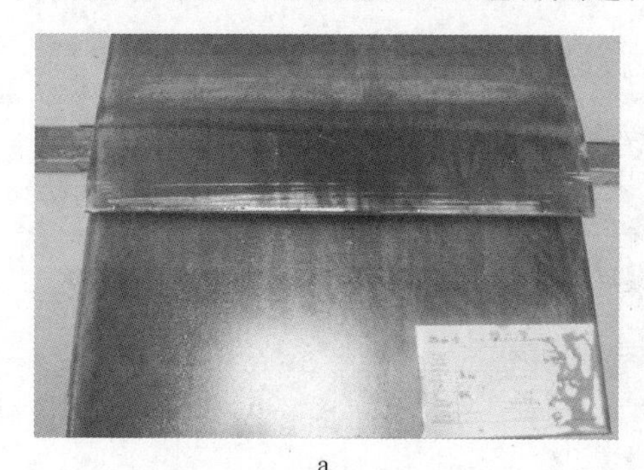

a

b

图 8-4　汽车用大梁板两种生产工序

a—涂油工序；b—无涂油工序

（扫描书前二维码看彩图）

8.2.1　高强钢氧化铁皮的实验室研究

8.2.1.1　不同类型氧化铁皮的剥落实验

汽车大梁钢在开卷、矫直和冲压过程中易形成氧化铁皮剥落。本节通过冷弯实验测定热轧过程中可能产生的 4 种类型氧化铁皮的剥落情况。这 4 种氧化铁皮的类型见表 8-5。将试样弯曲 90°后，用透明胶布对弯曲面进行黏附，黏附下的氧化铁皮视为弯曲试验中经外力后发生脱落的氧化铁皮。对黏附下的氧化铁皮在金相下进行定量分析，最后评定出不同结构氧化铁皮在相同外力作用下的剥落情况。

表 8-5　氧化铁皮结构

试样	氧化铁皮结构
类型Ⅰ	$Fe_3O_4/Fe_3O_4+Fe/FeO$（共析转化率≥70%）
类型Ⅱ	$Fe_3O_4/Fe_3O_4+Fe/FeO$（共析转化率≤50%）
类型Ⅲ	Fe_3O_4/FeO/proeutectoid Fe_3O_4（无共析转变）
类型Ⅳ	Fe_3O_4/FeO（无共析转变）

图 8-5 所示为 4 种类型氧化铁皮经弯曲 90°后黏附在胶带上的表面形貌。从剥落的图谱中可以看到，类型Ⅰ的氧化铁皮以细小的粉末状的形式剥落，在剥落的方向上也没有规律；类型Ⅱ和类型Ⅲ的氧化铁皮的剥落方式较为相似，均是以小块状的形式剥落，剥落的方向没有规律；类型Ⅳ的氧化铁皮成大片状剥落，并且剥落的方向均为沿着氧化铁皮层中裂纹的方向（即垂直于轧制方向）。

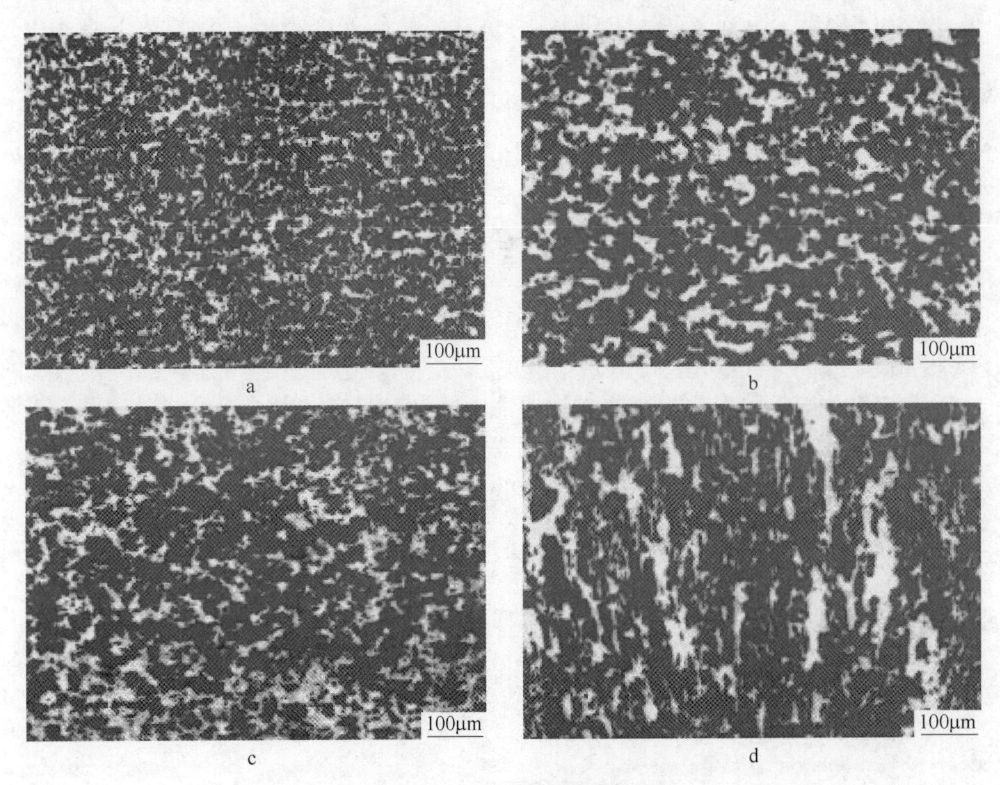

图 8-5 剥落氧化铁皮的表面形貌
a—类型Ⅰ；b—类型Ⅱ；c—类型Ⅲ；d—类型Ⅳ
（扫描书前二维码看彩图）

表 8-6 为不同氧化铁皮类型经冷弯剥落后统计的氧化铁皮剥落比例。从表 8-6 可以看出，不同类型氧化铁皮脱落量大致相当，但是脱落形式不同，随着 Fe_3O_4 含量增加，脱落形式由粉末状脱落向片状脱落过渡。因此，合理控制氧化铁皮结构中 FeO 和 Fe_3O_4 比例可以达到控制氧化铁皮剥落形态的目的。

表 8-6 不同结构氧化铁皮掉粉量

试样	氧化铁皮掉粉量/%
类型Ⅰ	65.50
类型Ⅱ	67.83
类型Ⅲ	67.60
类型Ⅳ	69.13

8.2.1.2 氧化铁皮掉粉与热轧工艺参数研究

通过实验室实验和统计现场实际工艺数据，可得出不同的热轧工艺参数与钢板表面氧化铁皮掉粉的关系（图 8-6）。当精轧开轧温度大于 1080℃以上时均出现了掉粉情况；随着开轧温度降低，在保证终轧温度情况下提高轧制速度，减少高温段氧化时间，氧化铁皮厚度也有所降低。因此，降低开轧温度有利于降低掉粉发生年。当终轧温度低于 880℃时，掉粉几率增加；随着终轧温度升高，在开轧温度固定情况下提高轧制速度，减少高温段氧化时间，氧化铁皮厚度也有所降低，但考虑到力学性能要求，终轧温度不能过高。因此，终轧温度应控制在 880~900℃之间。随着下轧制速度提高，高温段氧化时间减少，氧化铁皮厚度也有所降低。当 F7 轧制速度大于 5.5m/s 后，掉粉现象大大改观，因此，F7 轧制速度应控制在 5.5m/s 以上。

卷取温度与掉粉发生没有太大规律性，低温卷取均出现了掉粉情况，但如果提高卷取温度，氧化铁皮结构中四氧化三铁含量有所降低，合理控制卷取温度实现理想的氧化铁皮结构控制是避免掉粉的关键。

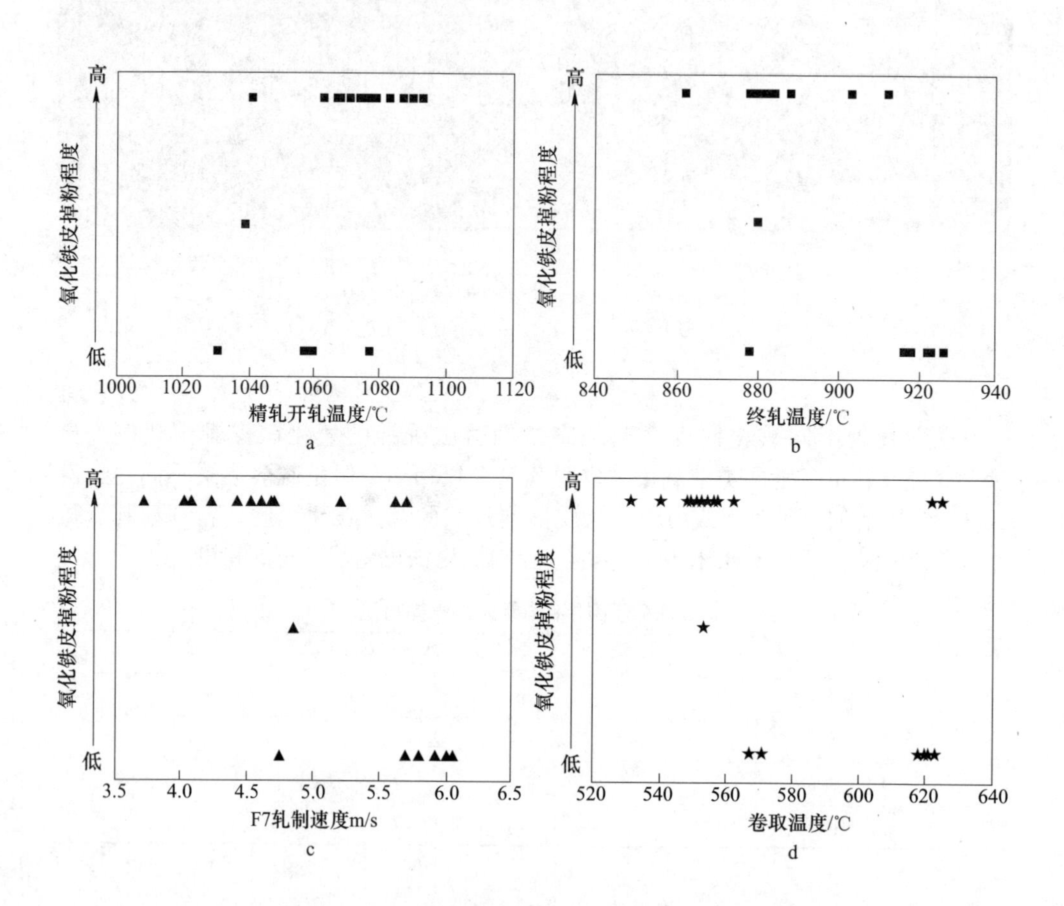

图 8-6　氧化铁皮掉粉与热轧工艺参数的关系图

a—精轧开轧温度；b—终轧温度；c—F7 轧制速度；d—卷取温度

8.2.2 高强钢氧化铁皮的工业试制

8.2.2.1 试验材料的成分和轧制工艺

工业试制采用的钢种为汽车大梁钢610L，其化学成分的设计思想与HY490相同，改进后的化学成分见表8-7。

表8-7 实验钢改进后的化学成分

试样	C/%	Mn/%	Si/%	P/%	S/%	Als/%	Nb/%	Ti/%	V/%
610L	0.071	1.485	0.131	0.006	0.003	0.044	0.062	0.002	0.016

根据高强钢特有的化学成分和较大的厚度，提出氧化铁皮的“柔性化”控制理论。氧化铁皮“柔性化”生产是一种无需增加设备和投资，不增加生产成本，可充分利用现有设备和工艺，根据下游生产企业加工工艺特点和要求，采用了“高温、快轧”的技术路线。其可通过合理控制冷却速度和卷取温度达到氧化铁皮结构的合理控制。

钢板表面氧化铁皮的结构：内层是疏松多孔的FeO细结晶组织，中间层是致密而无裂纹的呈玻璃状断口的Fe_3O_4，外层是柱状结晶构造的Fe_2O_3。在热轧条件下，氧化铁皮相中的FeO具有一定的塑性，而Fe_3O_4和Fe_2O_3没有塑性。一般FeO的破坏应力约为0.4MPa，Fe_3O_4的破坏应力约为40MPa，Fe_2O_3的破坏应力约为10MPa[3]。“高温、快轧”的工艺路线可以有效降低氧化铁皮厚度，提高氧化铁皮的附着力，同时从Fe-O相图可以看出，在570℃左右，FeO会发生共析反应生成Fe_3O_4和Fe[4]，如何合理控制冷却速度和卷取温度来达到控制氧化铁皮结构的目的是氧化铁皮柔性化一个突出特点。

下游企业不同的深加工工艺流程和要求对氧化铁皮结构的要求不同，有些深加工工艺流程有涂油工序，从保护冲压模具的角度出发，要求氧化铁皮在冲压过程中成粉末状脱落，与油混合形成油泥可起到加工过程润滑剂的作用。而没有涂油工序的加工企业更加关注工作环境的改善，要求氧化铁皮具有较好的附着力，在矫直过程中氧化铁皮能随钢板基体发生塑性变形而不发生剥落。

本节根据氧化铁皮脱离实验评判了不同的氧化铁皮结构的脱落特征，随着Fe_3O_4含量增加，氧化铁皮脱落特征由片状脱落转变为粉末状脱落。针对下游企业不同深加工工艺流程和要求对应不同氧化铁皮结构，提出两个热轧控制思路：

（1）针对没有涂油工序的加工过程，从保护改善工作环境角度出发，要求氧化铁皮结构以Fe_3O_4含量超过40%~70%，且FeO为岛状均匀分布在其中，氧化铁皮具有较好的附着力，在矫直过程中随基体发生塑性变形而不发生剥落。其“高温，快轧”控制工艺如下：

精轧开轧温度在1040~1070℃，终轧温度在880~920℃，精轧轧制速度为

4.5～10m/s。轧后冷却速率为 8～20℃/s，卷取温度控制在 560～650℃，控制卷取后 FeO 发生共析反应的量，达到合理控制氧化铁皮结构。

（2）针对下游企业不同深加工工艺流程和要求对应不同氧化铁皮结构，对有涂油工序的加工过程，从保护冲压模具角度出发，要求氧化铁皮结构以 Fe_3O_4 为主且含量超过 70%，在后续冲压过程中氧化铁皮以粉末状脱落形成油泥起到润滑模具作用，以延长模具的使用寿命。根据第 3 章中测得的 610L 的共析转变曲线的“鼻温区”为 350～450℃，从理论上来说应该将卷取温度定在这个温度范围内，但从实际生产情况来看，如果将卷取温度定在 350～450℃，610L 钢板很难满足延伸率等性能的要求，因此综合考虑上述因素将控制工艺定为：

精轧开轧温度在 1020～1050℃，终轧温度在 870～900℃，精轧轧制速度为 4.5～10m/s。轧后冷却速率为 12～25℃/s，卷取温度控制在 500～570℃，在卷取后 FeO 发生共析反应生成 Fe_3O_4 和 Fe，提高氧化铁皮中 Fe_3O_4 含量。

8.2.2.2　工业试制结果及分析

现场工业试制时的实测工艺参数见表 8-8。分别设定卷取温度为 620℃ 和 560℃，分别针对下游企业有涂油工序和无涂油工序，对两个钢卷冷却后进行开卷矫直，结果如图 8-7 所示。从图 8-7 中可以看出，当卷取温度为 562℃ 时，钢板开卷矫直后有粉末状的氧化铁皮脱落，这种类型的钢板是针对有涂油工序的下游企业。在下游企业，钢板经过冲压后，有粉末状的氧化铁皮脱落。脱落的粉状铁皮与油混合在一起形成油泥，可起到润滑的作用。卷取温度为 623℃，钢板开卷矫直后，没有氧化铁皮脱落，这是针对没有涂油、直接进行冲压的下游企业设计的。

表 8-8　实验钢改进后的热轧工艺

试样	精轧开轧温度/℃	终轧温度/℃	卷取温度/℃	F7 机架抛钢速度/$m \cdot s^{-1}$
610L	1057	923	623	5.92
610L	1063	883	562	4.42

图 8-8 所示为在卷取温度为 623℃ 时，钢板的边部、1/4 处和中心处氧化铁皮的断面形貌。在这个工艺下，边部氧化铁皮中原始 Fe_3O_4 层的厚度很大，但 FeO 基本没发生共析转变。在 1/4 处和心部只有很少量的共析转变发生，但大部分的 FeO 仍保留到室温。FeO 本身为 p 型金属不足型半导体，从 Fe 和 O 在铁的氧化物中的自扩散系数得知，Fe 在 FeO 的自扩散系数要远远大于在 Fe_3O_4 和 Fe_2O_3 中的扩散系数，说明其缺陷浓度要远远高于 Fe_3O_4 和 Fe_2O_3 中的缺陷浓度[5]。当有外力时，氧化铁皮中的微裂纹会发生延伸，当裂纹延伸到含有较多缺陷的 FeO 时

a

b

图 8-7 钢板开卷矫直后的宏观表面形貌

a—卷取温度为 623℃；b—卷取温度为 562℃

部分显微裂纹会终止扩散，在 FeO 的缺陷处停止，这就是当氧化铁皮层中含有大量的 FeO 时，在矫直过程中氧化铁皮不会脱落的主要原因。

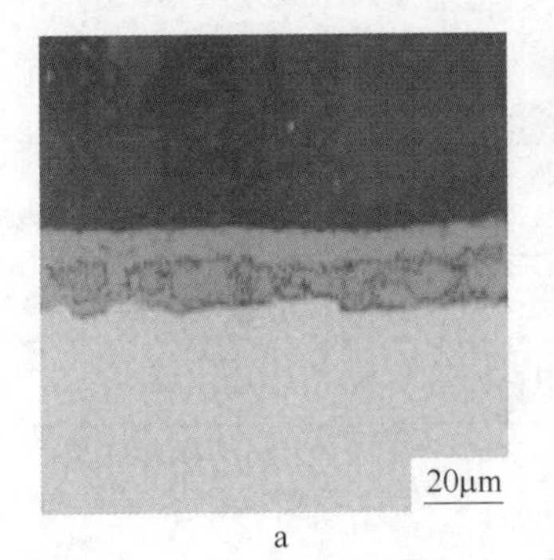

a

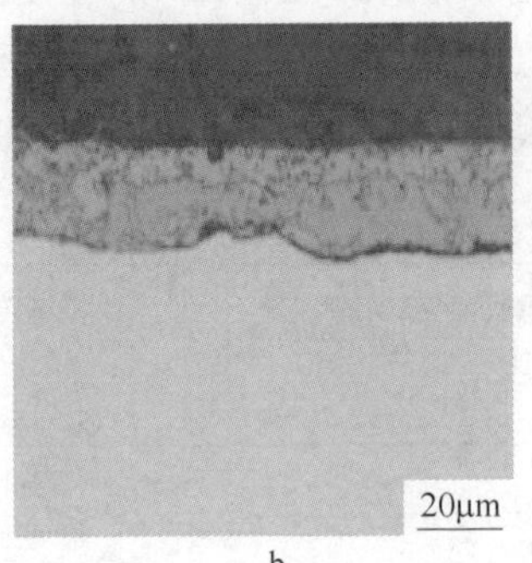

b

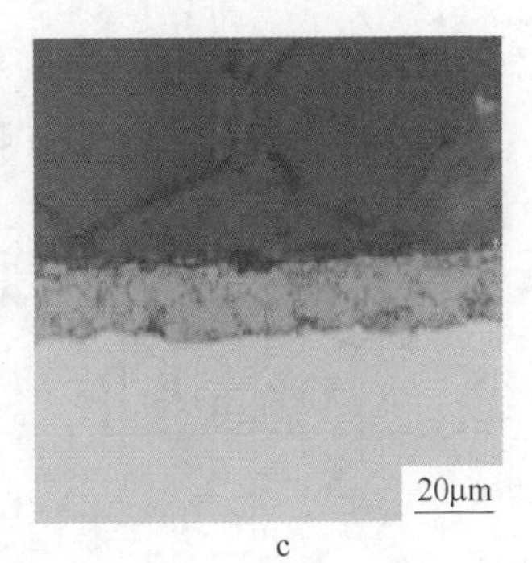

c

图 8-8 卷取温度为 623℃时氧化铁皮的断面形貌

a—边部；b—1/4 处；c—心部

图 8-9 所示为卷取温度为 562℃时，钢板的边部、1/4 处和中心处氧化铁皮的断面形貌。从图中可以看出，在边部有很厚的一层原始的 Fe_3O_4 层，高温时的 FeO 已经发生共析转变，形成了 Fe 和 Fe_3O_4，只在靠近基体侧有极少量的 FeO 残留；在钢板的 1/4 处和中心处的氧化铁皮层中，均有大量的共析产物形成。由于在这个工艺条件下发生大量的共析转变，因此，在氧化铁皮层中含有大量的 Fe_3O_4，在矫直过程中，含有较少缺陷的 Fe_3O_4 易发生破碎，形成粉末状的氧化铁皮。

表 8-9 为 610L 的性能要求。图 8-10 所示为 610L 在修改热轧工艺前后性能的变化情况。610L 攻关前屈服强度和抗拉强度的平均值分别为 560MPa 和 634MPa，强度处在中限水平，平均伸长率为 26%，满足标准要求；执行“高温、快轧”

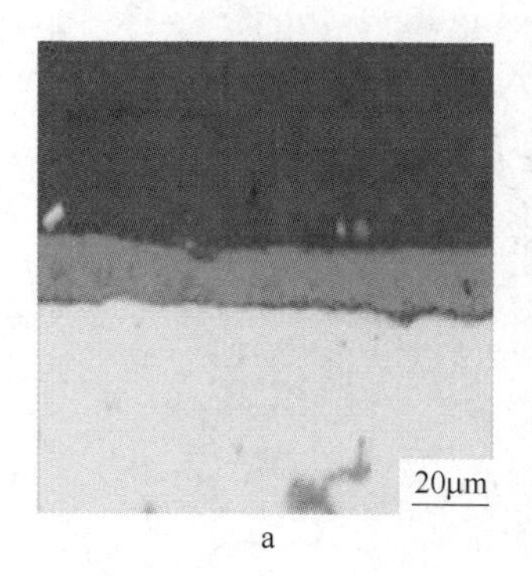

a

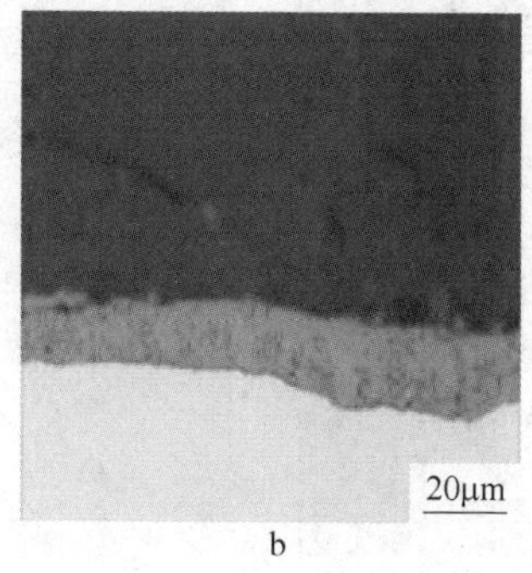

b

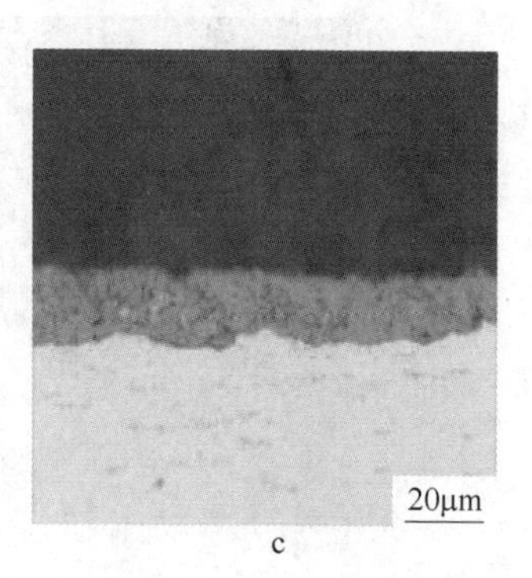

c

图 8-9　卷取温度为 562℃时氧化铁皮的断面形貌
a—边部；b—1/4 处；c—心部

工艺后，除平均伸长率为 26.7%，略有提高外，屈服强度和抗拉强度变化不大，平均值分别为 560MPa 和 624MPa。通过图 8-10 得知尽管终轧温度和卷取温度提高后损失了一部分由快冷引起的细晶强化作用，但钢中含有 0.01%～0.03%的 V 元素，V 的析出温度较高，执行“高温、快轧”工艺为 V 的析出强化提供了有利条件，所以工艺改变后强度变化不大，可满足用户的使用要求。

表 8-9　实验钢的性能要求

试样	屈服强度/MPa	抗拉强度/MPa	平均伸长率/%
610L	≥500	550～700	≥18

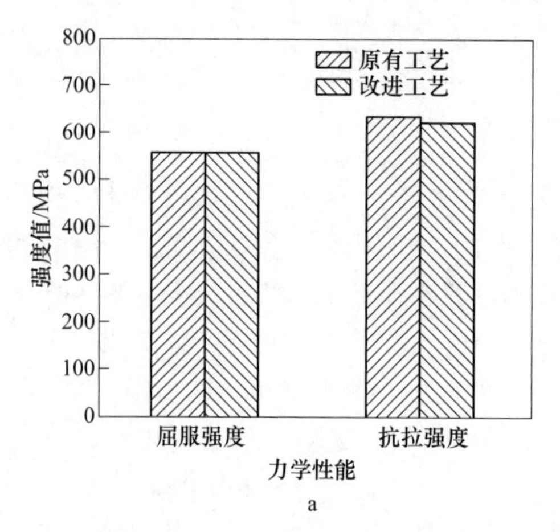

a

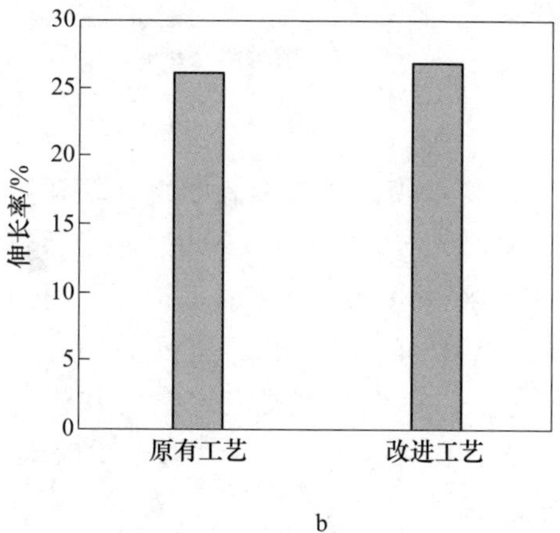

b

图 8-10　610L 改工艺前后性能变化情况
a—屈服强度和抗拉强度；b—伸长率

8.3　消除中厚板表面缺陷的工业试制

8.3.1　试验材料的成分和轧制工艺

工业试制采用的钢种为高强船板 A36-Si，其钢种原有的化学成分见表 8-10。

表 8-10　实验钢原有的化学成分

试样	C/%	Mn/%	Si/%	P/%	S/%	Alt/%	Nb/%
A36-Si	0.16	1.2	0.25	≤0.015	≤0.010	0.025	0.015

对原有成分产生麻坑的钢板表面的氧化铁皮进行分析，其断面形貌如图 8-11 所示。在钢板表面的氧化铁皮内层检测到有硅元素存在，说明在靠近基体侧生成了 Fe_2SiO_4 相。根据第 1 章讲述的原理得知，Fe_2SiO_4 相在内层氧化铁皮与基体的结合处富集，这对于后续的除鳞是极为不利的，非常容易造成除鳞除不尽，除鳞后残留的 Fe_2SiO_4 和氧化铁皮的混合物易在后续的轧制过程轧入到钢板表面形成麻坑。因此，优化钢种的化学成分，减少钢种 Si 的含量，对于调整除鳞系统减少麻坑缺陷非常重要，建议将 A36-Si 中 Si 的含量降到 0.2%以下。

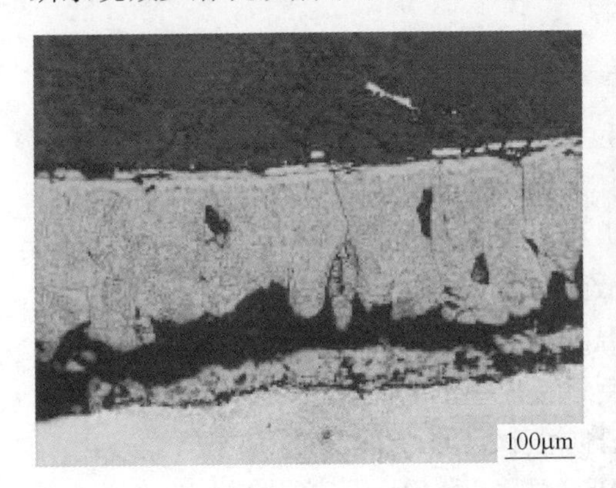

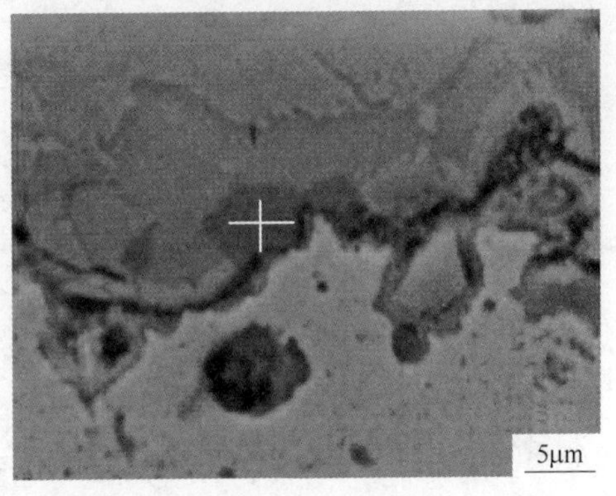

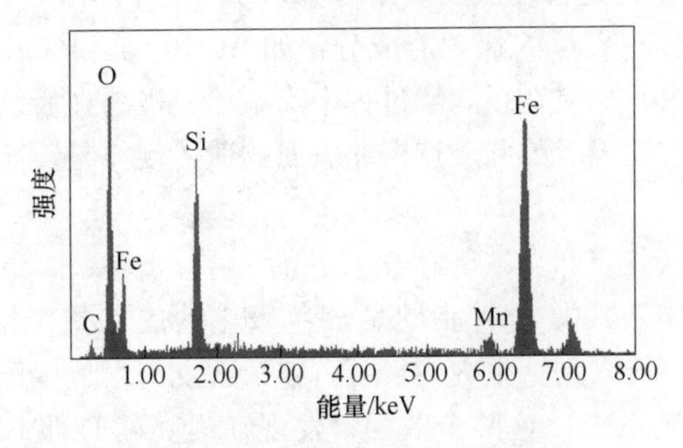

图 8-11　A36-Si 钢氧化铁皮断面成分分析

对现场各个加热温度段条件下麻点的发生概率进行统计，结果如图 8-12 所示。从图 8-12 可以看到，在 1200～1220℃是麻点的多发温度段，恰巧这一温度段正是现场实际轧制过程中通常使用的加热制度，因此，钢板的表面缺陷时常发生问题。加热温度为 1150℃和 1250℃时麻点的发生概率大大减小。

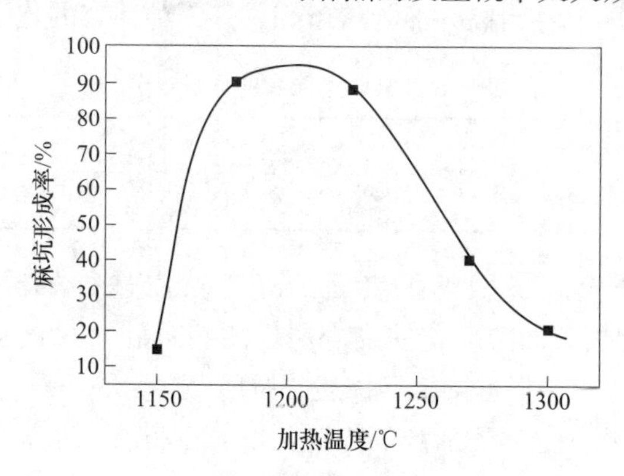

图 8-12　加热温度对钢板表面质量影响规律

根据上述的统计结果，针对加热制度的调整可以采取两种方式避免麻点的产生：

（1）采用高温加热，将烧钢温度提高到 1250℃，这时生成的 Fe_2SiO_4 是液态的，在轧制的过程中并没有对 FeO 形成包覆，除鳞过程中易于除尽。这一修改方案虽然从表面上比较浪费能源，但由于其加热温度较高，因此有利于钢板本身的合金元素固溶，并且要求加热的时间可以相对短一些。

（2）采用低温加热，将烧钢温度降低到 1150℃，这时还来不及生成 Fe_2SiO_4，因此除鳞过程中也易于除尽。由于加热温度相对较低，使得坯料表面生成的氧化铁皮的厚度相对较薄，这样可以有效避免钢板表面的氧化铁皮产生鼓泡现象，从而避免在轧制的过程中氧化铁皮被轧碎，防止麻点的产生。

图 8-13 所示为连铸坯表面质量的 EDS 分析。由 EDS 分析得知，连铸坯表面的氧化铁皮中含有大量的保护渣成分，如 Al、Ca、Na 和 Mg 等。这种保护渣颗粒的硬度非常大，如果在粗除鳞过程中除不尽，极易在后续的轧制过程中压入钢板表面形成麻坑缺陷。因此，连铸坯表面的遗传规律是影响钢板表面质量的重要因素之一。

红色氧化铁皮与麻点缺陷存在一定的关系。R. K. Singh Raman[6] 提出两个参数：RSA 和 LFR。其中 RSA 指的是红色氧化铁皮在整个钢板表面的覆盖比例；LFR 指的是麻点压入到钢板内的长度占整个铁皮与钢板接触界面的比例。在几个不同的热轧工艺下对比这两个数据，发现在板宽的心部 RSA 和 LFR 非常接近；在板宽的边部 RSA 和 LFA 没有明显的对应关系，RSA 普遍偏大。

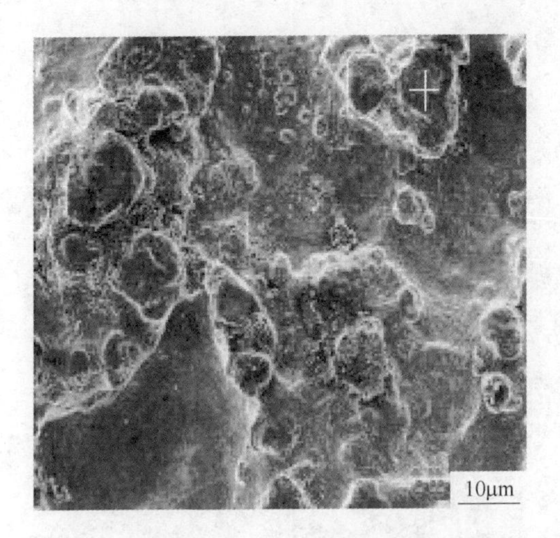

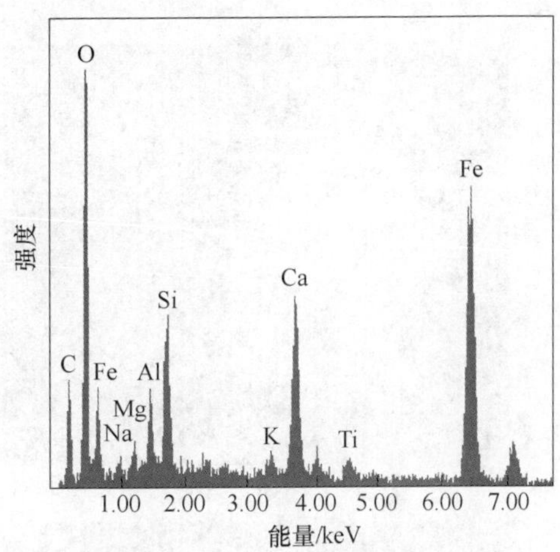

图 8-13 连铸坯表面质量的 EDS 分析

发现在板宽心部，压入钢板内部的麻点缺陷由 Fe_3O_4 和 Fe_2O_3 的混合物或者完全由 Fe_2O_3 组成，没有发现 FeO 存在。说明在轧制过程中，由于氧化铁皮的硬度比钢板基体大得多[7]，铁皮被轧碎后势必会压入到钢板表面形成麻点缺陷，而压入的氧化铁皮会经过后续进一步氧化成 Fe_2O_3。当然，有 Fe_2O_3 存在钢板表面不一定会形成红色氧化铁皮。只有在 Fe_2O_3 的晶粒尺寸不小于 2μm 时才会形成红色氧化铁皮[7]。因此，控制钢板表面氧化铁皮的压入既是防止麻点缺陷的有效方法，也是减少红色氧化铁皮的有效方法。

8.3.2 工业试制结果及分析

图 8-14 所示为钢板成分中降硅前后钢板出加热炉和粗除鳞后的表面宏观照片。从图 8-14 可以看到，未降硅之前出加热炉后钢板表面的氧化铁皮的生成量较多；经粗除鳞后，钢板表面仍残留有部分氧化铁皮，说明在未降硅前氧化铁皮经粗除鳞后除不净。当硅的含量降到 0.2%以下时，钢板表面出加热炉后生成的氧化铁皮的量明显减少，经粗除鳞后钢板表面的氧化铁皮被完全除掉。由现场工业试制可知，降低钢中硅的含量可以提高钢板在粗除鳞过程中的可除鳞性。

图 8-15 所示为加热温度为 1205℃，在炉时间为 293min 和加热温度为 1254℃时，在炉时间为 264min 的成品板表面质量宏观照片。可以看出，加热温度为 1205℃时，由于在高强船板中含有较多的合金元素，为了使得合金元素能充分固溶到钢中，必须提高钢板的在炉时间；当加热温度为 1254℃时，由于温度较高，因此可以适当缩短在炉时间。经过观察成品板的表面质量得知，适当提高加热温度、缩短在炉时间是控制成品板表面质量的有效方法之一。

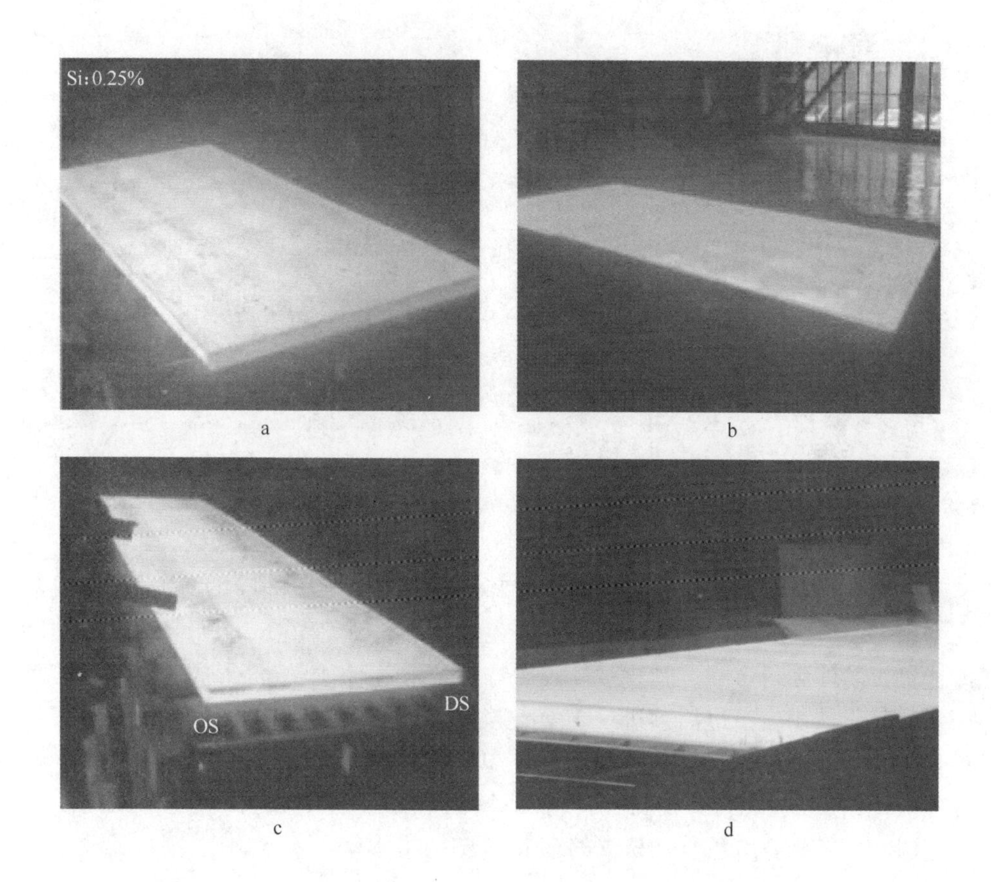

a　b　c　d

图 8-14　A36-Si 出加热炉和粗除磷后的宏观形貌

a—降硅前出加热炉；b—降硅前粗除鳞后；c—降硅后出加热炉；d—降硅后粗除鳞后

（扫描书前二维码看彩图）

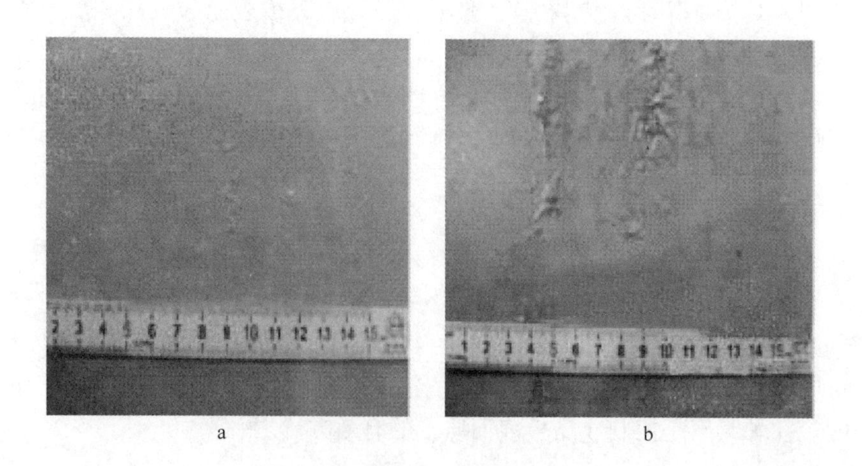

a　b

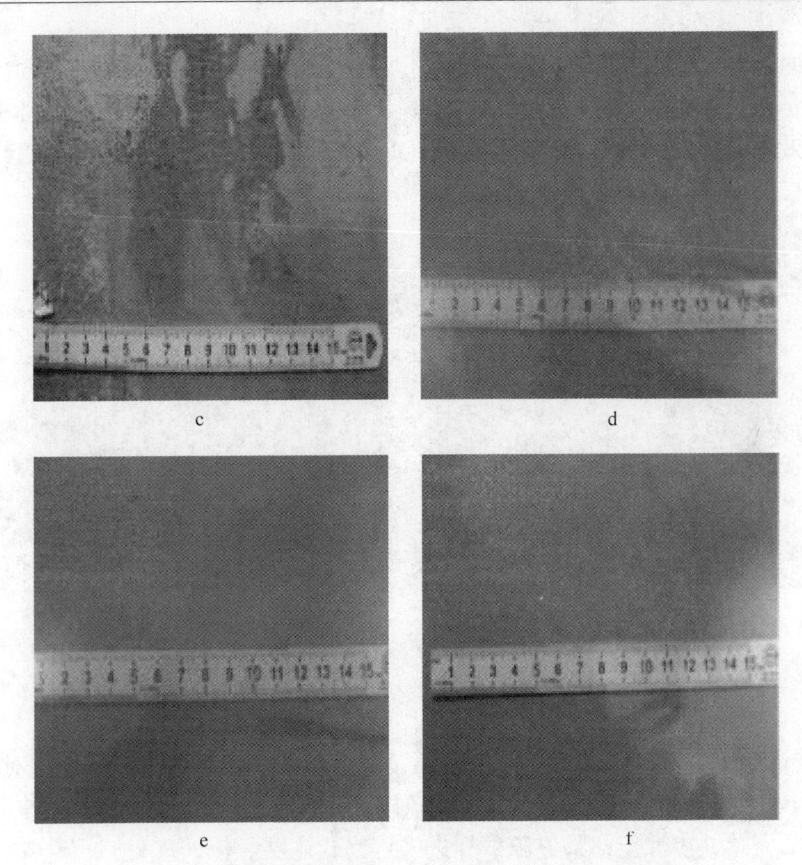

图 8-15 不同的加热温度和在炉时间时成品板的表面形貌

a—1205℃-293min-头部；b—1205℃-293min-中部；c—1205℃-293min-尾部；
d—1254℃-264min-头部；e—1254℃-264min-中部；f—1254℃-264min-尾部

8.4 免酸洗还原热镀锌工业试制

免酸洗还原热镀锌工业试制采用的热基镀锌线的热处理炉技术为改良森吉米尔法。卧式加热炉全长 97m，包括无氧化加热段、辐射管加热段、均热段、喷气冷却段、炉鼻段。无氧化加热段长为 32m，辐射管加热段长为 25m，均热段长 16m，喷气冷却段长为 16m，炉鼻段长 8m。制定优化的热轧带钢免酸洗还原热镀锌板试制工艺，工艺参数见表 8-11，在工业条件下进行多卷试制。

表 8-11 免酸洗还原热镀锌板制备工艺参数

直火段带钢温度/℃	直火段升温速率/℃ · s^{-1}	辐射段带钢温度/℃	还原时间/min	氢气含量/%	锌锅成分/%
800~900	15~20	780~810	1~2	8~10	0.2Al-0.07Sb-Zn

如图 8-16a 所示，热镀锌过程中，还原热镀锌板表面大部分区域表面质量良好，但是在边部有少量区域存在一些缺陷，表现为镀层粗糙度增大，破坏镀锌板的镜面效果。如图 8-16b、c 所示为热轧带钢无酸还原热镀锌卷板的宏观形貌，镀锌板表面锌花均匀，表面质量良好。

a

b

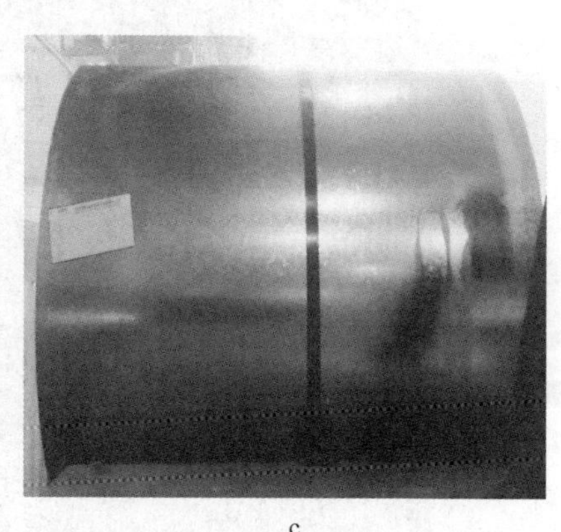

c

图 8-16　试制过程中热镀锌板表面和板卷照片

a—试制过程中镀锌板表面；b—镀锌板表面形貌；c—镀锌板卷形貌

在锌锅中经 3s 热浸镀后，镀锌层厚度约 20μm，带钢的锌层厚度相对均匀，如图 8-17b 所示。由于还原工艺相对苛刻，在还原退火炉内 1.5min 还原后，仍有大量的氧化铁皮保留，最终随试样进入锌锅，这层氧化铁皮与 Fe_2Al_5 共同作用阻碍了 Zn 和 Fe 的合金化过程，避免了 Fe-Zn 合金相的产生，最终的镀锌层完全为纯锌（η）相。

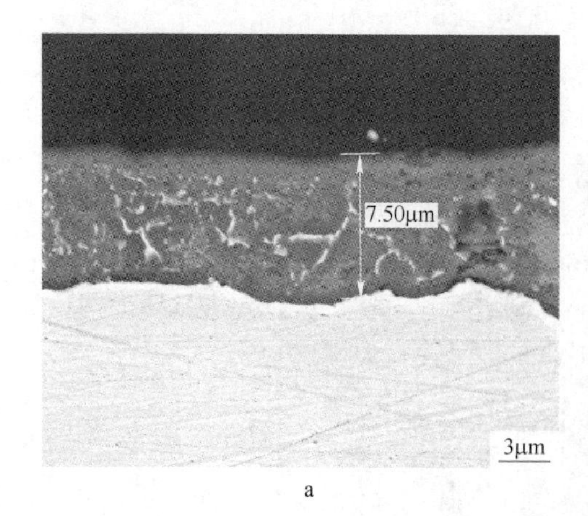

a

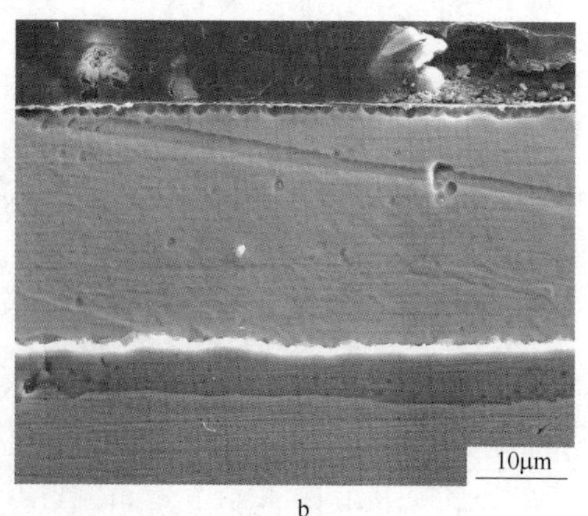

b

图 8-17　热轧带钢表面氧化铁皮和镀锌板镀层断面结构

a—氧化铁皮；b—镀层

用EDS分析热镀锌中残余氧化物成分，结果如图8-18所示，由EDS结果可知，这些残留氧化物的O与Fe原子百分比为51.17：48.37，是$Fe_{1-y}O$，而且在其中固溶有少量的Zn。由前文的研究结果可知，热轧带钢表面氧化铁皮中共析组织和先共析Fe_3O_4在升温过程发生逆向相变转变为$Fe_{1-y}O$，还原后带钢要快速冷却到450℃进行热镀锌，经3s热浸镀后，带钢又快冷至室温。如此，高温下逆向转变产生的$Fe_{1-y}O$能够保留到室温组织中。

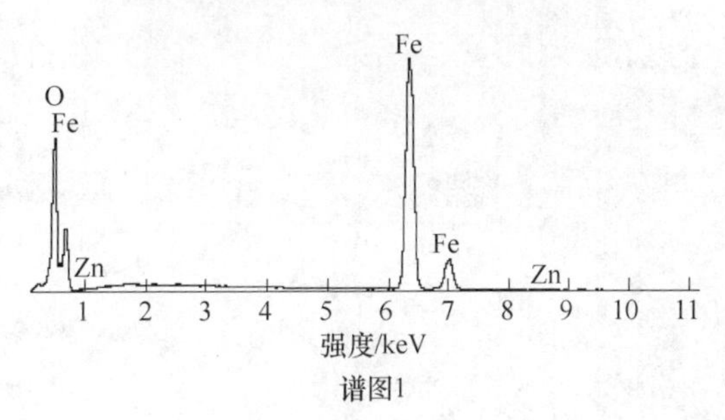

元素	重量百分比/%	原子百分比/%
O	23.06	51.17
Fe	76.10	48.37
Zn	0.84	0.46
总量	100.00	100.00

图8-18　残余氧化物EDS分析结果

通过180°冷弯验证镀层的附着性。尽管基体与镀层之间残留有大量的$Fe_{1-y}O$，但是纯锌层具备良好的延展性，在冷弯变形时，镀层能够保持较好的完整性，T弯试样宏观照片如图8-19所示。在“2T”试样的弯角部位未出现肉眼可见的裂纹；但如果继续进行大幅度变形，“0T”试样弯角部位的镀层中会出现裂纹，用胶带撕扯能够发现镀层剥落。

图 8-19 “2T”冷弯试样

图 8-20 所示为镀层中元素分布线扫描结果，在还原热镀锌板的完好部位元素分布规律性明显，锌锅中添加的锑元素主要起锌花促进作用，所以 Sb 元素主要集中分布在镀层表面；由于铝的化学性质比锌更为活泼，所以在锌锅中 Al 更容易与带钢表面的还原纯 Fe 反应形成金属化合物，故而 Al 元素在锌层与氧化铁皮表面的还原纯铁层之间富集。

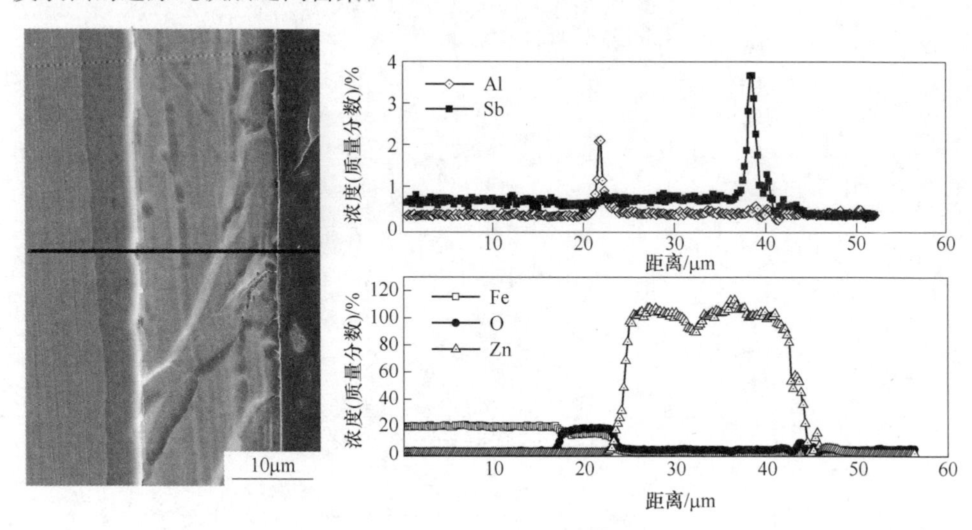

图 8-20 镀层形貌及元素分布

利用 EPMA 面扫描分析镀层中的元素分布规律，发现与线热线结果有相似的规律，结果如图 8-21 所示。从 O 元素和 Fe 元素的分布来看，带钢表面氧化铁皮仍有大量的残余，并且靠近右侧的氧化铁皮已经被还原为纯铁，所以结构相对疏松；而在纯 Zn 层中未出现 Fe 元素的富集，也说明镀层中未出现 Zn-Fe 合金相，锌层的组织均匀；Al 在带钢表面有明显的富集，说明形成了有效的抑制层 Fe_2Al_5，但抑制层不连续，热轧带钢表面粗糙度较大，0.2% Al 含量相对不足，并且在图中靠近右侧的疏松状还原纯铁中 Al 有明显的富集，可见 Al 容易聚积在凸起部位；Sb 的分布与 Al 相似，除了在表面富集，在界面和镀层中少量颗粒周围也有 Al 和 Sb 的富集。

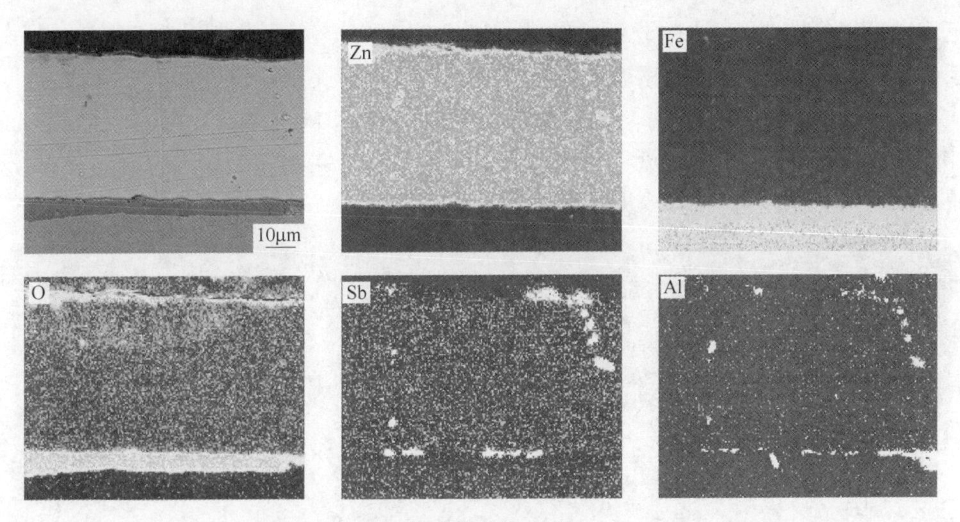

图 8-21　镀层正常部位元素分布（EPMA）
（扫描书前二维码看彩图）

在热镀锌板过程中热轧带钢的边部出现了较多的缺陷，表现为镀层表面粗糙、锌花杂乱，用 EPMA 分析边部缺陷位置的镀层组织，结果如图 8-22 所示，从 Zn、Fe 和 O 元素分布来看，热轧带钢表面的氧化铁皮破坏较严重，这些被破坏的氧化铁皮被快速生长的 Zn-Fe 合金相从带钢表面挤落，进入到镀层中；Al 元素易在凸起部位吸附，所以 Al 主要分布在氧化铁皮表面。

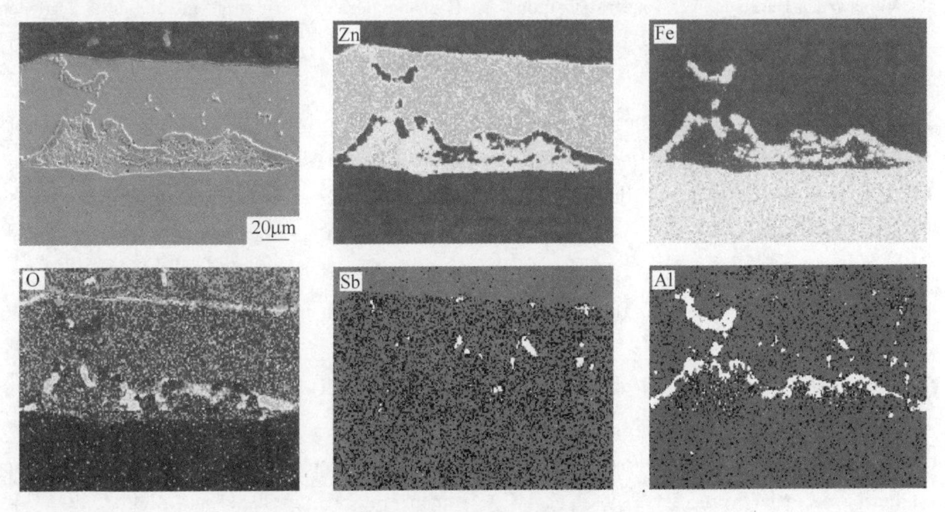

图 8-22　镀层缺陷部位元素分布（EPMA）
（扫描书前二维码看彩图）

除此之外，热镀锌局部区域镀层表面粗糙度较大，分布着一些凸起。对这些凸起部位镀层做断面结构分析，结果如图 8-23 所示，表面凸起位置对应的界面组织都存在缺陷。由于带钢表面氧化铁皮被破坏，因此该部位表面积明显大过正常位置，导致 Al 相对不足，未能抑制 Zn-Fe 合金相的快速生长；Zn-Fe 合金相的快速生长压迫氧化铁皮，进一步加剧了氧化铁皮层基体的分离，最终导致该位置的镀层组织不均匀，形成表明凸起。

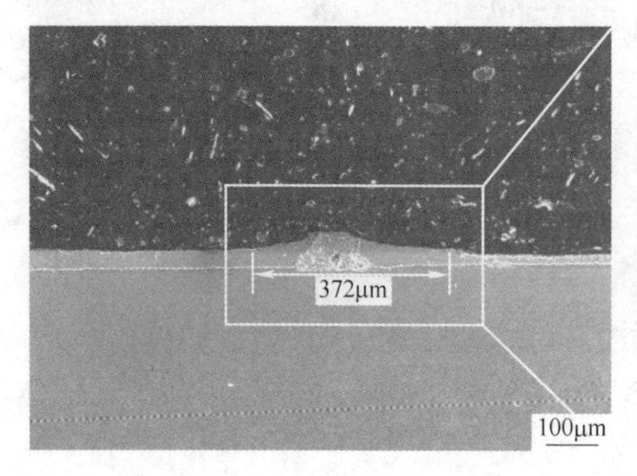

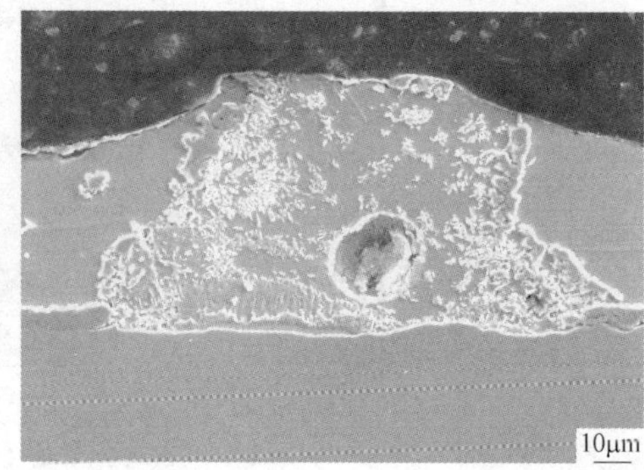

图 8-23　凸起缺陷断面形貌

参 考 文 献

[1] Velasco F, Bautisca A, Gonzalez-Centeno A. High-temperature oxidation and aqueous corrosion of ferritic, vacuum-sintered stainless steels prealloyed with Si [J]. Corrosion Science, 2009, 51 (1): 21~27.

[2] Lucia Suarez, Pablo Rodriguez-Calvillo, Yvan Houbaert, et al. Oxidation of ultra low carbon and silicon bearing steels [J]. Corrosion Science, 2010, 52 (1): 2044~2049.

[3] Bhattacharya R, Jha G, Kundu S, et al. Influence of cooling rate on the structure and formation of oxide scale in low carbon steel wire rods during hot rolling [J]. Surface and Coatings Technology, 2006, 201 (1): 526~532.

[4] Loung L H S, Heijkoop T. The influence of scale on friction in hot metalworking [J]. Wear, 1981, 71 (1): 93~102.

[5] Matsuno F. Blistering and hydraulic removal of scale films of rimmed steel at high temperature [J]. ISIJ International, 1980, 20 (2): 413~421.

[6] Singh Raman R K. Characterisation of "rolled-in", "fragmented" and "red" scale formation during secondary processing of steel [J]. Engineering Failure Analysis, 2006, 13 (2): 1044~1050.

[7] Vergne C, Boher C, Levaillant C, et al. Analysis of the friction and wear behavior of hot work tool scale: application to the hot rolling process [J]. Wear, 2001, 250 (1): 322~333.